KB092980

전기·전자시리즈 **4**

전자제어장치&실습

김 민 복 ◆ 著

자동차문화의 자존심

골든-벨

책을 펴내며

　오늘날 자동차는 이동과 수송 수단을 넘어 인간 중심의 생활공간으로 빠르게 진화해 가고 있다. 작금에 자동차 기술 발전은 메카닉스에서 메카트로닉스로, 메카트로닉스에서 일레트로닉스로 기술의 비중이 점점 이동해 가고 있는 추세에 있다. 단적인 예로 자동차 1대에 ECU(전자제어장치)의 적용 대수는 과거에 10여대 미만에서 최근에는 40여대 이상으로 크게 증가하고 있는 것만 보아도 자동차 전장화를 쉽게 예측 해 볼 수 있다. 이미 전자제어엔진이나 커먼 레일 엔진, ABS 및 SRS, ECS 시스템 등과 같은 차량 안전장치나 성능을 향상하기 위한 다양한 전자제어장치는 보편화 되었다.

　따라서 자동차를 배우는 많은 학생들이나 산업 현장의 실무자들이 시스템 정립을 위해 주위의 추천과 함께 조금이나마 도움이 되고자 이번에 자동차 전자제어 장치를 집필하게 되었다.

　이 책의 특징은 전자제어엔진, 커먼레일엔진, ELC AT, CVT, ABS, EPS, ECS, 4WD 시스템을 쉽게 이해할 수 있도록 서술적으로 설명하여 자동차 전자제어장치를 학습하는 분들에게 도움이 되도록 하였다. 특히 진단 장비인 스캐너 및 종합 진단 장비(HI-DS)의 사용법과 ECU의 기본 이론을 다루어 폭넓게 활용할 수 있게 하였다.

　또한 각 시스템의 이해를 돕기 위해 시스템에 필요한 기본 이론과 시스템의 기본 구성을 설명하여 초심자 뿐만 아니라 전문가에 이르기까지 쉽게 접근할 수 있도록 하였다.

　마지막으로 매항 마다 핵심 포인트를 정리하여 학습하는 분들이 쉽게 도움이 되도록 노력 하였다.

이번에 출간된 자동차 전자제어장치&실습편은 시스템을 정립하시는 분들이 좋은 기술서로서 만나는 장이 되었으면 하는 것이 저의 조그마한 바람입니다.

저를 아끼는 기술인과 독자 여러분의 많은 관심과 조언을 부탁드리며 앞으로도 독자 중심에 서서 기술인이 애용하는 책이 되도록 노력하겠습니다.

끝으로 이 책이 탄생하기까지 필요성을 공감하고 많은 조언과 협조 해 주신 골든벨 출판사의 김길현 대표님과 편집부 여러분께 깊은 감사를 드립니다.

2008년 1월
지은이

차 례

제 5 장

전자제어 A/T

제6장

ABS 시스템

제7장

EPS 시스템

제8장

ECS 시스템

제9장

4WD 시스템

제10장

부　록

01

진단장비

전자제어장치 & 실습

1 CHAPTER

진단 장비

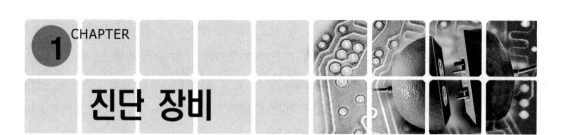

진단 장비의 종류와 기능

1. 진단 장비의 종류

1971년 미국 반도체 제조 회사인 인텔(Intel)사가 세계 최초로 4 비트 마이크로컴퓨터의 개발을 발표한 이래 산업 사회는 급격한 변화를 가져오게 되었다. 1980년 초 8비트 & 16비트 원칩(one chip) 마이크로컴퓨터의 공급이 보편화되기 시작하고 자동차 산업도 예외는 아니어서 자동차의 전장화도 급속하게 진화를 거듭하게 되었다. 작금에 자동차의 컴퓨터(computer) 적용은 배출 가스나 연료 절감을 위한 엔진 전장 뿐만 아니라 차량의 현가장치나 동력 전달 등을 제어하는 섀시(chassis) 전장이나 탑승객의 안전을 사전, 사후 보호하기 위한 세이프티(safety) 전장, 그리고 탑승객의 편리를 도모하기 위한 편의 장치나 IT(information technology) 전장 등 폭 넓게 적용 돼 오고 있다.

최근에 자동차는 이와 같이 다양한 전장 시스템의 적용으로 그 결함 유형도 다양하게 나타나고 있을 뿐만 아니라 기계적 결함보다 전장계(電裝界) 결함이 증가하고 있는 추세이다. 따라서 일선에 근무하는 현장 정비사들에게는 이에 대한 점검 기술 및 진단 기술이 중요시되고 있는 것이 현실이다. 자동차의 정비에는 고장 현상에 의해 진단하고 정비하는 사후 정비와 자동차의 점검을 통해 예측하고 정비하는 예방 정비로 분류한다.

보통 정비라 하면 사후 정비를 말하는데 사후 정비의 경우에는 고장 현상을 통해 원인을 추구하는 정비 과정(process)이다. 이 고장 현상 통해 좀더 정확하게 원인을 구체화하기 위한 과정을 진단 기술이라 하면 점검 기술은 진단 과정 중 점검을 통해 정비 규정치에

있는 지를 확인하는 과정 또는 예방 정비와 같은 정비를 진행하기 위한 점검을 점검 기술이라 말 할 수 있다. 이러한 진단과 점검 기술에는 사람의 오감에 의해 하는 경우도 있지만 전장계의 고장인 경우는 별도의 장비 없이는 진단 및 점검은 불가능 하다 하겠다. 따라서 전장 계통의 고장 진단은 무엇보다도 진단 기술과 점검 기술이 요구되는 고장 현상과 점검 방법에 따라 사용 장비의 결정이 달라진다.

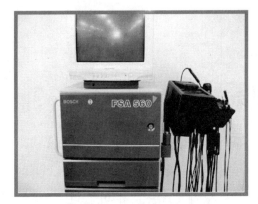

사진1-1 엔진 튠업 테스터

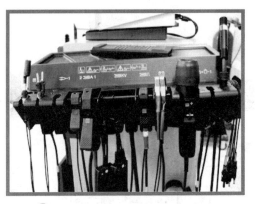

사진1-2 여러 가지 진단용 액세서리

그림1-1 사용 장비의 결정 수순

사용 장비의 결정 수순은 그림(1-1)과 같이 고장 현상을 확인하는 것으로부터 출발하여 점검 개소 결정과 함께 사용 장비를 어떤 장비로 할 것 인지를 결정하게 된다.

일반적인 전기계 트러블(trouble)의 경우에는 간단히 램프 테스터(lamp tester)나 멀티 미터 만으로도 고장 점검이 가능하지만 전장화 시스템의 경우에는 멀티 미터 만으로는 정비 효율이 현저히 떨어질 뿐만 아니라 점검 및 진단 자체가 불가한 경우가 있다.

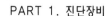

예컨대 엔진 전장계 고장의 경우에는 기본적으로 스캐너(scanner)를 통해 자기 진단을 실행하는 것은 기본 점검 항목 중 하나이다. 따라서 전자제어장치를 사용한 전장계 트러블의 경우에 진단 장비를 사용한 진단은 필수이다. 이러한 전장계 트러블을 진단하는 장비에는 여러 가지 종류가 발매되고 있지만 보통 표(1-1)과 같은 장비가 주종을 이루고 있다. 튠업 테스터(tune up tester)의 경우에는 보통 시동 계통, 충전 계통의 진단을 하기 위한 기능을 가지고 있으며 엔진의 흡기 계통, 연료 계통, 점화 계통을 진단하기 위한 튠업 기능을 가지고 있다. 또한 제조사에 따라서는 멀티 미터나 오실로스코프(oscilloscope) 기능을 가지고 있는 것도 발매되고 있다. 가장 흔히 사용하고 있는 스캐너의 경우에도 보통 멀티 미터 및 오실로스코프 기능을 가지고 있는 것이 일반적이다.

종합 진단 장비의 경우에는 엔진 튠업 기능은 물론 스캔(scan) 기능을 가지고 있는 장비로 제조사에 따라서는 여러 가지 부가적인 서비스 기능을 제공하고 있다. 여기서는 국내에 대표적으로 사용하고 있는 스캐너(HI-SCAN)와 종합 진단 장비인 HI-DS에 대해 설명하고자 한다.

[표1-1] 진단장비의 종류와 주요 기능		
진단 장비	용 도	주요 기능
튠업 테스터	전기계 진단 엔진 튠업	시동, 충전 계통 진단 엔진 튠업(흡기계, 점화계) 파워 밸런스 테스트
스캐너(HI-SCAN)	전기계 진단 전장계 진단	스캐너 기능 멀티 미터 기능 오실로스코프 기능
종합 진단 장비 (HI-DS)	전기계 진단 엔진 튠업 전장계 진단	스캐너 기능 멀티 미터 기능 오실로스코프 기능 엔진 튠업(흡기계, 점화계)

2. 진단 장비의 기능

(1) 스캐너

스캐너(scanner)의 기능은 제조사에 따라 다소 차이를 가지고 있지만 자동차 전자 제어 장치의 자기 진단과 서비스 데이터(service data)를 표시 할 수 있다는 것은 동일하다 할 수 있다. 따라서 여기서는 현재 국내에서 사용되고 있는 스캐너(HI-DS SCAN)에 대해 설명하고자 한다. 스캐너의 기능에는 전자제어장치에 이상 유무를 확인하여 스캐너의 디스플레이(display) 상에 DTC(diagnostics trouble code : 고장 코드)를 표시하여 볼 수 있는 기능이다. 이 기능은 그림 (1-2)와 같이 스캐너의 초기 화면에서 차량 통신으로 들어가면 자동으로 수행하거나, 자기 진단 란을 SET 하면 자동으로 수행하는 기능이다.

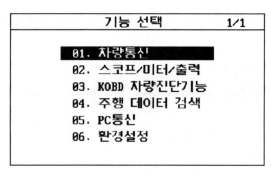

(a) 스캐너의 초기화면

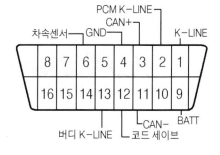

(b) 자기진단 커넥터

🔺 그림1-2 스캐너(Hi-DS)의 초기화면과 진단 커넥터

서비스 데이터 표시 기능은 ECU(전자제어장치)의 입출력 측정값을 표시하는 기능으로 가장 많이 이용하고 있는 기능 중에 하나이다. 또한 차량의 주행중에 발생 할 수 있는 고장 현장이나 순간적으로 발생하는 현상을 한정적인 시간에 데이터를 기록하여 볼 수 있는 주행 기록 데이터 표시 기능을 가지고 있다. 액추에이터 강제 구동 기능은 ECU의 출력 액추에이터를 강제 구동하여 동작 여부를 확인하거나 액추에이터를 강제 구동하여 시스템을 진단 할 때 사용하는 기능이다.

센서 시뮬레이션 기능은 ECU(전자제어장치)의 입력 센서 신호를 모의적으로 입력 할 수 있는 기능으로 센서의 단품 상태의 확인이나 시스템을 분석할 때 유용한 기능이다. 그

밖에도 스캐너의 기능에는 멀티 미터 기능 오실로스코프(oscilloscope) 기능 등을 가지고 있어 진단 장비로 많이 사용하고 있다.

▲ 사진1-3 스캐너(HI-SCAN)

▲ 사진1-4 자기진단커넥터(DLC)

(2) 종합 진단 장비(HI-DS)

이 책에서 설명하는 종합 진단 장비(HI-DS)는 스캐너 기능은 물론 엔진튜업 기능 및 오실로스코프의 기능을 크게 향상한 기능을 가지고 있는 장비이다. 이 장비의 초기 화면을 열면 그림 (1-3)과 같이 스캔 테크, 스코프 테크, 로드 테크, 정보 지원, 진단 가이드가 나타나는 것을 볼 수 있는데 여기서 나타낸 스캔 테크(scan tech)라는 것은 스캔 테크놀리지(scan

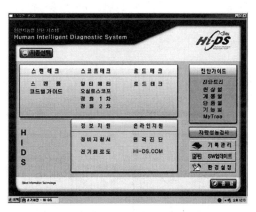

▲ 그림1-3 HI-DS의 초기화면

technology)의 약어로 전자제어장치의 입출력 정보를 측정 할 수 있는 서비스 데이터와 자기 진단시 나타나는 DTC(고장 코드)에 대한 정보를 제공하고 있다.

스캔 테크 기능에는 서비스 데이터는 물론 자기 진단 내용을 동시에 나타내고 있어 전자제어장치 진단시 편리하다. 또한 이 기능에는 액추에이터 강제 구동 기능과 고장 코드별 진단 기능을 제공하고 있어 별도의 정비 지침서 없이 정비가 가능하도록 되어 있다.

스코프 테크(scope tech) 기능은 디지털 멀티 미터의 기능과 오실로스코프의 기능 및

엔진 튠업 기능을 제공하고 있는 기능이다. 또한 스코프 테크 기능에는 대전류 측정이 가능하도록 클램프 테스터(clamp tester) 기능을 제공하고 있어 시동장치나 충전장치 진단이 가능하도록 되어 있다. 압력 프로브를 이용하면 압력이나 진공압을 측정 할 수 있어 차량 진단을 종합적으로 진단 할 수 있다. 종합 진단 장비(HI-DS)는 차량의 간헐적으로 발생하는 현상이나 어떠한 순간 발생하는 현상에 대해 전자제어장치의 입출력 정보를 일정 기간 저장하여 분석 할 수 있는 로드 테크(road tech)의 기능을 별도 사양으로 제공하고 있다.

그 밖에도 종합 진단 장비(HI-DS)는 그림 (1-4)와 같이 측정 기능 외에 정비사의 편리를 위해 각종 정보 지원 기능과 진단 가이드도 제공하며 필요에 따라서는 온-라인(on line)상에 원격으로 진단이 가능하도록 되어 있다. 정보를 지원하는 기능에는 각 차종의 서비스 규격을 정비 지침서 기능을 통해 제공하고, 또한 전기 회로도 및 커넥터 위치, 어스 포인트(earth point) 위치 등의 정보를 정비 회로도 기능을 통해 제공하여 정비시 편리성을 향상한 기능을 제공하고 있다. 뿐만 아니라 기본 점검 만으로 고장 내용을 확인할 수 없는 고장의 경우 진단 가이드를 통해 정비 진행 수순을 제공하고 있다.

차량의 기본 점검은 해당 시스템의 유지 및 동작하기 위해 반드시 필요한 점검 항목으로 사람의 보고 듣고, 느끼는 오감에 의한 점검도 중요하지만 이에 못지않게 전자제어장치의 기본 점검은 진단 장비에 의한 자기 진단을 통해 기본적으로 점검하여야 하는 항목

으로 대단히 중요한 점검 항목이다. 또한 고장 현상과 기본 점검만으로 고장 원인을 정확히 알 수 없는 경우나 점검 포인트(point)를 알 수 없는 경우 진단 가이드 기능을 통해 점검 해 나갈 수 있다. 이 장비의 진단 가이드 기능에는 고장 현상별로 점검해 나갈 수 있도록 현상별 가이드(guide)를 제공하고 있다. 계통별 가이드에는 차종에 따라 시스템별로 고장 점검 방법을 제공하고 있다. 또한 이 장비는 차량 성능검사 기능을 제공하고 있어 이 기능을 통해 차량의 예방 정비나 차량의 전장계 상태를 검사 할 수 있도록 기능을 제공하여 종합 진단 장비(HI-DS)라 표현 할 수 있다.

그 밖에도 종합 진단 장비(HI-DS)는 그림 (1-4)와 같이 측정 기능 외에 정비사의 편리를 위해 각종 정보 지원 기능과 진단 가이드도 제공하며 필요에 따라서는 온-라인(on line) 상에 원격으로 진단이 가능하도록 되어 있다. 정보를 지원하는 기능에는 각 차종의 서비스 규격을 정비 지침서 기능을 통해 제공하고, 또한 전기 회로도 및 커넥터 위치, 어스 포인트(earth point) 위치 등의 정보를 정비 회로도 기능을 통해 제공하여 정비시 편리성을 향상한 기능을 제공하고 있다. 뿐만 아니라 기본 점검 만으로 고장 내용을 확인할 수 없는 고장의 경우 진단 가이드를 통해 정비 진행 수순을 제공하고 있다.

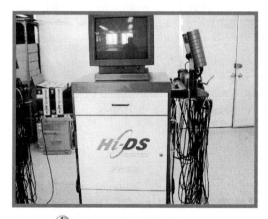

🔺 사진1-5 종합진단장비(HI-DS)

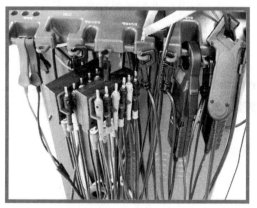

🔺 사진1-6 진단용 액세서리

차량의 기본 점검은 해당 시스템의 유지 및 동작하기 위해 반드시 필요한 점검 항목으로 사람의 보고 듣고, 느끼는 오감에 의한 점검도 중요하지만 이에 못지않게 전자제어장치의 기본 점검은 진단 장비에 의한 자기 진단을 통해 기본적으로 점검하여야 하는 항목으로 대단히 중요한 점검 항목이다. 또한 고장 현상과 기본 점검만으로 고장 원인을 정확

히 알 수 없는 경우나 점검 포인트(point)를 알 수 없는 경우 진단 가이드 기능을 통해 점검 해 나갈 수 있다. 이 장비의 진단 가이드 기능에는 고장 현상별로 점검해 나갈 수 있도록 현상별 가이드(guide)를 제공하고 있다. 계통별 가이드에는 차종에 따라 시스템별로 고장 점검 방법을 제공하고 있다. 또한 이 장비는 차량 성능검사 기능을 제공하고 있어 이 기능을 통해 차량의 예방 정비나 차량의 전장계 상태를 검사 할 수 있도록 기능을 제공하여 종합 진단 장비(HI-DS)라 표현 할 수 있다.

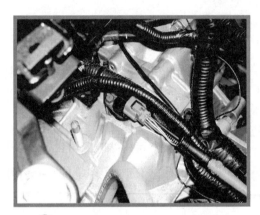

사진1-7 out speed sensor 전압 측정

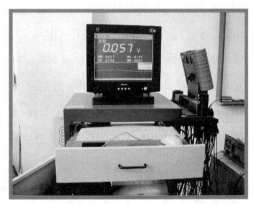

사진1-8 out speed sensor 전압 측정

2 스캐너의 구성과 사용법

1. 스캐너의 구성

스캐너의 구성 부품은 장비의 본체와 소프트웨어 팩(software pack), 전원 공급 케이블과 AC & DC 어댑터, 그리고 DLC 메인 케이블과 DLC 어댑터 케이블, 오실로스코프 프로브(oscilloscope probe)와 점화 2차 프로브, 소전류 프로브와 대전류 프로브 등으로 구성되어 있다. 장비의 본체는 사진 (1-9)와 같이 액정 표시부와 사용 버튼을 조작하는 키 패드(key pad)로 이루어져 있고, 그리고 장비의 본체에는 전원을 연결하는 케이블이 있다.

전원을 공급하는 케이블에는 배터리 연결용 케이블과 시가 라이터 잭(cigar lighter jeck)으로부터 전원을 공급 받을 수 있는 시가 라이터 전원 케이블이 있다.

또한 멀티미터 기능이나 오실로스코프 기능을 사용하기 위해 별도의 AC, DC 어댑터가 있다.

사진1-9 스캐너(HI-DS 스캔) 본체

사진1-10 하이스캔의 사용

소프트웨어 팩에는 스캐너가 작동에 필요한 메인 프로그램(main program)이 내장되어 있는 플래시 메모리(flash memory)가 제공되고 있다. 이 소프트웨어 팩에는 신규 차종이나 사양이 변경이 있을 때 새로운 프로그램을 다운로드(down load) 받을 수 있는 메모리 이다.

프로그램의 다운로드 방법은 PC(개인 컴퓨터)를 통해 스캐너의 PC 통신기능을 이용하여 다운 받을 수 있도록 되어 있다. PC로부터 프로그램을 다운로드 받을 때에는 PC 통신용 USB 케이블을 연결하여 사용하도록 PC 통신용 USB 케이블을 제공하고 있다. DLC(data link cable) 메인 케이블은 16핀 커넥터로 차량의 자기 진단 커넥터와 연결하는 케이블이다. 차량의 자기 진단 커넥터는 자동차 제조사의 차종에 따라 달라 별도의 DLC 어댑터 케이블을 이용하도록 하고 있다.

국내에 대표적으로 사용하는 자기 진단용 커넥터는 예컨대 현대 자동차㈜의 경우 12pin 커넥터를 사용하고 있으며 기아 자동차(주)의 경우에는 16 pin, 20 pin 커넥터, 대우 자동차㈜의 경우에는 12pin 커넥터를 사용하고 있다. 따라서 현재에는 자동차의 제조사 차종에 따라 DLC 어댑터 케이블을 사용하도록 되어 있다. 스캐너의 구성 부품 중 오실로스코프 프로브(측정 프로브)는 스캐너의 멀티 미터 기능을 사용하거나 파형을 측정, 액추에이터 강제 구동, 센서 대신 시뮬레이션 할 때 사용하는 측정 프로브이다.

오실로스코프 프로브(oscilloscope probe)는 2개의 프로브가 1 세트이며, 각각 채널 1과 채널 2를 동시에 측정하여 비교 할 때 사용하는 프로브이다. 이 스캐너(HI-DS SCAN)에는 별도로 점화 2차 신호를 측정 할 수 있는 점화 2차 프로브를 가지고 있다. 점화 2차 프로브에는 본체와 연결할 수 있는 PC 통신 커넥터와 오실로스코프의 채널에 연결하는 BNC 커넥터가 있다.

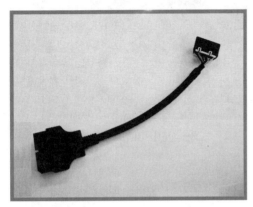

🔺 사진1-11 DLC 어뎁터 케이블   🔺 사진1-12 자기진단 커넥터

점화 2차 파형을 보기 위해서는 PC 통신 커넥터와 BNC 커넥터를 같이 연결하여 점화 파형을 정상적으로 관측 할 수 있다. 또한 스캐너의 구성 부품 중에는 차량의 전류를 측정 할 수 있는 별도의 소전류 프로브와 대전류 프로브를 제공하고 있다. 소전류 프로브는 0 ~30A 까지 DC 전류를 측정 할 수 있는 프로브이며, 대전류 프로브는 측정 범위의 선택에 따라 1000A 까지 DC 전류를 측정 할 수 있는 프로브이다. 대전류 프로브는 보통 0~ 100A 까지 측정이 가능하지만 프로브에 부착되어 있는 선택 스위치의 위치에 따라 1000A 까지 측정이 가능하도록 되어 있는 프로브이다. 전류 프로브의 사용시에도 본체와 연결 할 수 있는 PC 통신 커넥터와 채널에 연결하는 BNC 커넥터와 함께 연결하여 측정하여야 한다.

그 밖에도 스캐너의 구성 부품 중에는 압력을 측정 할 수 있는 별도의 압력 센서의 세트를 제공하고 있다. 이 센서는 ECS(전자 제어 현가장치), ELC AT(전자 제어 자동변속기) 등의 유압을 측정 할 때 사용하는 센서로 24.6 kg/㎠ 이하까지 측정이 가능하다. 이 압력 센서 세트에는 본체와 연결 할 수 있는 압력 센서 어댑터 모듈을 제공하고 있다.

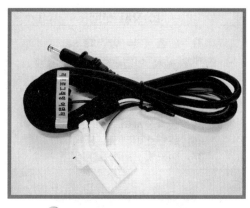

▲ 사진1-13 리프로그래밍 어댑터

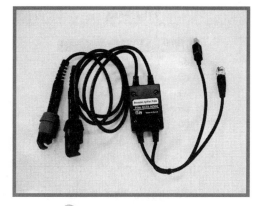

▲ 사진1-14 점화 2차 프로브

2. 스캐너의 사용법

(1) 스캔 기능

먼저 스캐너를 사용하기 전에 사용상 주의 점을 알아두는 것이 무엇보다 중요하다.

사용상 주의 사항을 간단히 정리하여 보면 스캐너의 본체를 전자파 노이즈가 강한 고압 케이블위에 올려 놓고 사용하지 말 것, 측정 프로브는 내부 회로와 연결되어 있어 측정프로브를 쇼트(short) 시키지 말 것, 또한 10Ω 이하의 낮은 저항을 측정 할 때에는 0점조정 후 다음 저항을 측정하여야 측정 오차를 줄 일 수 있다. 스캐너를 저항 측정으로 설정해 놓고 전압을 측정하여서는 안된다. 특히 5V 이상 전압을 공급 할 시에는 스캐너의 내부 회로에 손상을 입을 수 있으므로 주의하여야 한다. 파형을 측정하기 위해 오실로스코프 기능을 사용 할 때는 설정 전압 범위를 가능한 낮게 할수록 측정 오차를 줄일 수 있다.

이 밖에도 측정 프로브를 미터 기능에 설정 해 놓고 점화 1차 전압이나 점화 2차 전압을 측정하여서는 안된다. 스캐너를 사용하기 위해서는 먼저 스캐너의 본체에 전원을 공급하기 위해 배터리 케이블이나 시가 라이터(cigar lighter) 케이블을 연결한다. 미터를 사용하기 위해서는 오실로스코프의 BNC 커넥터를 연결하고, ECU(전자제어장치)을 진단하기 위해서는 DLC 메인 케이블을 차량의 자기 진단 커넥터에 연결한다. 스캐너의 키 패드에 있는 전원 키를 누르면 스캐너의 로고 화면이 나타나며, ENTER 키를 누르면 그림 (1-5)와 같이 스캐너의 초기 화면이 나타난다.

기능 선택	1/1
01. 차량통신	
02. 스코프/미터/출력	
03. KOBD 차량진단기능	
04. 주행 데이터 검색	
05. PC통신	
06. 환경설정	

🔺 그림1-5 기능선택 화면

제어장치 선택	1/7
차 종 : 뉴-아반떼 XD	
01. 엔진제어	
02. 자동변속	
03. 제동제어	
04. 에어백	
05. 트랙션제어	
06. 트랜스미터코드등록	
07. 이모빌라이저	

🔺 그림1-6 제어장치 선택화면

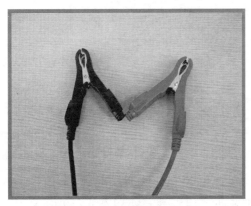

🔺 사진1-15 배터리 연결 클립

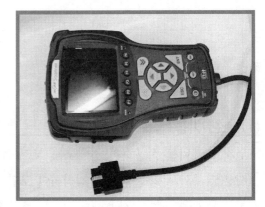

🔺 사진1-16 스캐너 본체

화면에 표시된 「**차량 통신**」 은 제조사의 전자제어장치를 진단하기 위한 기능이며, 「**스코프/미터/출력**」 은 오실로스코프 기능이나 멀티 미터 기능을 사용하기 위한 기능이다. 따라서 전자제어장치의 자기 진단이나 서비스 데이터를 점검하기 위해서는 「**차량 통신**」 을 설정하고 ENTER 키를 누르면 그림 (1-7)과 같이 각 자동차 제조사의 차종 선택화면이 나타나게 된다.

그림 (1-7)과 같이 제조사의 차종을 선택하고 ENTER 키를 누르면 제조사의 차종이 열거된 화면이 나타나게 되고, 진단하고자 하는 차종을 선택하여 ENTER 키를 누르면 그림 (1-8)과 같이 진단할 제어장치 선택화면이 나타나게 된다. 화면에 나타난 제어장치 (시스템) 중 진단 할 제어장치를 선택한다. 진단할 제어장치가 전자 제어 엔진이라면 그림 (1-8)과 같이 「**엔진 제어 가솔린**」 를 설정하여 ENTER 키를 누른다. 이렇게 자동차 제조사의 차종과 진단 할 시스템이 설정되면 그림(1-9)와 같은 화면이 나타나게 된다.

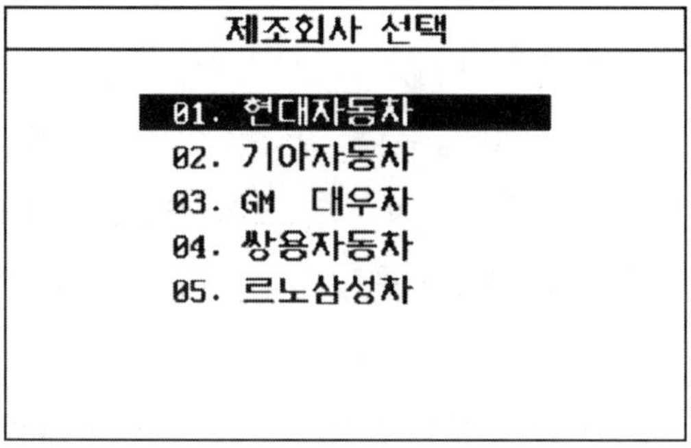

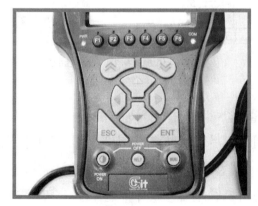

```
      제조회사 선택

   01. 현대자동차
   02. 기아자동차
   03. GM  대우차
   04. 쌍용자동차
   05. 르노삼성차
```

▲ 그림1-7 제조사의 차종 선택시

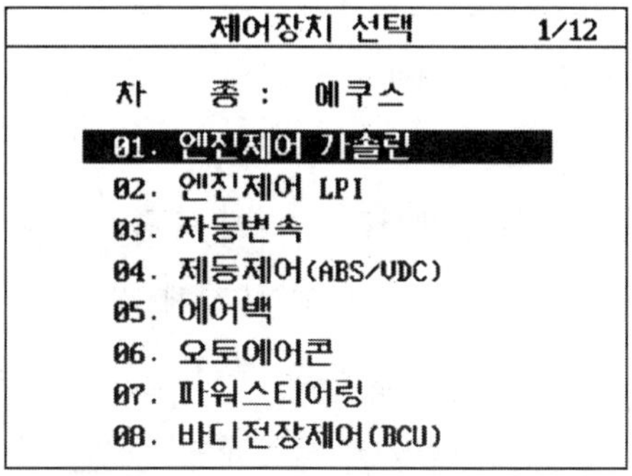

```
     제어장치 선택        1/12

   차   종 :  에쿠스
   01. 엔진제어 가솔린
   02. 엔진제어 LPI
   03. 자동변속
   04. 제동제어(ABS/VDC)
   05. 에어백
   06. 오토에어콘
   07. 파워스티어링
   08. 바디전장제어(BCU)
```

▲ 그림1-8 진단할 시스템 선택시

그림 (1-9)에 나타난 스캐너의 기능 중 진단하고자하는 항목을 선택하여 진단을 실행한다. 그림 (1-9)와 같이 전자 제어 엔진의 자기 진단을 하고자 하는 경우에는「자기 진단」을 선택하여 ⌈ENTER⌋ 키를 누른다. 잠시 후 자기 진단이 끝나면 LCD 화면 상에 진단 결과을 표시 된다. 자기 진단 결과가 정상인 경우에는「 자기 진단 결과 정상입니다」는 자막이 표시되고, 이상이 있는 경우에는 상단에 고장 코드 번호와 부품 명칭이 표시되며, 화면 하단에는 고장 코드 개수가 표시 된다.

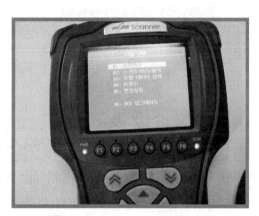

▲ 사진1-17

▲ 사진1-18 스캐너의 액정 표시부

ECU(전자제어장치)에 저장된 고장 코드를 지우기 위해서는 화면 하단에 있는 소거-키를 누르고 ENTER 키를 누르면 고장 코드를 지울 수 있다. 다음 전자제어장치의 센서값 출력을 보기 위해서는 그림 (1-9)의 화면에서 스캐너의 키 패드에 있는 커서 이동키를 이용 커서를 「센서 출력」항목으로 이동한 후 ENTER 키를 누른다. 그러면 그림 (1-10)의 화면과 같이 센서값 출력이 출력되게 된다. 또한 시스템의 전체 서비스 데이터를 보기 위해서는 화면 하단에 있는 전체 키(기능 키)를 누르면 센서값 출력이 한 화면상에 출력되어 전체 센서값을 비교 분석 할 수 있다.

이때 스캐너의 키 패드에 있는 ESC 키를 누르면 다시 센서 출력 화면으로 되돌아간다. 특히 원하는 센서 출력값만 표시하여 분석하고자 할 때에는 커서 이동키와 ENTER 키를 이용하여 선택하여 볼 수 있다.

진단기능 선택	1/8
자 종 : 에쿠스	
제어장치 : 엔진제어	
사 양 : 3.0 DOHC	
01. 자기진단	
02. 센서출력	
03. 액쥬에이터 검사	
04. 센서출력 & 자기진단	
05. 센서출력 & 액쥬에이터	
06. 센서출력 & 미터/출력	
07. 주행데이터 검색	

🔺 그림1-9 진단할 기능 선택시

센서출력		0%
엔진회전수	718	RPM
공기량센서	1542	mV
인젝터분사량	2.6	mS
냉각수온센서	73	℃
산소센서(B1/S1)	780	mV
흡기온센서	30	℃
스로틀포지션센서	4394	mV
배터리전압	13.8	V
시동신호	OFF	
차속센서	0	Km/h
고정	분활	전체	파형	기록	도움

🔺 그림1-10 에쿠스 3.0 서비스데이터

커서 키를 이용하여 분석하고자 하는 센서 출력값에 커서를 위치하고 고정-키를 누르면 그림 (1-11)과 같이 좌측 화면상에 ∨와 같이 갈매기 표시가 표시 된다. ∨로 표시된 센서 출력값이 선택 되었다는 것을 의미하며 다시 한번 고정-키를 누르면 ∨ 표시는 사라진다. 센서 출력값이 고정된 상태에서 분활-키를 누르면 선택한 항목의 센서 출력값만 화면상에 표시 된다. 이 상태에서 파형-키를 누르면 그림 (1-12)와 같이 고정된 항목에 대해 파형으로 출력하여 볼 수 있다. 특히 이 기능은 연관된 데이터를 비교 분석할 때 좋으며, 센서 출력 항목을 적게 선택 할수록 데이터 처리 시간이 빨라 응답성이 좋아진다. 또한 이 기능은 일정 시간 데이터를 저장하여 볼 수 있어 간헐적인 현상 확인에 좋다.

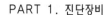

센서출력		
✓ 산소센서(B1/S1)	97	mV
✓ 흡기압(MAP)센서	33.6	kPa
흡기온센서	41	℃
스로틀포지션센서	625	mV
배터리전압	13.8	U
냉각수온센서	88	℃
시동신호	OFF	
엔진회전수	875	RPM
차속센서	0	Km/h
공회전상태	ON	
고정	분할	전체	파형	기록	도움

그림1-11 선택된 센서값만 표시할 때

센서출력	2/5
✓ 11.산소센서	1002 / 204 mV / 0
✓ 12.흡기압센서	1041 / 305 mbar / 103
13.흡기온센서	119 / ℃ / -40
15.ISA 듀티	100 / % / 0
고정	분할	정지	수치	기록	듀얼

그림1-12 고정된 센서값을 파형으로 볼 때

(2) 멀티 미터 및 스코프 기능

멀티 미터를 사용하기 전에 먼저 측정 프로브의 설치에 대해 알아보자. 스캐너(HI-DS SCAN) 장비는 점화 1차 파형이나 점화 2차 파형, 액추에이터 구동 기능을 실행 할 때는 채널 1(CH-1)의 BNC 커넥터를 사용한다. 멀티 미터나 센서 시뮬레이션, 접지/제어선을 테스트 기능을 사용 할 때는 채널(CH-2)의 BNC 커넥터를 사용하여 측정하여야 한다.

기능 선택	1/1
01. 차량통신	
02. 스코프/미터/출력	
03. KOBD 차량진단기능	
04. 주행 데이터 검색	
05. PC통신	
06. 환경설정	

그림1-13 멀티미터의 기능

멀티미터

전압측정 (채널2 프로브)

- 4.08mV

최대 - 4.08mV
최소 - 4.16mV
편차   0mV

| 미터 | 리셋 |

그림1-14 멀티미터의 압력화면

먼저 그림 (1-13)의 화면에서 「스코프/미터/출력」 항목에 커서를 위치하고 ENTER 키를 누른다. 그러면 「스코프/미터/출력」 대한 선택 항목 리스트(list)가 화면에 뜨게 된다. 이 항목에는 오실로스코프, 자동 설정 스코프, 접지/제어선 테스트, 멀티 미터, 액추에이터 구동, 센서 시뮬레이션, 점화 파형, 저장화면 보기의 내용이 표시 되며 측정하고자 하

는 항목에 커서를 위치하여 [ENTER] 키를 누르면 된다. 멀티 미터로 사용하고자 할 경우 멀티 미터 항목에 커서를 위치하고 [ENTER] 키를 누르면 그림 (1-14)와 같이 전압계의 화면으로 전환되어 전압을 측정할 수 있다.

멀티 미터 기능에는 전압뿐만 아니라 주파수, 듀티비, 펄스폭, 저항값, 소전류, 대전류, 압력 등을 측정할 수가 있는데 화면 하단에 있는 미터-키(기능키)를 누르면 그림 (1-17)과 같이 좌측창에 전압, 주파수, 듀티, 펄스폭, 저항, 소전류, 대전류, 압력PV, 압력GP이 표시 된다. 이때 원하는 항목에 커서를 위치하여 [ENTER] 키를 누르면 된다. 그러나 원하는 항목 중 소전류, 대전류, 압력을 측정할 때는 반드시 장비 제조사가 제공하는 별도의 특수 프로브를 사용하지 않으면 안된다.

또한 전류, 압력을 측정 할 때는 0점 조정하여야 정확한 측정이 가능한데 화면 하단에 나타난 단위-키(기능키)를 눌러 채널 선택과 해당 항목을 선택하여 [ENTER] 키를 눌러 0점을 조정한다.

멀티미터
압력 (채널2 프로브)
- 0.80 Kg
최대   0.24 Kg
최소 - 1.68 Kg
편차   84 Kg
미터	리셋	영점

▲ 그림1-16 멀티미터의 압력화면

멀티미터
전압 / 전압측정 (채널2 프로브)
주파수
듀티
펄스폭
저항   4.16mV
소전류
대전류   최대 - 4.08mV
압력PV   최소 - 4.16mV
압력GP   편차   0mV
미터	리셋

▲ 그림1-17 멀티미터의 기능

(3) 오실로스코프 기능

파형을 측정하기 위한 기능으로 2개의 채널(CH)을 제공하고 있다. 현재 스캐너를 사용상태에 있으면 [ESC] 키를 눌러 「스코프/미터/출력」 기능으로 들어간다.

「스코프/미터/출력」 기능에는 그림(1-18)과 같이 측정 항목 창이 표시 된다. 커서 방향키를 이용 원하는 항목에 커서를 위치하고 [ENTER] 키를 누르면 된다. 먼저 오실로스코프를 사용하기 위해 측정 프로브를 BNC 커넥터(CH-1), (CH-2)에 연결한다. 그림 (1-18)과 같이 커서를 「오실로스코프」에 위치하고 [ENTER] 키를 누르면 그림 (1-19)의 화면이 나타나게 된다. 오실로스코프의 기능을 사용하기 전에 화면과 기능키에 대해 알아보자.

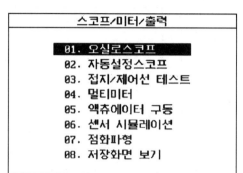

그림1-18 스코프, 멀티미터 기능 선택시

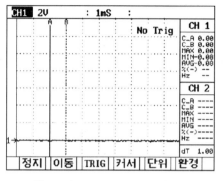

그림1-19 오실로스코프의 화면

화면 상단에는 선택된 측정 프로브의 상태와 설정된 전압과 시간이 표시되는 창이고, 화면 중간에는 그리드(그물망)는 파형이 표시되는 창이며, 화면 하단에는 기능-키의 내용을 표시하는 창이다. 화면 상단에 「CH1」에 커서가 위치되어 있으면 채널-1 프로브를 사용할 수 있다는 의미이다.

파형의 진폭과 주기가 맞지 않아 설정된 전압과 시간을 변경하고 자 할 때는 화면 하단에 있는 커서-키를 누르고, 이동-키를 눌러 화면 상단에 변경하고자 하는 전압이나 시간(주기)에 커서를 위치하고 방향 키를 눌러 필요한 전압과 시간(주기) 값을 세트한다. 화면 상단에 2V라고 표시한 전압의 의미는 화면에 표시된 그리드(그물망)의 한 칸에 2V가 설정되어 있다는 것이며, 시간이 1ms라도 표시된 것은 그리드의 한 칸에 1ms 로 설정되어 있다는 것을 말한다.

한편 화면 상단에 표시된 전압의 설정은 피측정값을 어느 정도 알고 있다면 보통 측정하고자 하는 파형이 진폭의 크기에 1/2 ~ 1/4 값을 설정하면 좋다.

반면 피측정값이 어느 정도되는지 모르고 있다면 액정 화면에 나타난 파형의 크기를 알맞게 조정하여 보면 된다. 한편 화면 하단 그리드에는 짙게 그려진 선(움직이는 선)을 볼 수 있는데 이 선을 트레이스(trace)라 부르며, 트레이스 좌측에는 「1→」 표시가 나타나게 된다. 표시 「1→」 의 의미는 현재 채널-1의 트레이스가 활성화 되어 있다는 것을 의미한다.

또한 현재 화살표의 위치가 기준 전압(0V) 위치를 가리키고 있다는 것을 표시한다.

그림 (1-20)의 우측 화면에 나타낸 내용들은 파형의 측정값을 수치적으로 표시 된 내용들이다. 화면 우측 B 영역을 가리키고 있는 것은 채널-1(CH-1)의 측정값을 수치적으로 표시하는 영역이다. 이 기능은 측정 커서를 이용하면 표시된 파형값을 쉽게 측정 할 수 있어 편리하다. 화면 좌측에 「↑」의 표시는 트리거(trigger)의

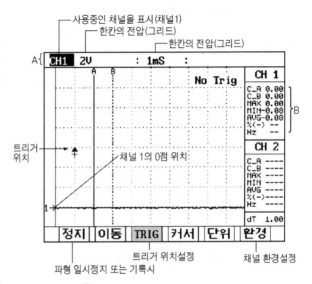

▲ 그림1-20 스코프의 화면 내용

위치를 표시하는 것으로 흐르는 파형을 안정시켜 측정할 때 사용하는 기능이다. 예컨대 화면상에 그림 (1-21)과 같이 정현파형이 측정되었다면 트리거가 되어 있지 않아(「No trig」) 파형은 오른쪽으로 흐르게 돼 분석하고자 하는 파형을 정확히 측정할 수 없게 된다. 이때 트리거-키를 누르면 「↑」(트리거 표시)가 나타나며 트리거 할 수 있음을 나타낸다.

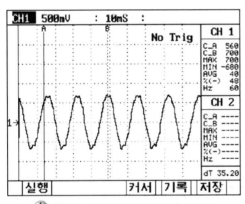

▲ 그림1-21 트리거가 되지 않은 정현파

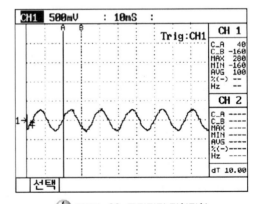

▲ 그림1-22 트리거된 정현파형

다음 이동-키를 이용하여 화면에 나타난 「↑」 트리거 표시를 이동하여 원하는 파형의 안정 시점에 맞추면 된다. 그림 (1-22)의 정현파 화면은 트리거 된 정현파를 나타낸 것으

30

로 파형 좌측 초기 파형이 상승 할 때「↑」트리거 위치를 설정하여 파형을 안정시킨 화면이다. 화면 하단에 정지-키는 트리거 기능과 달리 화면에 표시된 파형을 일시 정지시키거나 파형을 기록 및 저장 할 때 사용하는 키이다. 정지-키를 이용하여 파형을 일시 정지시에는 커서-키(cursor key)를 이용하여 파형의 각 측정값을 쉽게 읽을 수 있다. 또한 정지-키를 누르면 파형은 즉시 정지하며 화면 하단에는「커서」,「기록」,「저장」키가 나타나게 된다. 따라서 파형을 기록 또는 저장하기 위해서는 이 기능을 이용하면 된다. 파형을 정확히 측정 할 때는 화면 하단에 있는 커서-키를 누르면 그림 (1-23)과 같이 A 커서는 실선으로, B 커서는 점으로 나타나게 되며 키-패드의 방향 키를 이용하여 A 커서, B 커서를 측정하고자 하는 곳에 위치하여 측정한다. 이때 화면 좌측에 표시된 측정 데이터값은 커서의 위치에 따라 숫자가 변화하게 되는 것을 볼 수 있다.

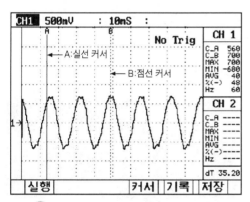

▲ 그림1-23 커서간 측정값을 표시할 때

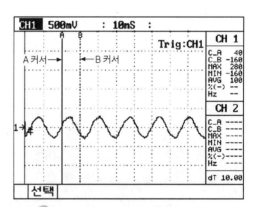

▲ 그림1-24 커서를 이동하여 측정할 때

그림 (1-24)와 같이 화면 좌측에 표시된 C_A 40 값은 커서-A 실선이 파형과 만나는 점의 전압값을 나타내며, C_B 160 값은 커서-B 점섬이 파형과 만나는 점의 전압값을 나타낸다. 또한 MAX 280 값은 커서-A와 커서-B 사이에 최대 전압값이 280mV 임을 나타낸 값이며, MIN −160 값은 커서-A와 커서-B 사이에 최소 전압값이 −160mV 임을 나타낸 값이다. 여기서 AVG는 average의 약어로 정현파의 평균값을 나타낸 표시이다. 단위가 % 백분율로 나타낸 것은 측정 파형의 듀티값을 나타낸 것이며, Hz는 측정된 파형의 주파수를 나타낸 것이다. 화면 최하단에 표시된 dt 10의 표시는 커서-A와 커서-B 사이에 시간이 10mS 라는 것을 표시한 값이다.

따라서 파형을 측정 할 때에는 이 커서 기능을 이용하면 정확하고 편리하게 파형을 측

정할 수가 있다. 환경-키는 사용 채널의 설정과 피측정값의 형태(AC, DC), 화면을 중첩하여 표시 할 횟수, 그리고 순간적인 펄스 신호를 포착 할 때 사용하는 싱글 샷 기능을 설정 할 때 사용하는 키이다.

3. 종합 진단 장비의 구성과 사용법

1. 종합 진단 장비의 구성

종합 진단 장비(HI-DS)의 구성 부품은 PC(개인 컴퓨터)와 모니터, DC 전원 공급기, IB(intelligent box : 계측 모듈 박스), 그리고 DLC 케이블, 멀티 미터용 프로브(probe), 다채널 측정 프로브, 트리거 픽업, 점화 2차 프로브, 전류 측정 프로브, 진공 프로브, 유압 프로브 등으로 구성되어 있다. 종합 진단 장비(HI-DS)는 스캐너와 달리 장비의 본체가 PC(개인 컴퓨터)로 되어 있어 화면의 조작 버튼은 마우스(mouse)를 이용하면 된다.

🔺 사진1-19 종합진단장비(HI-DS)

🔺 사진1-20 차량진단중인 HI-DS

장비에 전원을 공급하기 위해서는 PC(개인 컴퓨터) 전원 공급에 필요한 AC 220V의 연결 코드와 사진 (1-21)과 같은 IB(계측 모듈 박스)에 전원을 공급하기 위한 DC 전원 공급기가 있다. PC 본체에는 장비 제조사가 제공하는 운영 소프트웨어가 설치되어 있다. 또한 신규 차종이나 사양 변경이 발생할 때 프로그램을 온-라인을 통해 다운로드(download) 받을 수도 있다. DLC(data link cable) 케이블은 16편 표준 커넥터가 제공되고 있으며, 차종에 따라 자기 진단 커넥터의 사양이 틀리는 경우를 대비하여 별도의 DLC 어댑터 케이블을 이용할 수 있도록 제공하고 있다.

△ 사진1-21 B(계측 모듈)

△ 사진1-22 DLC 커넥터

이 진단 장비(HI-DS)는 스캐너에서 볼 수 없는 IB 라는 계측 모듈 박스가 제공되고 있다. 이것은 차량의 전기, 전자장치로부터 측정하고자 하는 신호를 측정하여 PC 본체로 전송하는 모듈이다. 이 IB 모듈은 별도의 전원을 공급 받기 위해 DC 전원 공급기를 가지고 있다.

또한 이 장비는 스캐너와 달리 멀티 미터 기능을 실행하기 위한 사진(1-23) 및 사진(1-25)와 같은 별도의 멀티 미터용 측정 프로브를 가지고 있다. 특히 이 장비는 6개 까지 파형을 동시에 측정 할 수 있는 기능을 가지고 있어 ECU(전자제어장치)에 입출력 신호를 비교 분석할 때 좋다. 이 기능에는 6개의 파형을 측정 할 수 있도록 사진(1-24)와 같은 6개의 다채널 스코프의 프로브를 제공하고 있다. 이 스코프 프로브에는 각 채널(CH)의 번호가 표기되어 있으며 측정 프로브의 색상별로 쉽게 구분될 수 있도록 되어 있다. 또한 이 장비의 구성품 중에는 스캐너와 같이 차량의 전류를 측정할 수 있는 소전류 프로브와 대전류 프로브를 제공하고 있다.

소전류 프로브는 0A~30A 까지 DC 전류를 측정할 수 있는 프로브이며, 대전류 프로브는 측정 범위의 선택에 따라 1000A 까지 DC 전류를 측정할 수 있는 프로브이다. 대전류 프로브는 보통 0A~100A 까지 측정이 가능하지만 프로브에 부착되어 있는 선택 스위치의 위치에 따라 1000A 까지 측정이 가능하도록 되어 있는 클램프식 프로브(clamp probe)이다.

⚠ 사진1-23 멀티미터 프로브

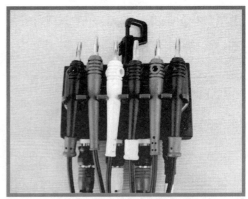

⚠ 사진1-24 다채널 스코프 프로브

⚠ 사진1-25 TPS 센서 저항 측정

⚠ 사진1-26 CAS센서의 파형 측정

또한 이 장비는 엔진 튠업 기능을 수행 할 수 있도록 사진 (1-28)과 같은 6개의 점화 2차 프로브를 제공하고 있다. 점화 파형이나 엔진 튠업을 수행하기 위해 사진 (1-27)과 같은 트리거 픽업을 지원하고 있어 엔진 튠업시 엔진 회전수를 모니터 할 수 있다. 그 밖에도 엔진의 흡기 계통 부압이나 진공압을 측정하기 위해 사진 (1-30)과 같은 진공 측정 프로브를 제공하고 있다. 또한 자동 변속기나 ECS(자동 제어 현가장치)와 같은 유압 회로에 유압을 측정하기 위한 유압 프로브를 제공하고 있어 전자제어장치의 진단시 좋다. 한편 이 장비는 별도의 로드 테크(road tech) 장비를 제공하고 있어 간헐적인 고장이나 순간적으로 발생하는 결함시 사용하면 좋다. 특히 이 장비는 제조사의 차종별 진단시 필요한 각 정보를 제공하고 있어 진단 중 별도의 정비지침서 없이 진단이 가능하도록 여러 기능을 제공하고 있다. 이 장비의 모니터의 초기 화면을 클릭하면 스캔 테크나 스코프 테크 기능 외에 정보 지원과 진단 가이드, 성능검사 기능을 볼 수 있는데 장비 사용중 간단한 마우스(mouse)의 클릭으로 확인하여 볼 수 있다.

🔺 사진1-27 트리거 픽업

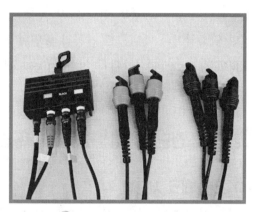
🔺 사진1-28 점화 2차 프로브

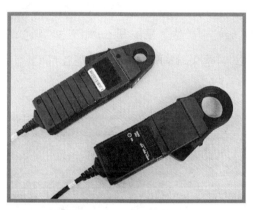
🔺 사진1-29 전류측정 클램프

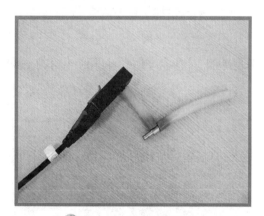
🔺 사진1-30 진공측정 클램프

정보 지원에는 정비 지침서 기능, 정비 회로도 기능, 원격 진단 기능을 실행할 수 있도록 버튼이 표시 되어 있다. 진단 가이드에는 현상별 고장 기능, 계통별 고장 기능, 단품별 점검 기능, 기능별 점검 기능 등의 정보를 제공하고 있다. 또한 진단 중 제조사나 기타 메이커로부터 정보를 온-라인 상에서 주고받을 수 있도록 원격 진단 기능을 가지고 있다. 이 장비는 예방정비나 성능검사를 하기 위해 성능검사 기능과 과거 고장이력을 관리하기 위한 검색 기능을 가지고 있다.

성능검사에는 기본 성능검사와 일반 성능검사, 그리고 정밀 성능검사로 구분되어 있어 선택하여 수행할 수 있도록 되어 있다. 기본 성능검사에는 엔진 계통의 기본 점검과 동력

전달 계통의 기본 점검, 그리고 제동 및 조향 계통의 기본 점검, 기타 등화장치 및 편의장치의 기본 점검을 할 수 있도록 되어 있다. 또한 일반 성능검사에는 시동 및 충전 계통의 성능검사나 전장 계통의 성능을 검사 할 수 있도록 제공하고 있다. 정밀 성능검사에는 엔진의 압축압이나 매니폴드 진공압 공연비 피드백 검사 등을 할 수 있도록 제공하고 있다.

　따라서 이 장비는 다양한 진단 기능과 정보를 제공하고 있는 종합 진단 장비(HI-DS)이다.

2. 종합 진단 장비(HI-DS)의 사용법

(1) 스캔 테크 사용법

　먼저 종합 진단 장비(HI-DS)에 전원을 공급하기 위한 AC 220V 코드를 AC 콘센트에 꽂는다. 다음 장비의 작동 수순은 첫째 사진 (1-31)과 같이 장비 내부에 있는 DC 전원 공급기 전원을 ON 시킨다. 두번째 사진 (1-32)에 있는 IB(계측 모듈 박스)에 있는 전원스위치를 ON 시킨다. 셋째 차량용 배터리 케이블을 자동차의 배터리에 연결하고, PC(컴퓨터)와 모니터의 전원 스위치를 ON 시킨다.

▲ 사진1-31 DC 전원 공급기

▲ 사진1-32 IB계측 모듈의 연결 단자

　부팅이 완료 되면 모니터의 화면에는 그림 (1-25)와 같은 바탕 화면이 나타난다. 부팅이 완료된 상태에서 「HI-DS」 실행 아이콘을 더블 클릭하면 종합 진단 장비에 기능 메뉴 화면이 그림 (1-26)과 같이 나타난다. 스캐너를 사용하기 위해서는 먼저 DLC 케이블을 차량의 자기 진단 커넥터에 연결하고 스캔 테크(scan tech) 아래에 있는 스캔툴 버튼을 마우스를 이용하여 클릭하면 그림 (1-27)과 같이 차종 선택 화면으로 전환하게 된다. 차종 화면 상태에서 마우스를 이용 자동차 제조사를 선택하면 차량 제조사의 차종이 차종 선택란에 표시되고, 다음 차종을 선택하면 시스템 선택창에 진단하고자 하는 시스템 항목이 표시된다.

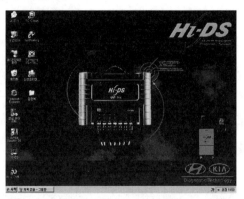

그림1-25 부팅된 초기화면

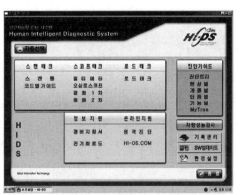

그림1-26 기능 메뉴 화면

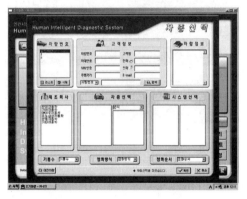

그림1-27 차종선택 화면

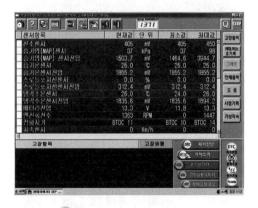

그림1-28 센서값 출력 화면

진단 할 시스템 선택이 완료되면 기능 메뉴 화면 우측 하단에 있는 확인 버튼을 마우스 이용하여 클릭하면 장비와 통신을 개시한다. 통신이 정상적으로 완료되면 그림(1-28)과 같이 센서값이 출력되는 것을 볼 수 있다.

센서값 출력 화면에서는 센서값을 출력 기능 뿐만 아니라 화면 하단으로 자기 진단 결과를 동시에 표시하여 자기 진단 결과와 센서값 출력을 비교하여 볼 수 있어 진단에 효율성을 높일 수 있다.

또한 그림 (1-29)와 같이 화면 하단에 있는 기억 소거 버튼을 클릭하면 ECU(전자제어장치)에 기억된 고장 코드를 소거 할 수도 있다. 기억 소거 버튼 하단에 있는 코드별 진단 버튼을 클릭하면 고장 코드 발생시 점검 방법과 부품의 장착위치, 점검시 판정 조건, 회로도 등을 지원하고 있어 활용하면 편리하다.

센서값 출력 화면 상단에는 초기 화면, 도움말, 측정 기능, 데이터 검색, 통신 재시작, 환경 설정, 데이터 기록 버튼이 있어 필요시 진단 기능을 향상 할 수가 있다. 진단중 데이터 검색 버튼을 클릭하면 기록 관리창으로 전환되어 과거 정비 이력을 볼 수 있다. 또한 데이터 기록 버튼을 클릭하면 화면 중앙에 3가지 특별한 창이 표시된다. 이 창에는 수동 기록, 임의 고장 코드, 특정 고장 코드 항목이 표시되는 데 기록하고자 하는 항목을 선택 하여 일정 시간 저장 할 수 있어 고장 진단시 좋다.

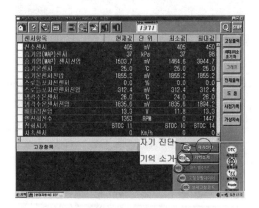

🔺 그림1-29 고장코드 소거할 때

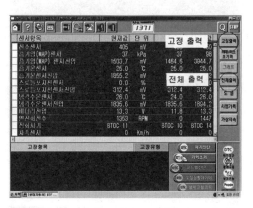

🔺 그림1-30 센서값을 고정출력할 때

센서값 출력 화면 우측에는 그림 (1-30)과 같이 고정 출력, 최대/최소 초기화, 그래프, 전체 출력, 도움, 시점 기록, 가상 차속버튼이 있는데 센서값 출력 항목중 일부를 선택 하여 집중하여 분석 할때 사용하면 좋다. 고정 출력 버튼을 클릭하면 최대 8개 항목 까지 선택하여 볼 수 있는데 가능한 선택 항목을 적게하면 할수록 출력되는 센서값의 통신 응답 성이 좋아 정밀 분석에 도움을 준다. 또한 그래프 버튼을 클릭하면 고정 출력된 항목이 그래프로 표시되며, 최대/최소 초기화 버튼을 클릭하면 그래프나 텍스트에 나타나는 값을 초기화하여 다시 읽을 때 사용한다.

(2) 스코프 테크 사용법

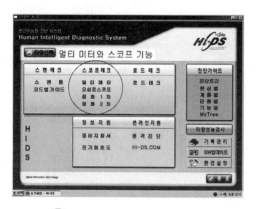

그림1-31 스코프 테크 사용시

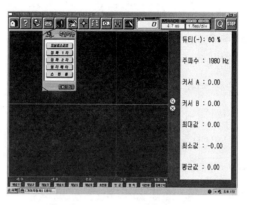

그림1-32 스코프 테크 사용시

그림 (1-31)과 같이 기능 메뉴 화면을 열면 스코프 테크 기능 항목을 볼 수가 있다. 이 기능은 항목에 나타낸 것과 같이 멀티 미터 기능과 오실로스코프 기능, 그리고 점화 1차 및 점화 2차 파형을 측정 할 수 있는 기능이다. 마우스(mouse)를 이용 커서를 멀티 미터 버튼에 위치하고 클릭하면 그림 (1-33)과 같이 모니터 상에 전압을 측정 할 수 있는 화면이 표시된다. 이 상태에서 사진 (1-33)과 같이 멀티 미터 프로브를 이용하여 점검하고자 하는 지점에 전압을 측정하면 된다.

사진1-33 시동회로의 점검

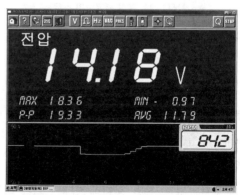

그림1-33 시동모터의 S단자 전압측정

또한 그림 (1-33)과 같이 전압 측정 화면 상단에는 초기 화면, 도움말, 프린터 출력, 측정 기능, 데이터 검색, 전압 측정, 저항 측정, 주파수 측정, 진공압 측정, 압력 측정, 전류 측정, 영점 조정, 통신 재시작 버튼이 있어 필요한 버튼을 클릭해 해당 기능을 측정 할수 있다. 측정 기능 중 낮은 저항 측정이나 압력 측정, 전류 측정을 할 때에는 측정전 영점 조정을 하여야 측정 오차를 감소 할 수 있다.

저항 측정의 경우 「Ω」 버튼을 클릭하면 이전 화면에서 저항 측정 화면으로 전환 된다. 여기서 영점을 조정하기 위해 **「영점 조정」** 버튼을 클릭하면 그림 (1-34)와 같은 화면으로 전환되며 영점 조정 창에는 멀티 미터를 쇼트시키고 아래의 시작버튼을 누르라는 자막이 나타난다. 영점 조정 창의 지시대로 사진 (1-34)과 같이 멀티미터 측정 프로브를 쇼트하고 잠시 대기하면 영점 조정이 완료 되었다는 메시지가 화면상에 나타나게 된다. 다른 측정 기능을 영점 조정 하는 것도 같은 수순으로 실행한다.

🔺 사진1-34 측정 프로브의 쇼트

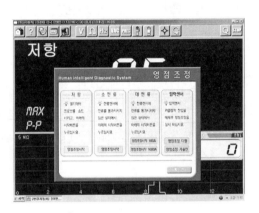

🔺 그림1-34 영점 조정 화면

다채널 오실로스코프 기능을 수행하기 위해서는 그림 (1-26)의 기능 메뉴화면에서 스코프 테크 기능 중 **「오실로스코프」** 기능으로 들어가거나 그림 (1-32)의 화면에서 **「측정기능」** 으로 들어가면 된다. 오실로스코프의 항목에 커서를 위치하고 클릭하면 그림 (1-36)과 같이 파형을 측정 할 수 있는 오실로스코프 화면으로 전환하게 된다.

오실로스코프 기능을 사용하기 전 파형 측정에 대한 환경을 설정하여야 하는데 이 기능은 오실로스코프 화면 상단에 있는 **「환경 설정」** 버튼을 클릭하면 그림 (1-35)와 같이 화면 우측에 스코프 환경 설정 창이 표시 된다. 이 창에 표시된 **「BI」**, **「AC」**, **「일반」**, **「자동」** 버튼은 한번씩 클릭 할 때 마다 **「UNI」**, **「DC」**, **「피크」**, **「수동」** 으로 전환된다.

여기서 「BI」 버튼은 바이폴러(bipolar)의 약어로 전압 레벨이 양극으로 변화하는 양극성 파형을 의미하며, 「UI」 버튼은 유니폴러(unipolar)의 약어로 전압 레벨이 단극으로 변화하는 단극성 파형을 의미한다. 또한「AC」버튼은 교류 성분의 파형을 측정 할 때 사용하며「DC」버튼은 직류 성분의 파형을 측정 할 때 사용한다.「일반」버튼은 일반적인 파형을 측정할 때 사용하는 버튼으로 샘플링 속도(time /div)에 따라 파형이 표시되며, 「피크」버튼은 과도적으로 변화하는 서지 전압 파형 등을 측정 할 때 사용하면 좋다.

전압 레벨을 선택 할 때에는「◀」버튼과「▶」버튼을 클릭하여 증감하며 ,「◀」버튼을 한번씩 클릭 할 때 마다 전압 레벨이 감소하는 버튼이며,「▶」버튼을 한번씩 클릭 할 때마다 전압 레벨이 증가하는 버튼이다. 전압 레벨이 설정되면 그림 (1-36)과 같이 화면 좌측 상단에 설정된 전압이 표시 된다.

예컨대 그림 (1-35)의 (a)와 같이 전압 레벨을 10V로 설정하면 그리드(그물망) 한 칸당 1V를 나타낸다. 또한 화면 우측 상단에는 설정된 시간 표시가 나타나며, 화면 위측 에는「◀」,「▶」표시의 증감 버튼이 나타난다. 이 증감 버튼을 이용하여 측정하고자 하는 파형의 시간을 설정한다.

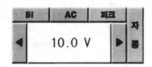
(a) 스코프 우측 설정창(예)
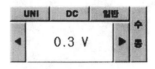
(b)스코프 우측 설정창(예)

🔺 그림1-35 스코프 환경 설정

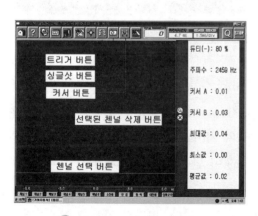

🔺 그림1-36 스코프 파형 화면　　🔺 그림1-37 AT의 OSS와 TPS신호

예컨대 설정 된 시간이「60ms/div」이라면 화면 가로측 한칸이 60ms로 설정되어 있 다는 것을 나타낸다. 오실로스코프 파형 화면 상에 파형을 측정하기 위해서는 먼저 사진

(1-35), 사진 (1-36)과 같이 다채널 프로브를 센서의 커넥터에 탐침하고「**환경 설정**」버튼을 클릭하여 전압 레벨의 크기를 설정하여 파형이 화면 내로 표시되도록 한다. 또한 파형의 샘플링 속도를 조정하여 화면상에 파형이 측정하기 쉽도록 조정한다. 이때 화면이 안정이 안되고 계속 흐르는 상태라면 화면 상단에 있는「**트리거**」버튼을 클릭하여 화면상에「+」표시가 되도록 한다. 이「+」(트리거 위치 표시)를 마우스를 이용하여 파형의 안정화 시키고 싶은 위치에 놓으면 파형은 정지된 상태로 표시된다. 이 상태에서 화면 상단에 있는「**커서**」버튼을 누르면 커서-A와 커서-B가 세로측 실선으로 나타나게 된다. 이 기능은 측정하기 편리한 기능으로 측정하고자 하는 위치에 놓으면 전압과 시간을 측정 할 수 있다.

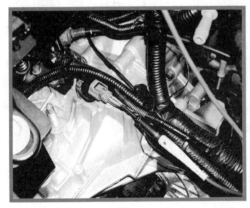

△ 사진1-35 OSS(출력스피드 센서) 신호

△ 사진1-36 TPS 센서신호 측정

　　예컨대 자동 변속기의 출력 스피드 센서 신호의 주기를 측정하고자 한다면 마우스를 이용하여 커서-A와 커서-B를 이동하여 파형의 주기에 그림 (1-37)과 같이 커서를 위치하면 화면 우측 상단「**투커서 시간차**」창에 커서-A와 커서-B 사이의 시간이 숫자로 표시되어 편리하다. 또한 화면의 우측에는 커서-A와 파형이 닫는 점의 전압과 커서-B와 파형이 닫는 점의 전압이 표시 된다

　　출력 파형의 최대값과 최소값, 그리고 평균값이 표시된다. 따라서 커서를 이용하면 측정치를 읽을 때 편리하다. 특히 이 종합 진단 장비의 오실로스코프 기능은 화면 하단에 있는 채널 선택 버튼을 클릭하면 최대 6까지 스코프 채널 선택 할 수 있어 측정 신호를 비교 분석 할 때 편리하다.

4. 파형의 측정과 분석

1. 파형의 측정

(1) 스캐너를 이용한 파형의 측정

오실로스코프 프로브(측정 프로브)인 BNC 커넥터를 스캐너의 본체에 연결한다.

스캐너의 전원을 켜고, 기능 선택 화면에서 커서를 스코프/미터/출력에 위치하고 스캐너의 LCD 화면을 오실로스코프 화면으로 전환한다. 측정 프로브의 검정색 클립을 배터리 - 터미널이나 엔진 어스 부위에 물린다. 측정 프로브의 적색 탐침봉을 사진 (1-37)같이 인젝터의 출력 신호선에 연결한다. 참고로 인젝터에는 2개의 전선이 연결 되어 있는데 하나는 전원 공급선이고, 다른 하나는 인젝터의 출력 신호선이다.

△ 사진1-37 인젝터 파형의 측정

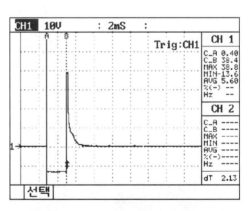

△ 그림1-38 인젝터의 분사시간 측정

따라서 측정 프로브를 탐침 할 때 신호가 잡히지 않을 때는 바로 옆 전선에 탐침하면 된다. 화면에 나타난 파형이 측정하기 좋게 전압과 시간을 조정하여 파형의 크기를 조정한다. 파형이 계속해서 흐르고 안정되지 않으면 트리거 기능을 이용하여 파형을 안정시킨다. 측정하고자 하는 엔진 회전수(rpm)를 맞추어 커서-키를 누르고 측정 커서를 스캐너의 방향키를 이용하여 인젝터 파형의 분사 시간에 사진 (1-38)과 같이 맞춘다. 측정값은 화면 우측 하단에 dt 2.13이라는 숫자에 선택한 시간이 2mS이므로 2.13mS 단위를 붙여 읽는다. 즉 이것은 엔진 열간시, 공회전 상태(약 760rpm)에서 측정한 것으로 인젝터

의 분사 시간은 엔진 회전수가 760 rpm시 2.13mS 가 되는 것을 알 수 있다. 이때 우측 화면 CH1에 숫자를 볼 수 있는데 C_A 0.40은 커서-A가 파형과 만난점의 전압치이며, C_B 30.4는 커서-B가 파형과 만난점의 전압치를 나타낸다.

또한 MAX 38.8의 숫자는 접지점에서 파형의 최대점의 전압치를 표시하고, MIN-13.6의 숫자는 접지점에서 파형의 최소점의 전압치를 표시하며, AVG 5.60의 숫자는 파형의 평균 전압치를 표시한다. 같은 방법으로 인젝터의 분사 주기를 측정하여 보자 화면 상단에 있는 시간 설정을 이동-키(기능키)와 방향-키를 이용하여 그림 (1-40)과 같이 10mS로 설정한다. 화면상에는 인젝터 파형이 흐르는 것을 확인 할 수 있는데 파형의 안정을 위해 트리거-키를 이용 안정화 시킨다.

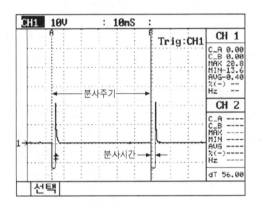

그림1-39 인젝터의 파형 측정

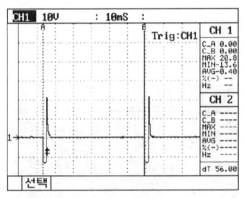

그림1-40 인젝터의 분사주기 측정

사진1-38 CPS의 파형 측정

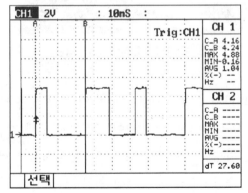

그림1-41 CPS센서의 신호 전압 측정

다음 커서-키를 이용 커서-A와 커서-B를 그림 (1-40)과 같이 인젝터 파형의 주기 기간에 위치한다. 측정값은 우측 화면 하단에 56.0mS을 확인하여 볼 수 있다. 이번에는 전자 제어 엔진의 CPS(cam position sensor) 센서의 파형을 측정하여 보자 인젝터 파형 측정과 동일한 방법으로 측정봉을 CPS 센서의 신호선에 탐침하고, 파형이 화면에 측정하기 좋은 크기로 스코프의 이동-키를 이용하여 전압과 시간을 설정한다. 화면에 나타난 파형이 계속 흐르는 상태라면 트리거-키를 이용하여 그림 (1-41)과 같이 파형을 안정화 시킨다.

커서-키와 방향-키 이용하여 측정하고자 하는 위치에 커서를 위치한다. 그림 (1-42)에서 이 차량의 CPS 센서의 회전 주기는 공회전 상태에서 약 56mS이고, CA1의 측정값은 27.6mS 인 것을 알 수 있다. 따라서 CA2의 값은 $56 - 27.6mS = 28.4mS$ 임을 알 수가 있다. 즉 이 파형은 엔진의 공회전 상태에서 캠축이 한바퀴 도는 시간은 56mS이며, 작은 돌기 구간 CA1의 시간은 27.6mS 임을 확인할 수 있다. 또한 이 파형의 전압값은 우측 화면의 숫자에 의해 4.16V ~ 4.24V 의 피크값 임을 확인 할 수 있다.

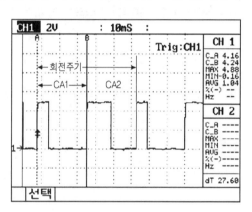

⚠ 그림1-42 CPS센서의 파형 측정

(2) 종합 진단 장비를 이용한 파형의 측정

엔진의 시동 직후 냉간시 ISA(아이들 스피드 액추에이터)의 동작 상태를 확인하기 위한 사항이다. 먼저 종합 진단 장비(HI-DS)을 부팅 한후 기능 메뉴 화면에서 오실로스코프의 버튼을 클릭하여 스코프 화면으로 전환한다. 오실로스코프의 채널-1 프로브를 사진 (1-39)와 같이 ISA 액추에이터의 커넥터에 측정 프로브를 탐침한다. ISA 액추에이터의 커넥터는 보통 전원 공급선과 정회전 신호선과 역회전 신호선이 있어 채널 프로브를 정회전 신호선과 역회전 신호선에 탐침한다. 파형의 크기를 측정하기 쉬운 크기로 환경 설정 버튼을 클릭하여 전압 레벨을 그림 (1-43)의 크기로 조정한다.

ISA액추에이터의 구동으로 파형이 계속 흐르는 경우 트리거 버튼을 이용 파형을 안정시킨다. 커서 버튼을 이용하여 원하는 위치에 커서를 위치하고 측정값을 읽는다.

△ 사진1-39 ISC 액추에이터의 파형 측정

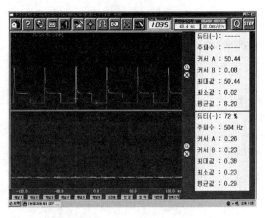

△ 그림1-43 ISA와 TPS 전압 측정

ISA 액추에이터의 여자(勵磁 : 려자) 주기값은 사진(1-44)의 상단 우측 원형표시 투커서 시간차값을 읽으면 된다. 투커서 시간차값은 커서-A와 커서-B 사이에 전압값으로 48.4mS를 표시하고 있다. 또한 사진 (1-44)에 나타낸 tu 값은 ISA 액추에이터가 정회전으로 여자 된 시간으로 약 25mS 값을 나타내고 있다. 화면 좌측에 표시된 커서 A : 50.44의 숫자는 접지점으로부터 커서-A가 만난점의 전압을 표시하며, 커서 B : 0.08의 숫자는 접지점으로부터 커서-B가 만난점의 전압을 표시한다.

△ 사진1-40 TPS의 신호 측정

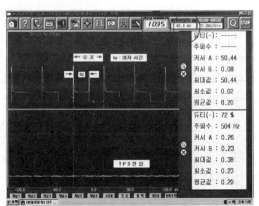

△ 그림1-44 ISA와 TPS의 신호 파형

또한 파형의 최대값은 50.44V이며, 최소값은 0.02V이며, 평균값은 8.20V를 표시한다. 화면 상단에 원형 표시에 1035의 숫자는 엔진의 회전수가 1035rpm 시 측정한 값을 나타낸다. 한편 스코프의 채널-2는 사진 (1-40)과 같이 TPS 신호 전압 파형을 측정하기 위해 채널-2 프로브의 탐침봉을 TPS 센서 신호측에 탐침한 사진이다

오실로스코프의 화면상에 측정하기 좋은 전압 크기로 전환하기 위해 환경 설정 버튼을 클릭하여 전압 레벨을 5V로 설정한다. TPS의 전압값은 엔진 회전수가 1035 rpm 일 때 약 3V(300mV) 정도 되는 것을 확인 할 수 있다. 다음은 점화 1차 신호및 파워 TR의 점화 신호를 측정하여 보자. 종합 진단 장비(HI-DS)를 스코프 화면으로 전환하고 다채널 프로브의 채널-1 프로브를 파워 TR의 컬렉터측에 연결하고, 채널-2 프로프의 탐침봉은 사진(1-41)과 같이 파워 TR 베이스측에 연결한다. 화면 상측에 있는 환경 설정 버튼을 클릭하여 그림 (1-45)와 같이 파형을 측정하기 좋게 채널-1의 점화 1차 전압은 300V로 설정하고, 채널-2의 점화 신호 전압은 10V로 설정한다. 트리거 기능을 이용 파형이 안정화 되면 측정하고자 하는 파형 구간에 커서를 위치하고 측정한다.

사진1-41 PWR TR의 점화신호

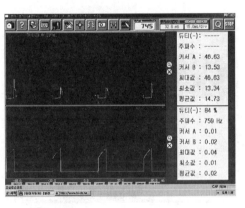

그림1-45 점화 1차신호와 점화신호

점화 행정 시간은 약 47mS 이며 커서-A와 커서-B 사이 시간차는 32.8mS 이다.

파워 TR이 ON 되어 있는 시간(드웰 시간)은 47mS-32.8mS = 14.2mS 가 되는 것을 알 수 있다. 화면상에 표시된 점화 1차 파형은 샘플링 속도에 의해 정확한 파형을 볼 수 없는 경우 설정된 채널-2를 삭제하고 채널-1 만 사용하여 측정한다. 한편 점화 2차 신호를 측정하기 위해서는 화면 상단에 있는 「**측정 기능**」 버튼을 클릭하여 점화 2차 전압화면으로 전환한다. 트리거 픽업을 1번 점화 케이블에 연결하고, 점화 2차 케이블 클립을 사진 (1-42)와 같이 점화 2차 케이블 또는 배전기의 중심 케이블에 연결하여 측정한다.

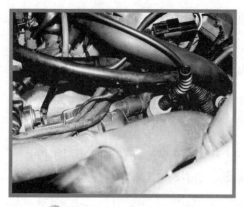
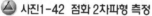

⚠ 사진1-42 점화 2차파형 측정

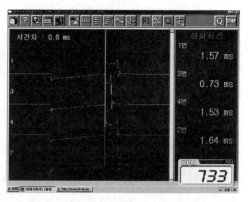

⚠ 그림1-46 측정된 점화2차 병렬 파형

2. 파형의 분석

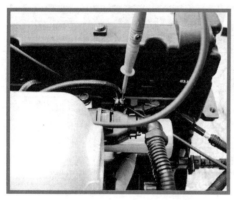

⚠ 사진1-43 인젝터 파형 측정

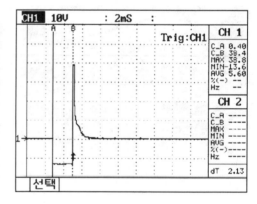

⚠ 그림1-47 인젝터 파형의 분석(1)

  자동차의 점검과 진단에도 전자 회로의 신호나 특성을 분석하던 오실로스코프를 사용하는 시대가 도래 되었다. 최근에 발매되고 있는 자동차에는 ECU(전자제어장치)가 적어도 10개 이상 장착되고 있고, 그 수도 점차 증가해 스코프의 사용은 정비 현장에도 필수가 되었다. 그러나 아직도 많은 학도 들은 오실로스코프 사용법과 측정이 파형을 분석하는 것으로 이해하고 있는 것 같다. 파형을 정확히 분석하기 위해 먼저 파형의 발생원이 무엇에 의해 발생되는지, 또 파형의 어떤 동작과 회로에 연관되어 작용하는지를 알지 못하면 파형을 정확히 분석하는 것은 불가하다 할 수 있다.

　다행히 자동차에 파형을 통해 점검하고 진단하는 곳은 그다지 많지 않아 조금만 관심만 가지면 누구나 측정하고 분석하여 볼 수 있다.

　그림 (1-47)은 스캐너를 사용하여 가솔린 엔진의 인젝터 파형을 표시한 것으로 처음 접근하는 사람은 파형이 가지고 있는 의미와 분석은 그다지 쉽지 않으리라 생각한다. 인젝터 파형의 분석은 먼저 그림 (1-48)과 같이 인젝터의 작동 전압과 인젝터의 작동 시간(연료 분사 시간)를 확인하는 것으로 출발한다. 화면에 나타낸 e 점은 어스의 상태를 확인하는 것으로 전압이 낮을수록 좋다. 여기서 Vw는 인젝터의 공급 전압을 의미하며, td는 인젝터의 작동 시간을 의미한다. 이렇게 인젝터의 공급 전압과 작동 시간이 확인되면 인젝터의 이상 여부를 파형 분석을 통해 판단한다. 인젝터의 이상 여부는 그림 (1-49)와 같이 인젝터 내부의 코일 상태와 플런저의 작동 상태를 파형을 통해 분석한다.

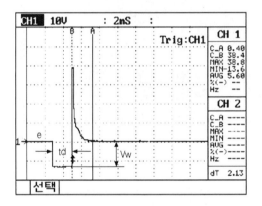

▲ 그림1-48 인젝터 파형의 분석(2)

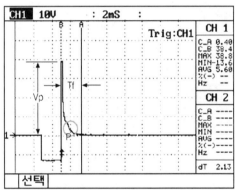

▲ 그림1-49 인젝터 파형의 분석(3)

　여기서 Vp와 Tf는 코일에 의해 발생되는 서지(surge) 전압과 코일값에 기인하는 것으로 이 전압이 너무 낮거나 ,Tf 값이 작으면 코일의 내부 쇼트나 코일값 이상으로 판단 할 수 있다. 또한 P점에 하강 곡선에 굴곡이 발생하면 플런저 작동 상태가 원활하지 않다는 것을 의미한다.

　그림 (1-50)의 파형은 종합 진단 장비(HI-DS)을 사용하여 인젝터의 연료 분사 시간과 파워 TR의 점화 신호를 측정한 파형이다. 이 파형은 종합 진단 장비의 2개의 채널을 이용 채널-1의 프로브는 인젝터의 신호선에 채널-2는 파워-TR의 베이스 신호를 사진 (1-44)와 같이 탐침하여 측정한 파형이다. 채널-1의 인젝터 파형 분석은 전술한 방법으로 파형을 확인하여 인젝터의 이상여부를 확인한다. 채널-2는 파워 TR의 베이스 파형으

로 그림 (1-51)과 같이 파형 머리 부분이 기울기가 있는 것은 점화 1차 코일의 1차 전류에 의해 기인한 것으로 점화 코일에 1차 전류가 정상적으로 전류가 흐르고 있다는 것을 의미한다. 따라서 파워 TR의 베이스 신호 전압을 측정하기 위해서는 어스점부터 파형의 꼭지점까지 전압을 측정하여야한다. 진단 장비의 커서-키를 이용하여 측정하고자 하는 곳에 커서를 위치하여 파형을 측정 및 분석한다. 커서-A와 커서-B를 마우스를 이용 연료 분사 시간, 드웰 시간(드웰각 : 점화 1차 전류가 흐르는 동안 캠축이 회전하는 각도를 말함), 그리고 스파크 플러그(spark plug)로부터 아크 방전 시간까지 그림 (1-52)와 같이 엔진 회전수에 따라 측정하여 나간다.

▲ 사진1-44 인젝터와 점화신호의 측정

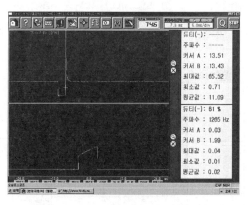

▲ 그림1-50 연료분사와 점화시기 측정

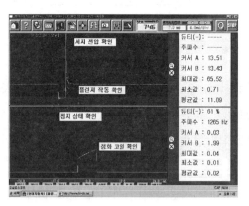

▲ 그림1-51 연료분사와 점화시기 분석(1)

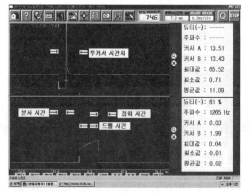

▲ 그림1-52 연료분사와 점화시기 분석(2)

여기서 실제 점화 시간(스파크 플러그로부터 아크 방전 시간)을 확인하기 위해서는 점화 1차 파형이나 점화 2차 파형을 측정하여 본다.

사진 (1-45)는 점화 2차 파형을 측정하기 위해 고압 중심 케이블에 점화 2차 프로브를 연결한 것이며, 그림 (1-53)은 점화 2차 파형의 병렬 파형을 측정 한 것이다. 먼저 점화 2차 파형을 분석하기 전 점화 파형이 발생원과 파형이 어떻게 발생되는지를 알고 있지 않으면 점화 파형을 정확히 분석하기란 불가능하다.

△ 사진1-45 점화 2차파형의 측정

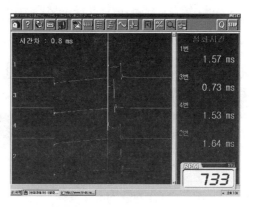

△ 그림1-53 4cyc 점화 2차파형

점화 2차 파형은 기본적으로 그림 (1-54)와 같이 점화 1차 전류가 차단되는 구간, 즉 파워 TR OFF 구간으로 드웰 구간(파워 TR이 ON 되는 구간), 점화 1차 전류가 차단되어 10KV 이상 높은 점화 전압이 발생되는 구간과 점화 2차 전류가 흘러 스파크 플러그로부터 불꽃이 튀는 불꽃 방전 구간(아크 방전 구간) 등으로 파형이 구분된다. 따라서 점화 파형을 분석하기 위해서는 파형을 표시하는 방식에 따라 직렬 파형, 병렬 파형, 중합 파형의 모델을 사용하면 좋다. 그림 (1-55)는 병렬 파형으로 각 실린더의 연소 상태를 비교하여 보면 편리하다.

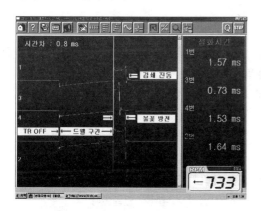

△ 그림1-54 점화 2차파형의 구간

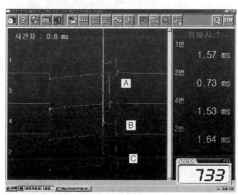

△ 그림1-55 점화 2차파형의 분석

그림과 같이 3번 실린더의 불꽃 방전구간(A 표시)이 다른 실린더에 비해 짧은 것을 쉽게 알 수 있다. 커서를 위치하여 A 표시 구간의 점화 시간(불꽃 방전 지속 시간)을 측정하니 0.8mS인 것을 확인할 수 있다. 가솔린 자동차의 경우 점화 시간(불꽃 방전 지속 시간)은 적어도 1.5mS 이상인 것이 일반적이지만 이 경우는 3번 실린더의 압축압이나 점화 플러그, 고압 케이블의 누설 등을 확인 해 볼 수 있는 내용이다. 한편 직렬 파형의 경우는 각 실린더의 파형이 1 → 3 → 4 → 2 순으로 나타나는 파형으로 모든 실린더에 발생하는 점화 파형을 한눈에 볼 수 있어 점화 전압의 밸런스 상태를 비교하여 보는데 좋다.

point ○

○ **진단 정비**

1 진단 장비의 종류와 기능

(1) 진단 장비의 종류
① 튠업 테스터 : 엔진 튠업, 전기계 진단
② 스캐너 : 전자제어장치의 자기 진단 및 서비스 데이터 출력
③ 종합 진단 장비 : 튠업 테스터 + 스캐너 기능 + 서비스 정보 기능

(2) 진단 장비의 주요 기능
① 튠업 테스터 : 멀티 미터 기능, 엔진 스코프 기능, 파워 밸런스 기능
② 스캐너 ; 스캔 기능, 멀티 미터 기능, 오실로스코프 기능
③ 종합 진단 장비 : 스캐너 기능, 엔진 튠업 기능, 종합 정보 제공 기능

※ 스캐너(HI-DS SCAN)의 기능
- 자기 진단 기능, 서비스 데이터 표시 기능, 액추에이터 강제 구동 기능
- 센서 시뮬레이션 기능, 멀티 미터 기능, 오실로스코프 기능, 데이터 저장 기능, PC 통신 및 환경 설정 기능

2 스캐너의 구성과 사용법

(1) 스캐너의 구성
① 스캐너 본체, 소프트웨어 팩, 전원 공급 케이블, DLC 메인 케이블, DLC 어댑터, 오실로스코프 프로브, 점화 2차 프로브
② 별도 사양의 대전류 프로브 &어댑터, 압력 센서 어댑터 모듈

(2) 스캐너의 사용법
① ENTER 키 : 실행키, ESC 키 : 이전 화면 복귀 키,
  방향키 : 각 항목 설정키, 기능키 : 측정 항목 운행키를 사용
② 전원 케이블을 시가 라이터 또는 배터리 케이블에 연결한다.
③ DLC 메인 케이블의 커넥터를 자기 진단 커넥터에 연결한다.
④ 전원을 켜고 ENTER 키를 이용하여 각 항목을 실행해 간다.

⑤ 멀티 미터나 오실로스코프를 사용 할 때는 측정 프로브를 연결한다.

※ 사용시 주의사항
* 충격을 가하지 말 것, 고압 케이블에 올려놓고 사용하지 말 것
* 측정 프로브를 임의로 쇼트 시키지 말 것
* 입력 전압 이상 가하지 말 것
* 10Ω 이하의 저저항 측정시 측정전 영점을 조정하여 사용 할 것
* 스코프 사용시 입력 전압을 500V 이상 사용하지 말 것

3 종합 진단 장비의 구성과 사용법

(1) 종합 진단 장비(HI-DS)의 구성

① PC & 모니터, DC 전원 공급기, IB(intelligent box), 측정 액세서리

※ 측정 액세서리
* DLC 커넥터(DLC 어댑터), 멀티 미터 프로브, 다채널 프로브
* 점화 2차 프로브, 트리거 픽업, 소/대전류 프로브, 압력 센서 모듈, 진공 프로브
② 별도의 기록 장비

(2) 종합 진단 장비의 사용법

① DC 전원 공급기 ON → IB 모듈 ON → PC & 모니터 ON
② 부팅이 완료되면 HI-DS 실행 아이콘 클릭 → 기능 메뉴 화면 상태에서 마우스를 이용 필요한 작업 실행
③ 차종 및 차량 정보 사항 입력 → 필요한 작업 실행

※ HI-DS의 주요 기능
* 스캔 테크 : 자기 진단 및 서비스 데이터 출력
* 스코프 테크 : 멀티 미터, 오실로스코프, 점화 1차 & 2차 파형
* 로드 테크 : 로드 테크에 저장된 측정 정보를 불러오는 기능
* 정보 지원 : 정비 지침서, 전기 회로도, 원격 진단 제공 기능
* 진단 가이드 : 고장 현상별, 계통별 진단, 단품 진단 내용을 제공하는 기능
* 성능검사 : 전장 계통 회로 검사 및 엔진, 변속기, 동력전달장치, 조향장치, 제동장치, 등화장치 등을 검사하는 기능 제공

4 파형의 측정과 분석

(1) 파형의 측정 방법

① 파형의 크기를 조정하기 위해 스코프의 전압 레벨을 화면의 1/3 정도 크기로 조정한다.
② 파형을 측정하기 좋게 샘플링 속도를 조정한다.
③ 파형이 안전화 시키기 위해 트리거 기능을 이용 파형을 안정화 시킨다.
④ 커서를 이용 측정하고자 하는 파형에 위치하여 전압과 시간, 듀티, 주파수를 등을 측정한다.

(2) 파형의 분석 방법

① 파형의 분석은 먼저 파형 발생원이 무엇인지를 안다.
※ 만일 파형 발생원을 모르는 경우는 제조사가 제공하는 정보 지원이나, 장비의 도움말 등을 참조
② 파형의 핵심 점검 포인트를 측정하여 규정 범위에 있는지 확인한다.
③ 멀티 채널을 이용하여 연관된 항목을 비교 분석한다.

02

ECU의 내부구성

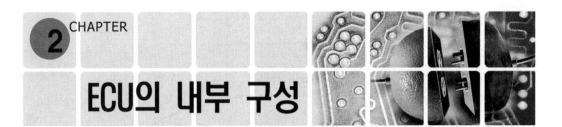

CHAPTER 2

ECU의 내부 구성

ECU의 내부 구성

1. 전자제어장치의 개요

컴퓨터 산업의 발달은 우리 일상생활에서 조차 혁신적인 삶의 변화를 가져오게 해 인간의 꿈과 가상현실을 실현하는 새로운 미래 사회의 장을 열수 있게 하였다. 새로운 미래 사회의 발달은 단순히 반도체 산업이나 전자 산업 뿐만 아니라 모든 산업 기술에 크게 영향을 주어 상호 발전을 가속화 하고 있다. 이러한 산업 기술의 상호 발전은 자동차 기술도 예외는 아니어서 오늘날 자동차는 단순히 이동하는 교통수단으로서 뿐만 아니라 환경을 보존하는 친환경 차량은 물론 편의성과 쾌적성을 추구하는 하나의 생활공간으로서 자리 매김해 가고 있다.

이러한 기술적인 환경 변화는 기계적인 요소에 컴퓨터 기술이 결합된 메카트로닉스(mechatronics : mechanics & electronics의 합성어)라는 신종어를 만들어 내며 미래의 세계를 열어가고 있다. 메카트로닉스 기술의 도입은 그동안 인간이 수행하던 일들을 대신하는 것은 물론 인간이 추구하는 자연 친화적인 요소 까지도 다양하게 전자 제어 기술의 접목을 통해 제어(制御 : control)가 가능하게 되었다.

자동차에 적용되고 있는 대표적인 메카트로닉스 장치로는 엔진의 요소를 제어하는 전자 제어 엔진장치(EMS)와 주행 속도에 따라 자동으로 변속되는 전자 제어 오토 트랜스미션 장치(ELC A/T : electronic auto transmission)를 예를 들 수가 있다. 자동차의 전자 제어장치(electronic control system)는 일반적으로 3개 구성 요소로 입력장치인 센서부(sensor부)와 제어장치인 ECU(컴퓨터), 그리고 출력장치인 액추에이터부(actuator

부 : 구동부)로 구성되어 있다.

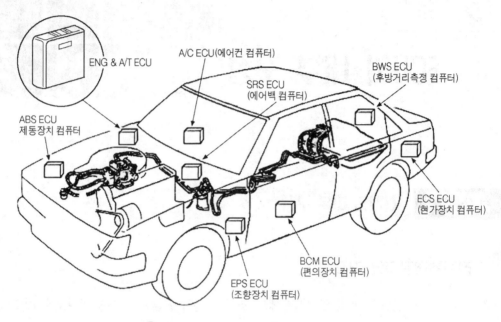

그림2-1 자동차의 여러 가지 전자제어장치

제어장치인 ECU(electronic control unit : 전자 제어 유닛)는 컨트롤 유닛으로 일 명 컴퓨터라 부르기도 한다. 자동차의 전자제어장치를 적용 목적별로 크게 구분하여 보면 표 (2-1)과 같다.

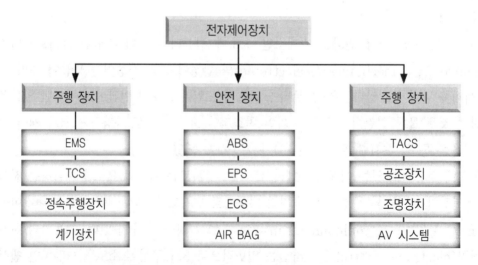

표2-1 여러 가지 전자제어장치의 적용 목적별 분류

차량의 주행에 필요한 주행장치와 주행 안전에 필요한 안전장치, 그리고 차량 운행과 차량의 실내 환경을 고려한 각종 편의장치로 분류할 수 있다.

주행장치에는 배출 가스 억제와 성능 향상을 위해 연료 분사 시스템을 도입한 EMS(전자 제어 엔진 시스템)과 속도 감응에 의한 자동 변속 시스템을 도입한 TCS(트랜스미션 제어 시스템), 장거리 운행시 주행 피로감을 경감하기 위한 정속 주행장치, 기타 컴퓨터 제어 기술을 도입한 계기장치(electronic cluster) 등이 적용되고 있다.

대표적인 주행 안전장치로는 타이어의 슬립(slip)율을 검출하여 조향 안전성 확보를 위한 ABS(anti lock brake system)장치, 주행 안전성 확보을 위한 EPS(electronic power steering system)장치, 충돌시 탑승자의 보호를 위한 SRS(supplemental restraint system : 에어백 시스템)장치 등을 예를 들 수 있다.

▲ 사진2-1 설치된 엔진 ECU(H사)

▲ 사진2-2 ENG ECU 모듈

또한 대표적인 편의장치로는 여러 가지 운행에 필요한 TACS(time & alarm control system)장치, 차량 실내의 온도와 습도를 제어하기 위한 자동 냉난방 공조장치, 차량 실내의 조명과 미적인 감각을 살린 LED식 조명장치, 차량의 위치 및 교통 정보, 기타 운행에 필요한 여러 가지 정보를 제공하는 내비게이션 시스템, 이동용 개인 사무실 기능을 갖춘 차량용 OA(office autometic system)장치 등을 예를 들 수가 있다

2. 마이크로 컴퓨터

마이크로컴퓨터

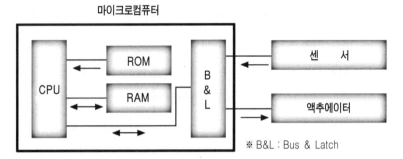

센서로부터 입력된 데이터 값과 ROM내에 있는 데이터 값을 CPU는 연산하여 목표 제어값을 출력하는 마이컴

※ B&L : Bus & Latch

🔺 그림2-2 마이컴(마이크로컴퓨터)의 구조

자동차 전자제어장치에 사용되는 ECU(electronic control unit : 전자 제어 유닛 또는 컴퓨터)는 그림 (2-2)와 같이 주로 마이크로컴퓨터를 이용하여 제어하고자 하는 목표값을 제어한다. 이 마이크로컴퓨터의 내부에는 CPU(중앙연산처리장치) 또는 ALU(논리연산장치)와 ROM(영구저장 기억소자)과 RAM(임시저장 기억소자)이 내장 되어 있는 원-칩 마이크로컴퓨터나 우리가 흔히 CPU라 부르는 마이크로 프로세스를 사용하고 있다. ECU(전자 제어 유닛)의 내부에는 그림 (2-3)과 같이 센서로부터 검출된 전기적인 신호를 마이크로컴퓨터가 인식 할 수 있도록 변환하기 위해 내부 인터페이스(interface) 회로를 구성하고 있다. 이 인터페이스 회로를 통해 변환된 전기적인 신호는 마이크로컴퓨터에 입력 돼 미리 설정된 데이값과 연산을 통해 목표 제어 신호값으로 출력 하도록 제어한다. 이렇게 출력된 전기적인 제어 신호는 출력 구동 회로를 통해 전자제어장치의 액추에이터를 구동 하게 된다.

🔺 사진2-3 8비트 원칩 마이컴

🔺 사진2-4 오토 에어컨 ECU

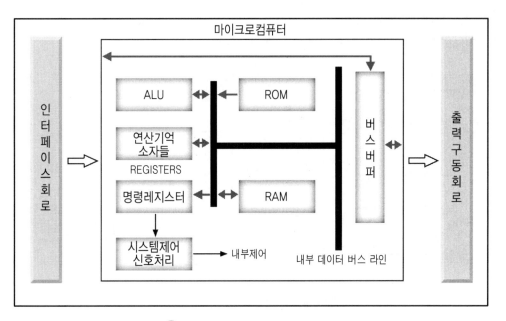

🔺 그림2-3 ECU의 내부 회로 구성도

　이와 같이 ECU는 센서로부터 검출된 신호를 처리하기 위해 ECU의 내부에는 인터페이스 회로와 신호를 제어하기 위한 마이크로컴퓨터, 그리고 액추에이터를 구동하기 위한 출력 구동 회로를 구성하고 있다. 마이크로컴퓨터의 내부에는 논리 연산을 처리하는 ALU(산술처리장치)와 데이터를 저장하는 ROM과 RAM 메모리, 여러 개의 일시 기억장치인 레지스터로 구성되어 목표 제어값을 제어할 수 있도록 한다.

　마이크로컴퓨터의 내부에는 데이터를 임시 기억하는 여러 가지 레지스터(일시 기억 소자)를 사용하고 있다. 이것은 ROM 메모리에 있는 데이터(data)를 불러내어 처리하는 것 보다 마이컴(마이크로컴퓨터)의 내에 있는 일시 저장 레지스터(register)에서 데이터를 불러와 처리하는 편이 데이터를 훨씬 더 효율적으로 처리 할 수 있기 때문이다. ALU(산술처리장치)는 ROM과 RAM 및 레지스터에 있는 데이터를 내부 버스 라인(bus line)을 통해 불러와 처리하고 처리된 데이터를 다시 버스 라인을 통해 ROM과 RAM 및 레지스터에 저장하거나 마이크로컴퓨터의 출력 포트(port) 등으로 출력하게 된다. 이 데이터 버스 라인(bus line)에는 그림 (2-5)의 마이크로컴퓨터 내부 구성도와 같이 ALU(산술처리장치) 및 어큐뮬레이터(accumulator), 플래그 레지스터(flag register), 명령 레지스터(instruction register) 및 데이터 버스(data bus)를 컨트롤(control)하는 타

이밍 엔드 카운터 로직(timing & counter logic) 및 출력 포트가 연결되어 버스 라인(bus line)을 통해 정보를 주고받도록 하고 있다.

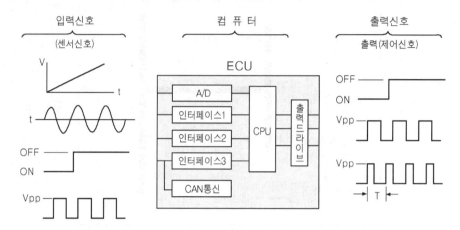

🔺 그림2-4 입력신호에 대한 ECU의 인터페이스

여기에 나타낸 타이밍 엔드 카운트 로직은 데이터의 충돌 없이 정보를 주고받도록 하기 위해서 컨트롤하기 위한 신호의 타임을 맞추고 동기시켜야 할 필요가 있기 때문이다.

이와 같이 마이크로컴퓨터 내부에는 디바이스(device)의 여러 정보를 데이터 버스 라인(data bus line)을 통해 정보를 주고받으며 신호를 처리하고 있다.

또한 마이크로컴퓨터의 내부에는 외부로부터 들어오는 정보를 입력하거나 출력하도록 창구 역할을 하는 양방향성 데이터 포트(data port)를 가지고 있다.

따라서 그림 (2-4)와 같이 센서로부터 검출된 여러 가지 입력 신호는 ECU 내의 인터페이스 회로를 통해 CPU 또는 마이크로컴퓨터의 포트로 입력된다. 이 포트(port)는 레치(latch) 회로로 구성되어 있는 양방향성 포트로 마이크로컴퓨터의 입·출력 창구 역할을 하는 기능을 한다.

그림 (2-6)은 마이크로컴퓨터(micro computer)의 대표적인 반도체 업체인 모토로라(사)의 원칩 마이크로컴퓨터(MC 6805)의 핀 구성을 나타낸 것이다. 이 핀 구성을 살펴보면 접지와 전원을 공급하기 위한 Vss, Vdd 핀이 있으며, 내부 타이머 회로를 결정할 수 있는 타이머 A, 타이머 B, 그리고 외부 인터럽트(interrupt)로 사용할 수 있는 INT2 핀 단자가 있다. 또한 외부 입출력 데이터의 창구 역할을 하는 PA ~ PD의 18 개의 데이터 포트와 외부 클릭 입력 신호 단자의 핀을 가지고 있다. 특히 MC 6805 마이크로컴

퓨터 내부에는 아날로그 신호를 디지털 신호로 변환하는 A/D 컨버터를 내장하고 있어 다양한 용도의 컨트롤러로 사용할 수 있는 특징을 가지고 있다.

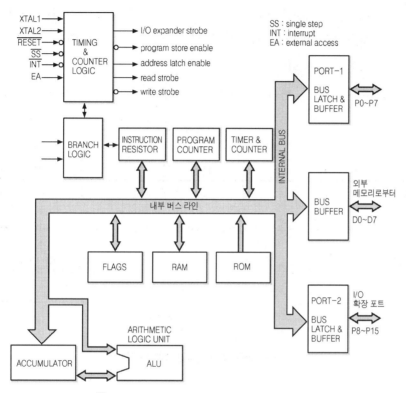

🔺 그림2-5 마이크로컴퓨터의 블록 다이어그램

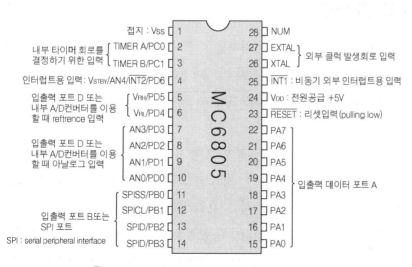

🔺 그림2-6 마이크로컴퓨터의 핀 구성(MC 6805)

마이크로컴퓨터는 모든 명령을 수행하는 데에는 그림 (2-7)과 같이 1개 또는 2개 이상의 머신 사이클(machine cycle)이 필요 한데, 이 머신 사이클은 ALU(CPU)가 ROM 메모리에 있는 OP 코드(operation code)를 읽고 그 것을 디코드(해독)하여 그 명령을 실행하는 기본 사이클을 말한다. 이 동작이 실행되면 ROM 메모리에 있는 다음 OP코드를 가지고 올 준비를 하게 된다.

여기서 말하는 OP코드란 마이크로컴퓨터를 실행하기 위한 명령어를 말한다.

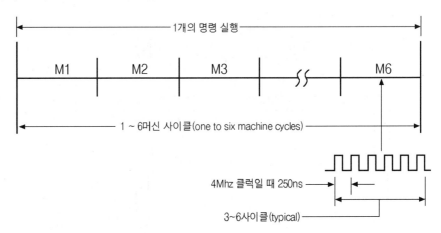

그림2-7 기본적인 명령 사이클

3. ECU의 그라운드

전기에서 말하는 어스(earth)란 대지를 이용한 접지와 같이 넓은 의미에서 사용하는 것을 말하며 그라운드(ground)란 전자 기기나 ECU에 연결하여 사용하는 좁은 의미에서 접지를 말한다. 그러나 많은 사람들은 대개 어스와 그라운드 구분 없이 사용하고 있는 것이 현실이다.

최근 자동차 전장 회로에는 ECU(전자 제어 유닛 : 컴퓨터)의 사용 증가로 접지의 분류를 파워 그라운드(power ground), 시그널 그라운드(signal ground), 센서 그라운드(sensor ground)로 구분하여 표기하는 것을 많이 볼 수 있는데 이것은 회로의 노이즈(noise)에 의한 신호의 오작동이나 회로의 안정을 기하기 위한 것이다. 전원과 관련이 있는 회로 또는 부품의 접지는 그림 (2-8)과 같이 파워 그라운드로 구분하여 같이 연결하여 사용하고 센서의 출력 신호가 아날로그(analog) 신호인 경우의 회로 또는 부품의 접지는 시그널 그라운드(signal ground)로 구분하여 연결해 사용하고 있다. 또한 센서의 신호가 외부의 신호에 민감한 센서의 경우에는 센서 그라운드(sensor ground)로 구분하여 접지에 의한 노이즈를 최소화 하고 외부의 노이즈를 차단하기 위해 정전 차폐에 우수한 쉴드 와이어(shield wire) 전선을 이용하는 경우도 있다.

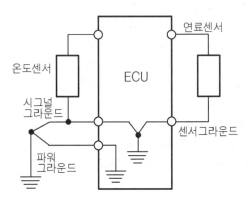

🔺 그림2-8 전자제어장치의 어스

특히 자동차에서 접지(어스)는 회로의 동작에 직접 영향을 미치는 중요한 부분으로 접지(어스)의 연결 상태와 접지 저항을 최소화하여야 한다. 접지의 연결 상태가 좋지 않으면 전위차에 의해 기준 전압이 변화하게 되거나, 외부로부터 전기적인 노이즈(noise)에 영향으로 센서의 전원이나 신호에 비정상적인 신호가 출력하게 돼 시스템 작동에 오류가 일어날 수가 있다.

🔺 사진2-5 엔진 어스

🔺 사진2-6 센서의 그라운드 점검

point ●

마이크로컴퓨터의 디바이스

1 전자제어장치

① **전자제어장치** : 보편적으로 자동차의 전자 제어 장치는 입력측에는 센서, 출력측에는 엑추에이터, 제어 장치인 ECU(컨트롤 유닛)으로 구성된 제어 시스템을 말한다.

② **ECU** : EMS, ELC A/T, ABS, ECS, EPS, SRS, TACS와 같은 시스템을 제어하기 위한 전자 제어 유닛(컴퓨터) 말한다.

③ **인터페이스 회로** : 마이크로컴퓨터가 전기 신호를 인식 할 수 있도록 변환하여 주는 입력 회로

④ **출력 구동 회로** : 마이크로컴퓨터의 출력 신호가 버퍼나 증폭 회로를 통해 액추에이터를 구동하기 위한 회로
  - 액추에이터(actuator) : 모터나 솔레노이드 밸브와 같이 전기 신호에 의해 구동되는 기구나 부품

2 마이크로컴퓨터

① **마이크로컴퓨터** : CPU 또는 ALU는 물론 내부에 ROM과 RAM 메모리를 가지고 있어 하나의 컴퓨터로 구동된 반도체 부품
  - ROM : 영구 기억 장치(읽기 전용 메모리)
  전원을 OFF하여도 ROM내의 데이터 값을 그대로 보존하고 있는 메모리
  - RAM : 임시 기억 장치(읽기 쓰기 전용 메모리)
  데이터 값을 처리하기 위해 임시 보관하기 위한 메모리로서 전원을 OFF 하면 RAM 내의 데이터 값이 지워지는 메모리
  - 레지스터 : 임시 기억 장치(읽기 쓰기 전용 메모리)
  산술 연산이나 논리 연산을 하기 위해 일시에 기억해 두거나 사용하는 일시 기억 장치

② **입·출력 포트** : 레치 회로로 되어 있어 입력 신호 및 출력 신호를 레치 할 수 있다 하여 포트(port)라 부른다.
  - ECU는 센서 및 액추에이터 신호는 입, 출력 포트를 통해 정보를 주고받게 된다.

③ **마이컴의 기본 동작** : ALU(CPU)는 ROM 메모리에 있는 명령어를 읽고 디코드(해독)하여 명령을 실행하여 입, 출력 포트를 제어 하는 장치이다.

※ 머신 사이클 : ALU(CPU)가 ROM 메모리에 있는 OP 코드를 읽고 디코드 하여 명령을 실행하는 기본 단위의 사이클을 말함
  - OP 코드 : 마이크로컴퓨터를 동작시키기 위한 명령어
  - 레치(latch) : 다음 신호가 오기 까지 데이터를 유지하는 기능

ECU의 자기 진단

1. 자기 진단

과학의 발달과 더불어 환경 오염은 인류가 해결해야 할 지구촌의 공동 과제로 등장하기 시작하면서 자동차의 배출 오염 또한 주목 받기 시작하였다. 환경 오염에 책임을 맡고 있는 미국의 캘리포니아 대기 자원국(CARB : california air resources board)은 자동차로부터 배출되는 배출 가스의 법규를 엄격히 정하여 판매하도록 허가 하고 있다. 그러나 배출 가스는 눈으로 쉽게 식별 할 수 없기 때문에 자동차의 배출 가스와 관련이 있는 부품이 이상이 발생하는 경우 경고등을 통해 운전자에게 쉽게 알려 정비 공장에 입고하도록 유도하여 배출 가스 관련 부분을 수리를 받도록 하는 법규를 제정하게 되었다. 따라서 배출가스 관련 부품이 고장이 발생되는 경우 고장 내용에 따라 고장 코드(DTC : diagnostics trouble code)를 정하여 고장 내용에 따라 자동으로 엔진 ECU(전자 제어 유닛)에 기록 되도록 하고 있다. 이와 같이 배출 가스 규제 법규를 가능하게 한 것은 컴퓨터의 발달에 기인 한 것으로 배출 가스 장치에 이상이 발생하는 경우 DTC(고장 코드)를 엔진 ECU에 기록하도록 한 것이 OBD(on board diagnosis)이다.

그러나 OBD-Ⅰ은 배출 가스 관련 부품이 이상 유무 만을 가지고는 배출 가스가 규정치 범위에 있는지 확인 할 수 있는 방법이 없어 자동차의 배출 규제에 관련이 있는 부품의 성능을 항상 모니터하는 방법을 생각하게 되었다. 이 같은 과제로 CARB(캘리포니아 대기 자원국)은 1996년 출고 되는 자동차 부터 배출 가스 관련 장치의 성능이 정상인지를 모니터링이 가능하도록 의무화 한 것이 OBD-Ⅱ 이다.

따라서 최근의 자동차는 배출가스 관련 장치뿐만 아니라 엔진 ECU, 기타 전자 제어 장치의 입, 출력 센서 및 액추에이터를 모니터링 하여 자기 진단에 의한 DTC(고장 코드)의 검출은 물론 서비스 데이터를 스캔(scan) 장비를 통해 확인 할 수 있게 되어 정비성이 크게 향상하게 되었다.

엔진 ECU와 스캔 장비의 통신 방식(protocol)은 직렬 통신 방식으로 SAE(미국 자동차 기술 협회)는 OBD-Ⅱ의 조건에 맞게 각 제조사의 자동차에 표준화 모델을 채택하도록 의무화 하고 있다.

사진2-7 자동차의 머플러

사진2-8 배출가스 테스터

OBD-Ⅱ의 표준화는 통신 방식(protocol)의 통일, DTC 코드의 용어 통일, freeze fram 기능(DTC 발생시의 ECU에 기록), ready test 기능(배출 가스 장치의 모니터링), 배출 가스 제어 장치의 현재 파라미터(data list) 값 표시 기능, MIL(mal function lamp) 경고등 기능 확장, 16핀 진단 커넥터 사용 등을 표준화 하도록 하였다.

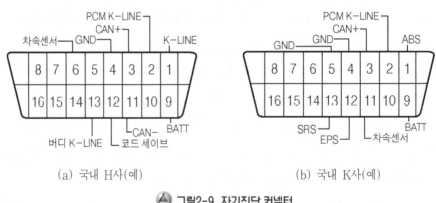

(a) 국내 H사(예)　　　　　　(b) 국내 K사(예)

그림2-9 자기진단 커넥터

2. 고장 진단

차량이 주행중 엔진 ECU 장치(전자 제어 장치)에 이상이 발생하면 치명적인 손상을 입을 수 있기 때문에 이를 방지하기 위해 하드웨어 및 소프트웨어를 보완하여 사용하고 있다. 만일 입력측 센서에 이상이 있는 경우를 엔진 ECU가 감지를 하게 되면 ECU 내의 마이크로컴퓨터는 프로그램의 코드가 저장된 플래시 메모리(flash memory)에 정보를 code check sum를 계산하여 원래의 check sum 값과 비교하여 서로 다른 경우에는 DTC(고장 코드)를 띄워서 플래시 메모리에 저장된 데이터의 결함에 의한 오동작을 사전에 검출하여 엔진의 오동작을 미연에 방지하고 있다. 이와 같이 ECU 내의 마이크로컴퓨터는 프로그램이 순차적으로 진행하는 동안 ECU의 입력 정보에 이상 징후를 발견 하게 되면 마이크로컴퓨터의 동작 시스템(operating system)은 시스템 프로그램을 다시 시작하게 된다. 또한 하드웨어적으로는 각종 보상 회로가 내장 되어 있어 전원 공급 상태를 감지하는 워치 독(watch dog) 회로를 내장하여 ECU의 이상 여부를 감시하고 있기도 하다.

▲ 사진2-9 스캔툴(자기진단장비)

▲ 사진2-10 자기진단커넥터

ECU는 입력측 센서로부터 입력되는 센서의 신호가 스펙(규격) 범위를 넘어서게 되면 ECU는 센서의 신호를 고장으로 판단하고 이상 출력을 발생하여 주행 불능 상태가 되지 않도록 페일 세이프 모드(fail safe mode)로 들어가게 된다. 이때 입력측 신호가 그림 (2-10)의 TPS(스로틀 포지션 센서) 값이 한계 범위를 벗어나 입력되게 되면 ECU 내의 마이크로컴퓨터는 센서의 입력 신호(C min < 규정값 범위< Cmax)를 연산하여 어스 단선, 단락 또는 전원과 단선, 단락 신호를 판단하여 DTC(고장 코드)를 띄우게 된다.

또한 ECU의 출력측에도 그림 (2-11)의 예와 같이 액추에이터가 단선 또는 단락을 감지 할 수 있는 검출 회로가 구성되어 있어서 액추에이터의 구동에 이상이 발생하면 ECU는 자기 진단 검출 회로를 통해 액추에이터가 한계치를 벗어났는지를 확인하고 이상이 있는 경우에는 고장 내역의 해당 DTC(고장 코드)를 RAM 메모리 또는 플래시 메모리에 저장하도록 하고 있다.

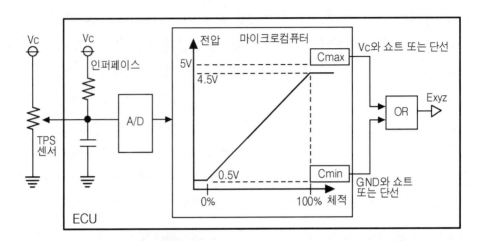

그림2-10 TPS센서의 자기진단(예)

예를 들면 그림 (2-11)과 같이 자기 진단 검출 회로를 통해 이상 신호가 0.5초(500 ms)이상 마이크로컴퓨터에 입력되게 되면 마이크로컴퓨터는 입력된 신호가 어스와 단선, 단락 및 전원과 단선, 단락을 판단하여 에러 플레그 레지스터에 상태를 임시 기억하고 고장 내역의 해당 DTC(고장 코드)를 RAM 메모리에 저장한다. 이렇게 저장된 DTC(고장 코드)는 스캔 장비를 통해 읽어 낼 수 있어 현재 ECU(컴퓨터)의 상태를 알 수 있게 하고 있다.

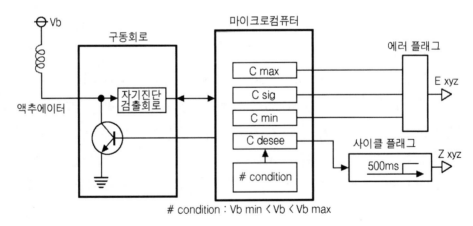

그림2-11 액추에이터의 자기진단(예)

point

자기진단

1 ECU의 자기 진단

① OBD : on board diagnosis의 약자로 배출 가스 장치와 관련이 있는 부품이 이상
이 발생되는 경우 해당 DTC(고장 코드)를 엔진 ECU에 기록 하도록 한 것

- OBD Ⅱ : 배출 가스 장치와 관련이 있는 부품의 성능이 정상인지를 항상 모니터
링 할 수 있도록 OBD 기능을 향상 한 것

※ MIL : mal function indicator lamp(엔진 경고등 기능 램프)

② 페일 세이프 : fail safe 모드는 ECU의 장치에 이상이 생기면 승객의 안전을 위해
안전 모드로 실행되는 프로그램을 말한다.

2 ECU의 고장 진단

① 입력측 스캔 : 센서의 규정값을 메모리에 저장하여 두고 입력된 센서의 신호를 규
정값과 비교하여 규정치를 벗어나면 와이어 하니스의 단선, 단락을 판단하여 해당
DTC 코드를 메모리에 저장하게 된다.

② 출력측 스캔 : ECU의 출력측 회로에는 자기 진단 검출 회로가 구성되어 있어서 액
추에이터의 출력값이 한계치를 벗어나면 액추에이터의 단선, 단락을 판단하여 해당
DTC 코드를 메모리에 저장하게 된다.

- ECU의 입력과 출력측 신호가 이상이 있는 경우는 ECU가 오동작으로 인해 주행
불능 상태가 되지 않도록 페일 세이프 모드로 진입하게 한다.

3 ECU의 통신 방식

1. LAN통신

과학의 발달은 자동차의 고성능화는 물론 안전성, 편의성, 쾌적성, 친환경성 등 인간이
추구하는 미래형 자동차를 끊임없이 진보 시켜 오면서 이에 따른 각종 전장 부품들을 개
발하여 적용하기 시작하게 되었다. 다양한 자동차 전장품(전기 장치의 부품)의 적용은 와
이어 하니스(wire harness)와 커넥터(connector)의 수를 크게 증가시켜 차량의 중량
및 자동차의 고장 발생 가능 부분이 그 만큼 증가하게 되었다.

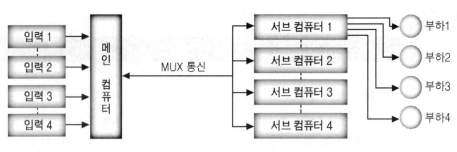

그림2-12 MUX 시스템의 개념도

따라서 각 자동차 제조 메이커 들은 차량의 중량을 최소화 하고 고장 발생 가능 부분을 최소화하기 위해 연구하기 시작 하면서 와이어 하니스(wire harness)와 커넥터 (connector) 수를 크게 줄이기 위한 방법을 고안하게 되었다. 이렇게 고안 된 시스템이 그림 (2-13)과 같이 컴퓨터를 통해 부하를 제어하는 멀티플렉스 시스템(multiflex system)이다.

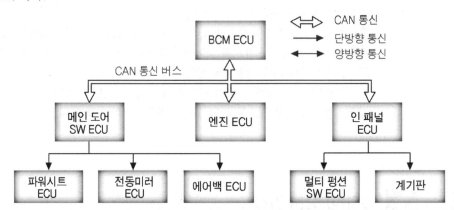

그림2-13 MUX 시스템의 통신 LINE 구성도

멀티 플렉스 시스템은 그림(2-13)의 개념도에 나타낸 것과 같이 다수의 조작되는 입력 스위치 신호나 센서의 입력 신호를 컴퓨터가 수신하고 수신된 신호를 하나의 통신 라인을 통해 여러 개의 컴퓨터를 관리하고 명령을 지시 받은 컴퓨터는 명령을 실행하여 해당 부하를 구동하므로 와이어 하니스(wire harness)와 커넥터 (connector)를 대폭 감소시킬 수 있게 한 것이다. 즉 기존의 방식의 경우는 조작되는 입력 스위치에 따라 각기 구동에 필요한 전원선이 각각의 부하에 필요하게 되는데 이 멀티 플렉스 시스템을 이용하면 하나의 전원선 만으로도 통신 라인을 통해 다수의 부하를 구동할 수가 있다.

따라서 기존의 사용하던 전원선 및 신호선의 와이어 하니스와 커넥터 수를 대폭 감속할 수 있게 되었다.

이렇게 컴퓨터와 컴퓨터가 통신 라인을 통해 제어되는 멀티 플렉스 시스템의 도입은 자동차의 보안성, 신뢰성이 우선시 되어야 하는 특수성 때문에 자동차에 사용되는 통신 방식은 신호의 충돌이나 외부로부터의 잡음 영향에 신뢰성이 우수해야 하는 필요성을 갖게 되었다. 이러한 목적을 배경으로 자동차 전장품의 전용으로 개발된 직렬 통신 방식이 LAN(local area network) 통신과 CAN(controller area network) 통신 방식이다.

표 (2-2)는 LAN 통신과 CAN 통신의 제원을 비교하여 놓은 것으로 모두 버스형 네트워크에 데이터가 충돌이 발생하지 않도록 CSMA(carrier sensing multiple access) 방식을 채택하고 있다. 오류 검출은 LAN 통신 방신은 8 비트 CRC(cyclic redundancy check)비트를 사용하고 있지만 CAN 통신 방식은 15 비트 CRC 비트를 사용하고 있어 CAN 통신 방식이 에러 검출 기능이 강화 되어 있는 것을 볼 수 있다.

[표2-2] LAN과 CAN통신의 사양 비교

제 원	사 양	
	LAN 통신방식	CAN 통신방식
NETWORK 형태	BUS형	BUS형
전송 매체	Twisted pair wires	Twisted pair wires
전송 속도	62.5 Kbps	50 Kbps
부호화 방식	NRZ 방식	NRZ 방식
ACCESS 방식	CSMA / CD	CSMA / CD
우선 순위 제어	NDA(비파괴 조정)	NDA(비파괴 조정)
오류 검출 방식	8 bit CRC CHECK	15 bit CRC
동기 방식		bit stuffing
데이터의 길이	4 BYTE	MAX 8 BYTES

LAN 통신의 데이터 프레임 구성은 그림 (2-14)와 같이 8비트의 SOF(start of frame)비트를 시작으로 해당 데이터 프레임의 우선 순위를 결정하는 8비트의 PRI (priority) 비트와 해당 데이터 프레임의 형식을 결정하는 8비트의 TYPE 비트로 구성 되어 있다. 일반적으로 LAN 통신의 형식은 노말 프레임(normal frame) 모드로 40H

값이 세팅되어 있다. 데이터 전송에는 컴퓨터와 수신 할 수 있는 컴퓨터의 고유의 ID 비트가 필요하게 되는데 이것은 최대 255개의 컴퓨터와 LAN 통신을 할 수 있다는 의미이기도 하다.

	8bit	8bit	8bit	8bit	4byte			8bit
	SOF	PRI	TYPE	ID	DATA	CRC	ANC	EOF

(a) LAN통신 데이터 프레임 구성

	1bit	24bit	12bit	max 8byte	32bit	4bit	7bit
	SOF	AFTF	CF	DATA	CRC	ACK	EOF

(b) CAN 통신 데이터 프레임 구성

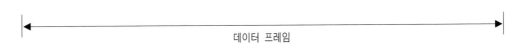

데이터 프레임

🔺 그림2-14 LAN통신과 CAN통신의 데이터 프레임 구성

CRC(cyclic redundancy check) 비트는 송신된 데이터를 확인하기 위해 송신과 동시에 수신을 하여 모니터링하고 데이터의 에러를 검출하게 되고 만일 에러로 인식을 하게 되면 데이터 송신을 중단하게 된다. ANC(acknowledge for network control) 비트는 각 컴퓨터로부터 수신된 데이터의 프레임에 에러가 없는 경우 ANC 비트를 송신하게 되고 EOF(end of frame) 비트는 데이터 프레임의 종료를 선언하는 비트이다.

point ●

LAN 통신의 데이터 프레임

① **SOF 비트** : 데이터의 개시를 선언하는 비트
② **PRI 비트** : 데이터 프레임의 우선순위를 결정하는 비트
③ **TYPE 비트** : 데이터 프레임의 형식 결정하는 비트
④ **ID 비트** : 컴퓨터와 통신하기 위한 컴퓨터의 고유 ID 비트
⑤ **DATA 비트** : 명령을 수행하기 위한 비트
⑥ **CRC 비트** : 에러를 검출하기 위한 비트
⑦ **ANC 비트** : 에러 검출을 확인하여 주는 비트
⑧ **EOF 비트** : 데이터 프레임의 종료를 선언하는 비트

2. CAN 통신

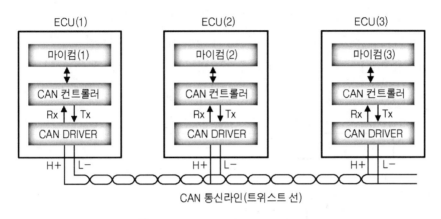

CAN 통신라인(트위스트 선)

🔺 그림2-15 CAN 통신 네트워크

CAN(controller area network) 통신은 차량 내의 다수의 컴퓨터와 직렬 통신을 하기 위한 목적으로 독일의 보쉬(BOUSH)사가 개발하여 표준화 시킨 통신 방식(protocol)이다.

이 방식은 컴퓨터와 컴퓨터 간 데이터 충돌 없이 통신이 가능하고 컴퓨터의 부하에 부담 없이 제어가 가능하며 전송 데이터의 에러 검출 능력을 갖고 있다는 장점 때문에 현재에는 차량 통신의 대표적인 통신 방식으로 사용되고 있는 멀티 플렉스 통신 방식이다.

CAN 통신 라인은 그림 (2-15)와 같이 2개 선을 꼬아(twist pair wire) ECU(컴퓨터)와 ECU(컴퓨터)간 연결하여 데이터 버스는 반이중 통신(half duplex) 방식을 이용하여 짧은 데이터를 전송하는 고속 응답 시스템에 적합하여 실시간 제어가 가능하며, 통신 시간은 약 10㎳ ~ 30㎳ 정도의 전송 시간을 가지고 있다. 또한 자동차 내의 전기적인 노이즈(nosie)의 환경에 적합하도록 에러 검출 및 에러 보정 기능을 가지고 있다.

CAN 통신의 데이터 접근 방식은 CDMA/CD(carrier sensing mulitple access/collision detection) 방식을 사용하고 있어 송신 할 데이터가 있는 ECU는 CAN 통신 상에 버스가 아이들(bus idle) 상태에 있는지를 확인하기 위해 캐리어 비트(carrier bit)를 버스상에 송신하여 충돌이 없는 경우 데이터의 송신을 개시하도록 하는 방식을 채택하고 있다.

만일 ECU가 CAN 버스 상에 여러 개의 ECU가 동시에 데이터를 송신하는 경우는 데이터를 송신한 ECU는 비트 열을 송신과 함께 수신 비트 열을 모니터링 하여 데이터의 충돌이 발생하는 경우 다른 비트열을 수신하게 되면 데이터의 충돌을 피하기 위해 즉시 송신

을 중단하게 된다. CAN 통신 라인에 데이터 버스가 동시에 ECU의 사용을 요구하는 경우는 AF(arbitration field)에 있는 ID(식별자)의 순번을 확인하여 먼저 처리 할 데이터의 우선 순위를 결정하게 된다. CAN 통신의 데이터 프레임 구조는 그림 (2-16)과 같이 되어 있으며 버스의 시작을 알리는 SOF(start of frame) 비트를 시작으로 다음 AF (arbitration field : 중재 필드) 비트가 전송되며 AF(중재 필드) 비트에는 11비트의 ID (식별자) 비트와 1비트의 RTR(remote transmission request) 비트를 가지고 있다.

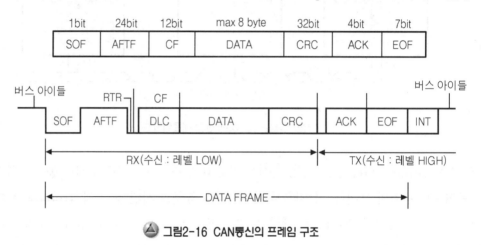

그림2-16 CAN통신의 프레임 구조

RTR 비트는 원격 전송 요구 비트로 RTR 비트가 「0」인 경우는 버스는 데이터 프레임을 나타내며 「1」이면 버스는 원격 전송 요청을 나타낸다. 6비트의 CF(control field) 비트는 데이터의 예약에 필요한 2개의 비트와 데이터 비트의 바이트(byte) 수를 나타내는 4비트의 DLC(data length code) 비트로 구성되어 있다. DF(data field)는 ECU 의 명령을 실행하기 위한 비트로 8바이트(64비트)로 구성되어 있으며 17비트의 CRC(cyclic redundancy check) 비트는 송신된 데이터를 확인하기 위해 송신과 동시에 수신을 하여 모니터링하고 데이터의 에러를 검출하고 있다.

이때 만일 에러로 인식을 하게 되면 데이터 송신을 중단하게 된다. ANC (acknowledge for network control) 비트는 2비트로 구성 되며 첫째 비트는 슬롯 비트(slot bit)로 데이터를 성공적으로 수신하면 1로 세트 되며(각 컴퓨터로부터 수신된 데이터의 프레임에) 에러가 없는 경우 ANC 비트를 송신하게 되고 두번째 비트는 1로 세트 된다. EOF(end of frame) 비트는 데이터 프레임의 종료를 선언하는 비트로 7비트로 구성되어 있으며 7비트 모두 1로 세트된다.

결국 CAN 통신의 최대 장점은 반 이중 통신(half duplex) 방식을 이용하여 통신의 보안성을 높이고 여러 ECU의 데이터를 전송하면서 부하의 작동을 원활히 할 수 있다는 장점을 가지고 있는 차량용 시리얼 통신 방식이다.

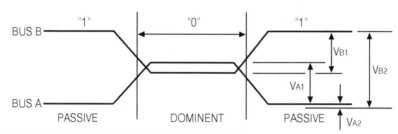

구분	min(V)	typ(V)	max(V)
V_{A1}	2.3	2.5	2.8
V_{A2}	0.05	0.1	0.2
V_{B1}	2.3	2.5	2.8
V_{B2}	4.45	4.7	5.1

PASSIVE 상태 : 1
DOMINENT 상태 : 0

△ 그림2-17 BUS의 데이터 비트 정의

point ●

LAN과 CAN 통신

1 LAN과 CAN 통신

① 다수의 ECU와 데이터를 전송할 수 있는 직렬 통신 방식으로 데이터가 충돌이 발생되지 않도록 CSMA(Carrier Sensing Multiple Access) 방식을 채택하고 있으며 오류 검출과 보정 기능을 가지고 있는 통신 방식

2 CAN 통신

① **CAN 통신 방식** : 차량 전장품의 표준 통신 방식으로 ECU와 ECU간 반 이중 통신(half duplex) 방식을 이용하여 짧은 데이터의 전송이 동시에 송·수신이 가능하여 고속 응답 시스템에 적합한 통신이다.

※ 반 이중 통신 : half duplex 통신이란 지정된 시간대에 동시에 송신과 수신이 가능한 통신방식
※ 이중 통신 : full duplex 통신이란 송신과 수신을 교대로 전송하는 통신방식

② **CSMA/CD 방식**(Carrier Sensing Multiple Access/Collision Detection)
　　송신하기 위한 데이터를 접근하기 위한 방법으로 데이터 버스 상에 충돌을 피하기 위해 현재의 사용여부를 확인한 후 송신하는 방식을 말한다.

※ NDA 조정(Non Distruction Arbitration : 비파괴 조정) : 버스에는 그림[1-29]와 같이 passive 상태와 dominent 상태(1과 0)가 존재하는데 모니터한 비트와 passive 한 비트가 동시에 송신 되어진 경우는 우선도가 높은 데이터 프레임이 송신을 하기 위해 dominent(0상태) 상태로 인식하게 된다.

03

전자제어엔진

03
범죄예방

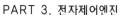

3 CHAPTER

전자제어엔진

전자제어엔진의 분류

1. 연료분사방식의 분류

전자제어엔진은 연료 분사 방식에 따라 SPI(single point injection) 방식과 MPI(multi point injection) 방식 및 GDI(gasoline direct injection) 방식으로 구분하고 있다. SPI 방식의 경우는 흡기 포트 가까이 인젝터 하나를 통해 연료를 분사하는 방식으로 연료의 균일한 분배를 할 수 없다는 결점을 가지고 있어 현재에는 거의 사용하지 않고 있는 방식이다.

이에 반해 MPI 방식은 각 실린더 별 인젝터 두어 연료를 분사하는 방식으로 연료의 균질 분사가 가능하여 현재 주종을 이루고 있는 방식이다. GDI 방식은 각 실린더에 직접 분사하여 연소실의 혼합비를 조절하고 연소 효율을 향상한 방식이다. 또한 이러한 방식들은 자동차 제조사에 따라 도요다 자동차는 EFI(electronic fuel injection) 시스템이라 부르며, 닛산 자동차의 경우는 EGI(electronic gasoline injection), 미쓰비시 자동차는 ECI(electronic control injection) 시스템이라 부르고 있어 국내의 완성차 메이커들도 초기에 기술 도입에 따라 이들 제조사의 전자 제어 엔진의 명칭을 그대로 사용하게 되었다. 따라서 최근에는 전자 엔진은 엔진의 상태를 종합적으로 제어한다는 의미로 EMS(electronic management system) 시스템이라 표현하는 미국식 표현 방식을 사용하고 있다. 그러나 이러한 명칭은 자동차의 메이커의 독자 개념을 강조하고 자사의 시스템이 우수하다는 전략적 개념의 명칭으로 전자 제어 엔진을 학습하는 데에는 크게 의미가 없지만 처음 학습하는 사람에게 혼돈을 초래 할 여지가 있어 내용을 정리하였다.

일반적으로 연료 분사 방식의 분류는 그림 (3-1)과 같이 크게 나누어 기계식 분사 방식과 전자 제어식 분사 방식으로 구분한다. 기계식 연료 분사 방식은 독일의 보쉬(사)가 개발하여 사용해 온 시스템으로 이 시스템은 배출 가스 억제를 제어하기 위한 공연비 피드백(feed back) 제어를 할 수 없어 현재에는 거의 사용하지 않는 방식이다. 이에 반해 전자 제어 엔진은 연료 분사량을 ECU(컴퓨터)가 제어도록 하여 엔진의 성능 향상 및 배출가스 억제를 실행하는 메카트로닉스 시스템이다. 전자 제어 엔진의 경우 기본 연료 분사량 제어는 흡입 공기량과 엔진 회전수에 따라 결정되어 진다. 따라서 전자 제어 연료 분사 방식의 분류는 D-제트로닉과 L-제트로닉으로 구분하고 있다.

※ 흡입공기량 계측방식 : ① 간접계측방식-D제트로닉 ② 직접계측방식-L제트로닉

🔺 그림3-1 연료분사방식에 따른 분류

🔺 사진3-1 EMS 차량의 엔진룸

🔺 사진3-2 전자제어 LPG차량

D-제트로닉은 'druck menge messer system'의 약자를 사용한 것으로 흡입 공기량을 간접 측정하는 연료분사방식을 말한다. 또한 L-제트로닉은 'luft menge messer system'의 약자로 흡입 공기량을 직접 측정하는 연료 분사 방식을 말한다. 예컨대 D-제트로닉 연료 분사 방식의 경우는 그림(3-2)와 같이 흡입 공기량을 간접 측정하는 MAP 센서 방식을 말한다.

이에 반해 흡입 공기량을 직접 측정하는 AFM(에어 플로 미터) 또는 핫 필름을 이용한 AFS 센서를 이용한 방식 등을 L-제트로닉 방식이라 한다. 이와 같이 흡입 공기량을 측정하여 연료 분사량을 결정하는 것은 연소실 내에 균등한 연료량과 분사 시간을 제어 할 수 있어 연소 효율을 향상 할 수 있고, 배출 가스 크게 저감 할 수 있기 때문이다.

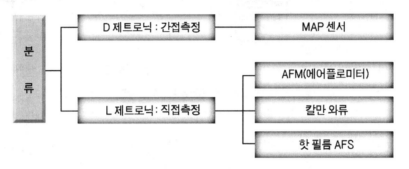

※ 흡입공기량의 측정방식에 따른 분류

🔺 그림3-2 전자제어엔진의 분류

🔺 사진3-3 MAP센서(호스형)

🔺 사진3-4 핫 필름 AFS센서

2. D-제트로닉 연료 분사 방식

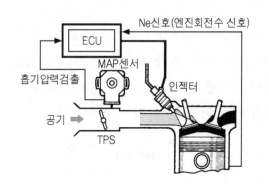

(a) D제트로닉 시스템 구성

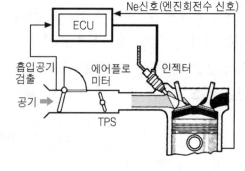

(b) L제트로닉 시스템 구성

🔺 그림3-3 연료분사방식의 구분

D-제트로닉 방식은 흡기관 내의 압력이 엔진의 1 사이클 당 실린더에 흡입되는 공기량에 비례하는 것을 토대로 흡기관에 압력을 검출하고, 이 값을 공기류량의 신호로 환산하여 연료 분사량을 결정하는 방식이다. 스로틀 밸브 전개(완전 열림 상태) 시에는 흡기 관 내의 압력은 거의 대기압과 같은 상태가 되어 흡기관 내의 압력은 높은 상태가 되지만 아이들 상태에서는 스로틀 밸브 전폐(완전 닫힌 상태)에서는 흡기관 상태는 부압이 크게 걸린 상태가 되어 흡기관 내의 압력은 대단히 낮아져 1회 흡입되는 공기류량은 최저의 상태가 된다.

🔺 사진3-5 D제트로닉 방식 엔진

🔺 사진3-6 L제트로닉 방식 엔진

그러나 실제로는 흡입되는 공기량과 흡기관 내의 부압과의 관계는 엔진의 회전수에 따라 다소 차이가 있고, 배출 가스 규제에 의해 EGR 장치(배출 가스 재순환 장치)의 장착이 의무화 되면서(EGR 장치에 의해 배출 가스 일부가 흡기관으로 재순환 되면서) 흡기관의 압력도 차이가 있어 압력을 검출하여 연료를 분사하는 D-제트로닉 방식에서는 이와 같은 편차값을 줄여주기 위해서는 별도의 보정을 하여 주어야 하는 결점을 가지고 있다.

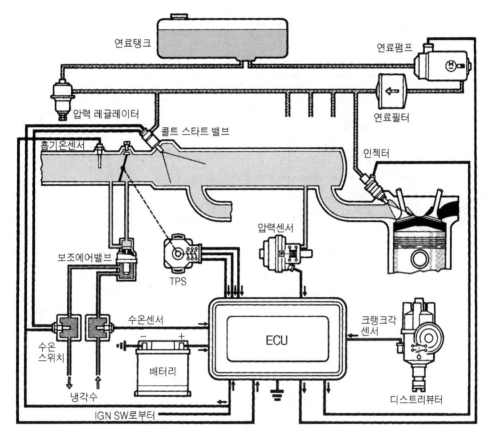

🔺 그림3-4 D제트로닉 시스템

EGR 장치의 경우는 삼원 촉매 장치의 기능 향상으로 NOx(질소산화물) 제거율이 높아지게 되면서 최근에는 EGR 장치를 사용하고 있지 않은 방식도 있다. 또한 D- 제트로닉 방식은 L-제트로닉 방식에 비해 흡입 공기량을 직접 검출하는 AFS(에어 플로 센서)를 사용하지 않아 흡입되는 흡입 공기의 저항이 적고, 연료 압력도 엔진의 회전수에 따라 대응 할 수 있게 되어 최근에는 D-제트로닉 방식도 많이 적용하게 되었다.

3. L-제트로닉 연료 분사 방식

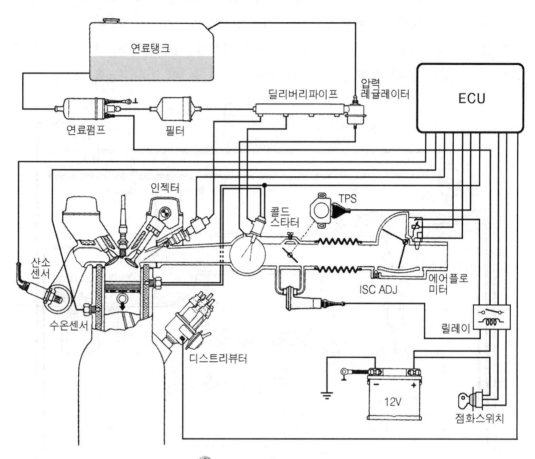

⚠ 그림3-5 L제트로닉 시스템

L-제트로닉 방식은 D-제트로닉 방식의 결점을 보완하기 위해 흡기관을 통과하는 흡입 공기의 량을 직접 측정하는 방식으로 D-제트로닉 방식보다 흡기량 측정이 정확한 장점을 가지고 있다. 흡기관을 통과하는 흡입 공기량을 베인(vane : 날개)통해 직접 측정하는 방식으로 초기에는 가동 베인형(vane type) AFM 또는 플래퍼(flapper) 방식의 AFM(에어 플로 미터)라 부르는 센서를 사용 하였다. 이 방식의 동작 원리는 AFM에 공기량이 통과함에 따라 베인이 좌우로 회전하면 회전축과 가변 저항을 연결하여 흡입 공기의 유량에 따라 가변 저항 축이 연동하여 움직이게 돼 통과하는 공기량이 많아지면 베인이 움직이는 량이 많아지게 되고 통과하는 공기량이 적으면 베인이 움직이는 량이 작아져 결국 베인의

중심축과 연결된 가변 저항이 값이 흡입 공기의 류량에 따라 변화하는 것을 이용하는 방식이다. 가동 베인형 AFM(에어 플로 미터) 방식은 간접 측정하는 D-제트로닉 방식에 비해 정확도는 높으나 공기 유량이 베인(vane)에 의해 흡입 공기 저항이 발생하게 돼 공기 유량을 측정하는 데에는 정확성이 다소 떨어지게 된다. 그 후 발전을 거듭하여 칼만 와류를 이용한 AFS(에어 플로 센서) 센서 및 흡입 공기의 온도를 이용한 핫-필름 방식의 AFS 센서가 이용하게 되었다.

과거 국내에서도 기아 자동차의 콩코드 모델이 가동 베인을 이용한 AFM(에어 플로 미터)방식을 적용하였으며, 현대 자동차의 소나타 모델의 경우에도 초음파를 아용하여 칼만 와류의 과를 측정 하는 방식을 적용하기도 하였다. 칼만 와류를 이용한 AFS 센서 방식은 가동 베인을 이용한 플래퍼(flapper) 방식, 즉 AFM의 방식 보다 흡입 공기의 저항이 적고 정확 하지만 흡입 공기의 체적류량을 검출하는 방식으로 온도 변화에 따른 공기의 밀도 변화에 대해 별도의 보완 대책이 필요하다. 따라서 흡입 공기의 밀도를 감안 온도에 따라 저항값이 변화하는 핫-필름 방식의 AFS(에어 플로 센서) 센서가 개발되어 적용되고 있다.

구분	K 제트로닉	D 제트로닉	L 제트로닉
제어방식	기계식제어방식	전자제어방식	전자제어방식
흡입공기량 검출	에어플로미터	MAP 센서	에어플로미터
인젝터 방식	일정 압력 이상이 되면 자동으로 밸브가 열리는 기계식 인젝터	컴퓨터에 의해 통전 시간제어에 의한 전자식 인젝터	
연료분사의 형태	연속 분사	엔진 회전수에 의한 동기 분사	
공연비 피드백	없다	산소센서에 의해 배출가스의 산소 농도를 검출하여 피드백 제어	
시동시 증량 보정	콜드 스타트 인젝터에 의해 연료를 추가 공급	수온센서에 의해 시동시 연료의 증량을 보정하고 있다.	

[표3-1] 연료분사방식의 비교

point

전자제어엔진의 특징

1 전자제어엔진의 연료분사방식 분류

흡입 공기량을 검출하는 방식에 따라 D-제트로닉과 L-제트로닉으로 분류한다.

2 전자제어엔진의 연료분사방식 특징

① D-제트로닉 방식 : 공기류량 간접 측정 방식(MAP 센서 방식)
 - AFS 방식과 달리 흡기관의 공기 저항이 없다.
 - 흡기관의 압력은 엔진의 회전수에 따라 다소 차이가 있어 연료 분사시기를 결정할 때 별도의 보정치가 필요하다.

② L-제트로닉 방식 : 공기류량 직접 측정 방식(AFS 방식)
 - 흡입 공기량을 직접 측정하여 D-제트로닉 보다 공기류량 측정이 정확하다.
 - 체적류량을 검출하는 AFS의 경우에는 온도의 따라 흡입 공기의 밀도가 변화하는 것을 보완하여 줄 보정 계수가 필요하다.

 **2 시스템 구성**

1. 전자제어엔진의 시스템

연소실의 연료(가솔린)를 완전 연소하기 위해서는 공기와 가솔린의 비율을 약 15 : 1의 비율로 혼합하여 연소시키는 것이 좋지만 완전 연소에 가깝게 혼합비를 맞추면 연비는 좋아지는 대신 엔진 출력은 오히려 감소하는 현상이 발생한다. 또한 혼합비(공연비)를 $\lambda < 1$(농후한 상태)로 연소 시키면 엔진 출력은 향상되지만 연비는 나빠지고 배출 가스(HC)는 증가하게 된다. 반대로 혼합비를 $\lambda > 1$(희박 상태)로 연소시키면 엔진 출력은 감소하지만 연비는 개선되고, 배출 가스는 감소한다.

이와 같이 이론상으로는 완전 연소를 통해 엔진 출력을 향상하고, 배출 가스를 저감하는 것이 가능하지만 실제로는 엔진의 출력과 배출 가스는 서로 양립되는 문제가 있어 가솔린 엔진의 경우에는 그림(3-7)의 (b)의 특성과 같이 엔진 출력은 다소 떨어지지만 연비와 배출 가스가 감소되는 혼합 비율 $\lambda = 1$(14.7 : 1)의 위치에서 혼합비(공연비)를

제어 해 줄 필요가 있다. 이와 같은 이유로 전자 제어 엔진의 기본적인 기능은 연료 분사
량과 분사시기를 엔진의 운행 조건에 따라 분사하고, 점화하여 엔진의 출력을 향상하고
배출 가스를 저감하는데 주 목적이 있다고 할 수 있다.

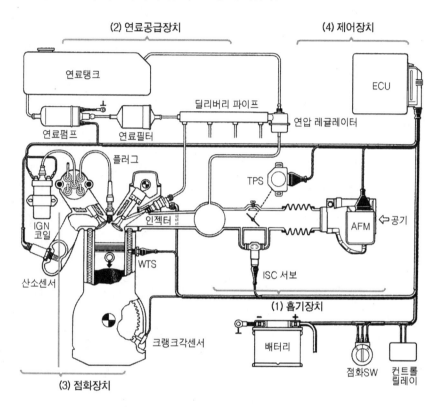

그림3-6 전자제어엔진의 시스템 구성(예)

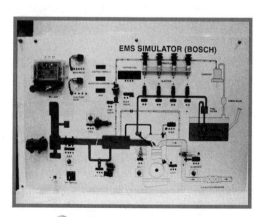

사진3-7 전자제어엔진 시스템

사진3-8 장착된 딜리버리 파이프

따라서 전자 제어 엔진의 구성을 크게 나누어 보면 그림 (3-6)과 같이 흡입 공기량을 조절하는 흡기 장치와 연료 공급을 조절하는 연료 공급 장치, 그리고 혼합 가스를 점화하기 위한 점화 장치와 이들 장치를 제어하기 위한 제어 장치로 구성되어 있다. 흡기 장치에는 흡입 공기량을 측정하는 AFS(에어 플로 센서), 흡입 공기의 흐름을 개폐(열고 닫음)하는 스로틀 보디(throttle body), 공회전 속도를 조절하는 ISC 액추에이터로 구성되어 있다. 또한 연료공급 장치에는 연료를 펌핑하는 연료 펌프 모터와 연료 라인에 압력을 제어하는 연료 압력 레귤레이터, 그리고 연료의 혼합물을 걸러주는 연료 필터와 분사 노즐인 인젝터로 구성되어 있다.

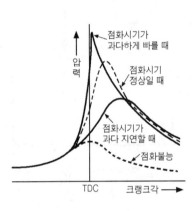

(a) 연소실의 압력과 점화시기

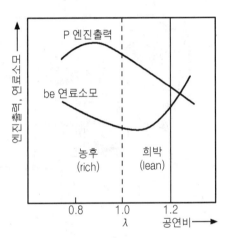

(b) 공연비에 의한 엔진의 출력관계

🔺 **그림3-7 엔진의 점화시기와 공연비 특성**

🔺 **사진3-9 엔진의 연소실 내부**

🔺 **사진3-10 인젝터 노즐 ASS'Y**

2. 흡기장치

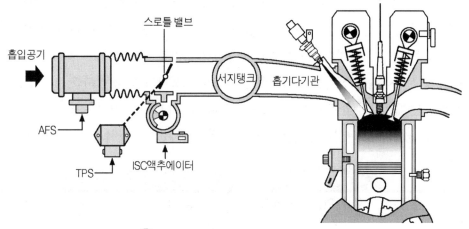

🔺 그림3-8 핫 필름 AFS방식의 흡기 장치

앞서 기술한 바와 같이 전자 제어 엔진의 시스템 구성은 연소실 내의 공기를 흡입하는 흡기 장치와 연료를 공급하는 연료 공급 장치 및 혼합 된 가스를 점화하는 점화 장치, 그리고 이들 3가지 장치를 설정 목표값으로 제어하기 위한 제어 장치로 구성되어 있다. 이들 구성 장치중 흡기 장치는 그림 (3-8)과 같이 AFS(에어 플로 센서)센서, 스로틀 보디, ISA(아이들 스피드 액추에이터), 서지 탱크, 흡기 매니폴드로 구성되어 있다.

흡기 장치의 기능을 살펴보면 에어 클리너를 통해 흡입된 공기는 AFS(에어 플로 센서)센서를 거쳐 흡입 공기의 유량을 측정하고, 운전자의 가속 의지에 따라 전개되는 스로틀 밸브의 개도를 통해 들어온 흡입 공기는 서지 탱크로 들어온다.

🔺 사진3-11 ISC 액추에이터

🔺 사진3-12 핫 필름 AFS 내부

서지 탱크를 통해 들어온 흡입 공기는 흡기 간섭을 완충하고 흡기 행정시 발생하는 흡기 관성 효과를 향상하여 연소실 내의 연소 효율을 향상하는 역할을 한다. 여기서 말하는 흡기 관성이란 흡기 행정시 흡기 밸브가 열릴 때 흡기관의 공기 관성에 의해 밸브측에 부압이 발생하는 현상을 말한다. 이 현상이 발생하면 부압분 만큼 흡입 효율이 높아져 흡기 효율이 향상 된다. 흡기 장치는 공기류량을 계량하는 센서의 방식에 따라 D-제트로닉(분사) 방식과 L-제트로닉(분사) 방식으로 구분한다. D-제트로닉 방식은 흡기관 압력을 검출하여 흡입 공기량을 환산하는 MAP 센서 방식의 공기류량 센서가 사용되고 있다.

[표3-2] 전자제어엔진 시스템의 장치별 구성부품			
흡기장치	**연료 공급 장치**	**점화장치**	**제어장치**
AFS	컨트롤 릴레이	점화코일	ECU
TPS	연료 펌프 모터	파워 TR	점화스위치
ISC 서보 모터	연료 필터	디스트리뷰터	크랭크각 센서
스로틀 보디	연압 레귤레이터	점화플러그	캠 포지션 센서
	연료 댐퍼		차속 센서
	인젝터		산소 센서
			수온 센서
			EGR 센서

L-제트로닉 방식은 흡입 공기의 관성을 이용한 AFM(에어 플로 미터), 칼만 와류를 이용한 칼만 와류식 AFS(에어 플로 센서), 핫- 필름 방식의 AFS 센서가 사용되고 있다. 또한 흡기 장치에는 흡입 공기의 통로를 개폐하는 스로틀 밸브와 공기류량을 미세 조정하는 바이 페스 통로를 두어 엔진의 부하나 전기 부하에 의해 엔진 회전수가 저하하는 것을 조절하여 주는 ISC(아이들 스피드 컨트롤) 제어 기구를 두고 있다.

이와 같은 흡기 장치에는 엔진의 연료를 분사량을 제어하기 위해 필요한 중요한 센서들이 설치되어 있어 구성 부품의 기능뿐만 아니라 전자 제어시 조건을 명확히 알고 있지 않으면 안된다. 전자 제어 엔진에서 기본 연료 분사량의 결정은 흡입 공기량과 엔진수에 의해 결정되므로 흡입 공기량을 측정하는 AFS(에어 플로 센서)에 이상이 발생하면 엔진의 시동성에 지대한 영향을 미치게 된다. 또한 흡입 공기량의 흐름을 조절하기 위해 스로틀 밸브의 열고 닫음을 검출하는 TPS(스로틀 포지션 센서)는 운전자의 가속 의지를 검출하는 센서로, 이 센서의 검출 신호에 이상이 발생해도 엔진의 안정성과 연비 악화에 지대한 영향을 미치게 된다. 공회전 속도를 조절하는 ISA(아이들 액추에이터) 기구에도 문제가 발생하면 시동성 및 엔진 부조에 영향을 주게 된다. 이와 같이 흡기 장치는 엔진의 성능 및 기능에 영향을 미치는 중요한 장치이다.

▲ 사진3-13 핫 필름 AFS센서

▲ 사진3-14 스로틀 보디

3. 연료 공급 장치

연료 공급 장치는 연료 탱크로부터 인젝터 노즐까지 누유 없이 일정압으로 연료를 공급하기 위한 장치이다. 따라서 연료 공급 장치는 연료 펌프 모터에 전원을 공급하기 위한 전원 공급 장치와 연료를 인젝터 노즐까지 이송하는 연료 장치로 구성되어 있다.

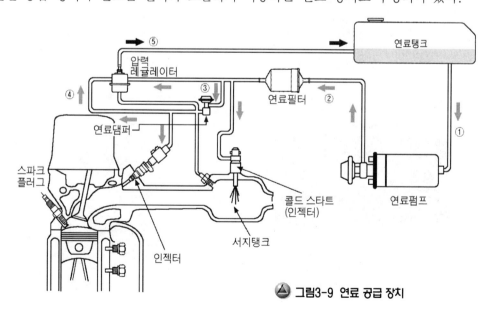

▲ 그림3-9 연료 공급 장치

(1) 연료 장치

연료 장치의 기본적인 구성은 그림(3-9)와 같이 연료 탱크, 연료 펌프, 연료 필터, 연료 압력 레귤레이터, 인젝터로 구성되어 있다. 이 장치의 연료 공급 흐름은 먼저 연료 탱크 내에 있는 연료 펌프 구동에 의해 연료는 가압되어 연료 필터로 보내지고, 연료 필터는 수분과 슬러지를 걸러내어 연료 댐퍼와 연료 압력 레귤레이터로 토출하게 된다.

이렇게 토출 된 연료는 연료 라인 내의 압력에 의해 발생되는 맥동을 연료 댐퍼 내의 다이어프램에 의해 흡수되고 인젝터와 콜드 스타트 인젝터(콜드 스타트가 있는 경우 : 콜드 스타트 인젝터는 엔진 ECU와 관계없이 냉간 시동성을 향상하기 위해 설치된 인젝터로 냉간시 서지 탱크 측에 분사하여 냉간 시동성을 향상하고 있는 기구이다.)로 보내지게 된다. 이렇게 압송된 연료는 연료관 내에 연료의 압력차에 의해 연료 분사량이 변화하는 것을 방지하기 위해 흡기관의 차압을 이용하여 연료 압력이 약 3.0kg/㎠ 정도를 일정하게 유지 하도록 연료 압력 레귤레이터를 설치하고 있다.

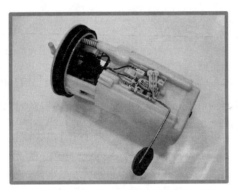
⚠ 사진3-15 연료펌프 Ass'y

⚠ 사진3-16 딜리버리 파이프 Ass'y

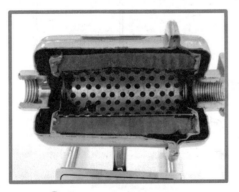
⚠ 사진3-17 연료 필터 절개품

⚠ 사진3-18 연료압력 레귤레이터

(2) 전원 공급 장치

연료 모터에 전원을 공급하는 장치는 점화 스위치와 컨트롤 릴레이(메인 릴레이), 그리고 ECU(컴퓨터)로 구성되어 연료 모터에 전원을 공급하고 있다. 이 장치의 구성은 자동차 제조사의 차종에 따라 다소 차이는 있지만 일반적으로 전원을 연결하는 점화 스위치와 컨트롤 릴레이와 엔진의 회전 시에만 전원을 공급하도록 하는 ECU(컴퓨터)로 구성되어 있다. 이것은 차량의 안전성을 높이기 위해 엔진이 작동 중에 만 연료를 공급하도록 되어 있어 엔진의 작동 중에만 연료 펌프 모터가 구동한다.

엔진의 작동 중에만 연료 펌프 모터가 구동을 하기 위해서는 연료 펌프 릴레이와 컨트롤 릴레이, 그리고 ECU(컴퓨터)를 이용하게 되는데 일반적으로 연료 펌프 릴레이와 컨트롤 릴레이를 총칭하여 컨트롤 릴레이 또는 메인 릴레이라 표현하고 있다. 그림 (3-11)과 같이 구성된 회로의 전원 공급 장치는 메인 릴레이를 통해 컨트롤 릴레이에 전원을 공급하고 컨트롤 릴레이는 엔진의 회전에 따라 AFM(에어 플로 미터)에 부착된 연료 펌프 스위치가 작동하여 컨트롤 릴레이를 통해 연료펌프 모터의 전원을 공급하도록 하는 전원 공급 회로이다.

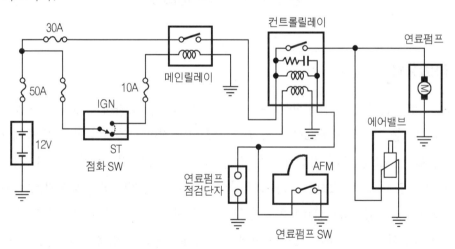

🔺 그림3-11 연료펌프 전원공급회로

이에 반해 그림 (3-12)와 같은 방식은 엔진의 회전 상태를 크랭크 각 센서의 신호를 받아 ECU가 판단하고 엔진 ECU는 컨트롤 릴레이를 구동하여 연료 펌프 모터에 전원을 공급하는 방식이다.

또한 컨트롤 릴레이는 연료 모터의 전원 연결뿐만 아니라 외부의 AFS 센서, 인젝터 및 퍼지 솔레노이드 밸브 등의 전원을 연결하여 주는 기능을 가지고 있기도 하다.

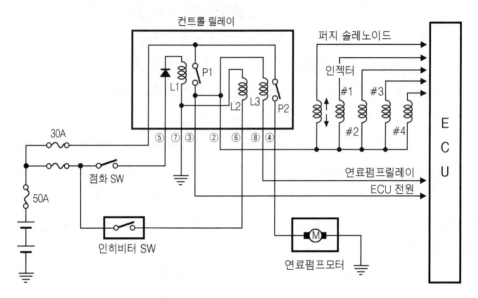

그림3-12 ECU 전원공급회로

4. 점화장치

연소실 내의 혼합 가스를 점화시키는 일은 연소 효율을 증가시켜 엔진 출력을 향상하고, 배출 가스를 저감하는 중요한 일로 좋은 가솔린 엔진이 갖추어야 할 조건 중에 하나이다. 이와 같이 연소실 내의 혼합 가스를 점화 시키는 장치를 점화장치라 하며, 전자 제어 엔진의 점화 장치 구성은 그림 (3-13)의 회로와 같이 파워 TR(파워 트랜지스터)와 점화 코일, 그리고 디스트리뷰터(DLI 차량은 제외) 및 점화 플러그로 구성되어 있다.

가솔린 엔진의 점화 장치는 고압을 발생하는 점화 코일과 고압을 발생하도록 점화 1차 회로를 단속(斷續)하는 파워 TR(트랜지스터) 또는 IGBT(Insulator Gate Bipolar Transistor)가 적용되고 있으며 자동차의 차종에 따라 ECU(컴퓨터) 내장형과 외장형이 사용되고 있다. 또한 점화 코일로부터 발생된 고압은 고압 케이블을 통해 각 실린더에 삽입된 점화 플러그로 가해지게 된다. 점화 코일부터 발생된 고압이 각 실린더로 가해지기 위해 배전하는 배전기(디스트리뷰터)가 있다.

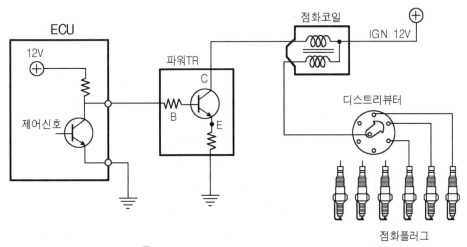

그림3-13 ECU 제어 점화장치 회로

그러나 최근에는 연소실 효율을 높이기 위해 배전기를 사용하지 않고, 각 실린더 마다 점화 코일을 사용하는 DLI(Distributor Less Ignition system) 점화 방식이 많이 사용되고 있다.

사진3-19 점화코일과 케이블

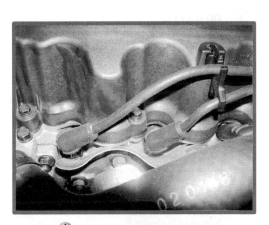

사진3-20 연결된 점화 케이블

그림 (3-14)는 배전기(디스트리뷰터)가 없는 DLI 점화 방식 회로를 나타낸 것이다. 이 방식은 점화 코일 1개 당 2개의 실린더를 점화하는 동시 점화 방식이다.

또한 그림 (3-14)와 같은 점화 회로의 방식은 파워 TR 내에 타코 인터페이스 회로를 내장하여 2개의 점화 코일로부터 발생되는 점화 신호를 하나의 신호로 모아 타코미터를 구동하도록 하고 있다. 이와 같은 전자제어방식의 점화 신호는 ECU(컴퓨터)로부터 지시

를 받아 작동하지만 점화 시기를 결정하도록 기본 정보를 제공하는 센서는 CAS 센서(크 랭크각 센서) 및 CMP 센서(캠 포지션 센서) 또는 TDC 센서가 그 역할을 하고 있다. 따 라서 점화 장치의 구성 부품에는 이 들 센서를 포함시키는 경우도 있다.

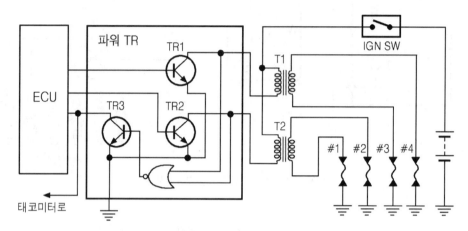

🔺 그림3-14 동시 점화방식의 DLI 회로

5. 제어장치

제어장치에는 엔진의 작동 상태를 검출하는 센서부와 이들 신호를 토대로 목표값을 제 어도록 하는 제어부(ECU), 그리고 제어부로부터 제어된 목표값을 구동하기 위한 액추에 이터 기구로 나누어 볼 수 있다. 액추에이터는 수로 솔레노이드 코일을 이용한 기구로 모 터나 솔레노이드 밸브를 예를 들어 볼 수 있다.

🔺 사진3-21 엔진ECU

🔺 사진3-22 컨트롤 릴레이

제어부(ECU) 내에는 마이크로컴퓨터가 내장되어 있어 센서로부터 검출된 엔진의 작동 정보는 마이크로컴퓨터에 입력되어 미리 기억된 프로그램에 의해 목표값을 제어 하도록 명령한다. 제어부(ECU) 내에는 엔진의 작동 상태를 검출하는 센서 신호를 마이크로컴퓨터가 인식할 수 있도록 인터페이스 회로나 A/D 컨버터가 내장되어 있어 입력 신호 레벨을 판단하고 인식할 수가 있다.

이렇게 인식된 정보를 토대로 엔진의 상태에 따라 제어부(ECU)가 목표값을 제어하도록 명령하면 액추에이터는 이 명령 신호에 의해 구동하게 된다. 목표 설정값으로 구동 된 액추에이터는 기구적으로 결합된 엔진에 작용하게 돼 원하고자하는 성능과 기능을 얻을 수 있게 된다. 이러한 전자제어장치는 인간이 대신 할 수 없는 반복 동작이나 정밀한 조작을 통해 차량의 성능과 안전을 유지할 수 있도록 발전 해 오고 있다.

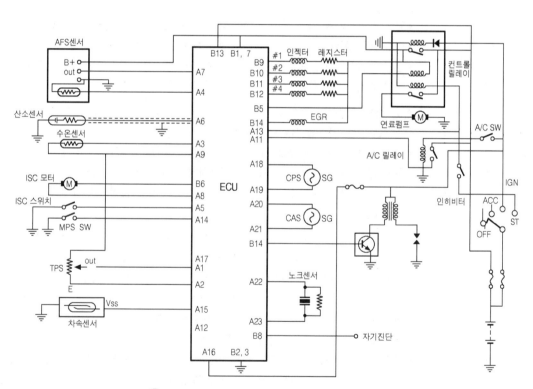

🔺 그림3-15 전자제어엔진 회로도(일본 미쓰비시)

point ●

○ **엔진 ECU의 시스템 구성**

1 전자제어엔진의 시스템 구성

① **흡기 장치** : 흡입 공기의 흐름을 개폐(열고 닫음)하고, 흡입 공기의 계량 및 맥동을 감소시켜 흡기 효율을 향상시키는 기구적 장치
- 구성 부품 : AFS, 스로틀 보디, TPS, ISC 액추에이터 등
- 흡입 공기량 검출 방식에 의한 분류
  - 간접 공기류량 검출 방식 : (예) MAP 센서
  - 직접 공기류량 검출 방식 : (예) 칼만 와류식 AFS, 핫 필름 방식의 AFS

② **연료 공급 장치** : 연료를 안전하게 공급하고, 연료량을 일정하게 유지할 수 있도록 공급하는 장치
- 구성 푸품 : 연료 펌프 모터, 연료 필터, 연료 압력 레귤레이터, 인젝터 등
- 연료 펌프 모터는 연료를 흡입하고 가압하여 토출하는 작용을 하며
- 연압 레귤레이터는 토출된 연료의 압력은 아이들 시 약 2.7~ 3.1kg/cm² 를 일정히 유지하여 인젝터로부터 분사량을 일정하게 한다.

③ **점화 장치** : 엔진이 저속시나 고속시에도 연소 효율이 떨어지지 않고 향상되도록 연소실의 혼합 가스를 점화시켜 주는 장치
- 구성 푸품 : 파워 TR, 점화 코일, 디스트리뷰터(배전기), 점화 플러그
- 독립 점화 방식 : 점화 코일 1개를 사용하여 각 연소실 별로 배전하는 방식
- 동시 점화 방식 : 연소실의 점화 효율을 향상하기 위해 점화 코일 1개 당 실린더 1개 또는 2개를 동시에 점화하는 방식

④ **제어 장치** : 작동 상태를 검출하는 센서부와 목표값을 제어하기 위한 제어부, 목표값을 제어하기 위해 구동하는 액추에이터의 기구를 갖고 있는 하는 시스템
- 구성 요소 : 센서부, 제어부(ECU), 액추에이터 부로 구성되어 있다
- 센서부 : 엔진의 상태를 검출하는 센서 부품
- 제어부 : 엔진의 상태를 검출하는 센서 신호를 토대로 미리 설정된 프로그램에 의해 목표값을 제어하도록 명령하는 ECU를 말함
- 액추에이터부 : 목표값을 제어하기 위해 ECU로부터 명령을 받아 구동 하는 솔레노이드 밸브, 모터, 릴레이 등의 부품을 말한다.

3 구성 부품의 기능과 특성

1. 흡입 공기량 검출 센서

전자 제어 엔진에 사용되는 흡입 공기량을 검출하는 센서에는 흡입 된 공기의 량을 직접 측정하는 방식과 간접 측정하는 방식으로 구분한다. 공기의 유량을 직접 측정하는 방식으로는 그림(3-16)과 같이 체적 유량을 검출하는 칼만 와류 AFS(에어 플로 센서) 방식을 대표적으로 예를 들 수 있으며. 질량 유량을 검출하는 방식으로는 핫-와이어 AFS와 핫-필름 AFS 방식이 이용되고 있다. 흡입 공기를 간접 측정하는 방식으로는 흡기관 압력을 검출하는 MAP(Manifold Absolutied Pressure) 센서 방식이 사용되고 있다.

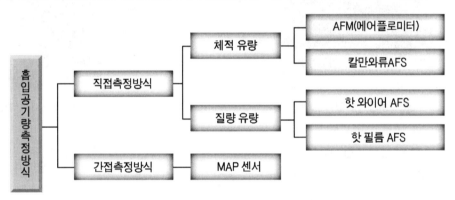

🔺 그림3-16 AFS센서의 분류

(1) 칼만 와류 AFS

칼만 와류식 AFS(에어 플로 센서)의 기본 원리는 그림 (3-17)과 같이 공기가 흐르는 중앙에 와류가 발생하는 주(기둥)를 세우면 공기의 유속에 따라 규칙적으로 와류(소용돌이)가 발생 된 다는 원리를 이용한 것이다. 이것은 공기의 흐름이 빠르면 공기의 유속에 비례하여 와류가 많이 발생하고 공기의 흐름이 느리면 느린 만큼 와류가 적게 발생하게 돼 이 원리를 이용하면 흡입 공기 유량을 검출할 수가 있다. 이 때 발생되는 와류의 수를 알면 유속을 알 수가 있어 이들 관계를 식으로 나타내면 다음과 같다.

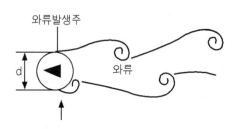

$$f = St \times \left(\frac{v}{d}\right)$$

f : 칼만 와류의 발생 주파수

v : 유속,

d : 와류 발생주의 직경,

St : 스트로헐 정수(strouhal number)

🔺 그림3-17 칼만 와류의 발생

🔺 사진3-23 칼만 와류식 AFS

🔺 사진3-24 칼만 와류식 AFS 흡기측

일반적으로 스트로헐 정수값은 약 0.2로 거의 일정하다. 이와 같은 칼만 와류(karman vortex)의 원리를 이용하여 흡입 공기를 측정하는 AFS(에어 플로 센서)센서는 초음파식과 광전식이 이용되고 있는데 여기 소개하는 것은 국내에 현대 자동차(사)의 소나타 차량에 처음으로 적용되었던 초음파식 AFS 센서를 나타낸 것이다.

🔺 사진3-25 핫 필름 AFS 측면

🔺 사진3-26 MAP센서(부착형)

초음파식 AFS(에어 플로 센서) 센서의 내부 구조는 그림 (3-18)과 같이 흡입 공기가 흐르는 통로에 와류가 발생하는 주(기둥)를 세우고 공기의 유속에 따라 와류가 발생하도록 되어 있다. 또한 상측에는 초음파 송신기를 하측에는 초음파 수신기를 두어 공기의 밀도에 따라 와류가 발생하는 것을 초음파를 이용 와류를 검출할 수 있도록 되어 있다.

이 센서의 동작 원리는 초음파 송신기로부터 송신된 초음파가 공기의 유속에 따라 주(기둥)에 의해 와류가 발생하면 초음파 수신기는 공기의 밀도에 의해 와류가 많이 발생하면 초음파의 수신 주기는 짧아지게 되고, 와류가 적게 발생하면 초음파의 수신 주기는 길게 된다. 결국 AFS(에어 플로 센서)의 출력측에는 그림 (3-18)의 (b)와 같이 엔진이 저속 회전시에는 공기의 흐름이 작아져 출력 주파수는 낮아지고 엔진이 고속 회전시에는 공기의 흐름의 많아져 출력 주파수는 높아지게 돼 이 값을 ECU(컴퓨터)로 입력하여 흡입 공기 유량을 판단하게 된다. 따라서 그림 (3-18)의 (b)와 같이 엔진이 저속 회전 할 때에는 주파수가 낮은 출력 파형 전압이 출력되고 엔진이 고속으로 회전할 때에는 주파수가 높은 출력 파형 전압이 출력되게 된다. 그림 (3-19)의 (a)는 공기의 유량에 따라 출력 되는 주파수를 나타낸 것으로 보통 약 300Hz ~ 2.0㎑ 정도이다.

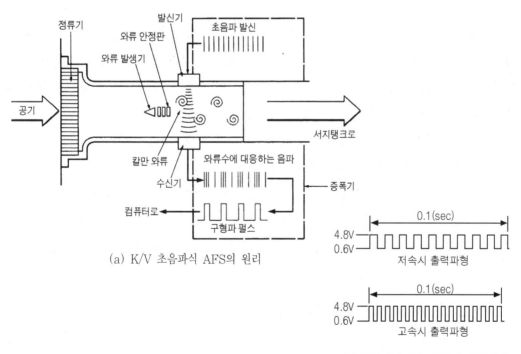

(a) K/V 초음파식 AFS의 원리

(b) KV 초음파식 AFS의 출력파형

🔺 그림3-18 K/V AFS의 원리와 출력 파형

실제 초음파식 칼만 와류 AFS 센서는 대기압 보정 및 공기 밀도 보정을 위해 센서 내부에 대기압 센서와 흡기온 센서를 내장하고 있다. 이 센서의 전원은 엔진 ECU(컴퓨터)로부터 +5V의 센서 전원을 공급 받아 동작하며 AFS 센서의 출력 신호는 구형파 펄스 신호로 출력되어 ECU로 입력하도록 하고 있다.

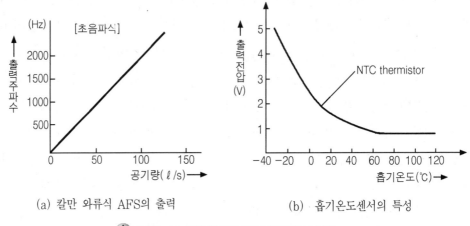

(a) 칼만 와류식 AFS의 출력   (b) 흡기온도센서의 특성

🔺 그림3-19 칼만 와류식 AFS센서의 출력 특성

이 방법을 이용한 AFS(에어 플로 센서) 센서는 공기의 유속을 직접 와류를 이용해 측정하는 방법으로 정확성이 우수하지만 공기의 밀도차에 따라 흡입되는 공기의 량이 차가 있어 이를 보정하기 위해 흡기온 센서를 설치하고 있다. 공기의 밀도는 온도나 압력에 의해 변화하는데 전자 제어 엔진의 경우에도 차량의 산간 지내나 해안 지대에 따라 대기의 압력차에 변화하여 흡입되는 공기의 밀도도 변화하게 된다. 따라서 대기압의 크기에 따라 공연비를 보정 할 필요가 생기는 데 이것을 대기압 보정이라 한다.

칼만 와류 AFS 센서와 같이 체적 유량을 검출하는 방식의 센서는 흡입되는 공기의 체적이 동일하다 하여도 흡입되는 공기의 온도에 따라 공기의 밀도가 변화하게 되므로 이에 대한 보정이 필요하게 된다. 따라서 흡입되는 공기의 온도차가 발생하면 보정하도록 하고 있다.

(2) 핫 와이어 AFS(에어 플로 센서) 방식

핫-와이어(hat wire) 방식의 AFS(에어 플로 센서)는 가동 베인식 AFS 센서(메저링 플레이트) 방식의 결점을 보완하기 위해 개발한 AFS 센서이다.

가동 베인식 AFS 센서는 흡기 공기의 흐름을 베인(회전 날개)의 회전하는 량에 따라 측정하는 방식으로 공기 저항으로 인해 고속시 흡입 저항이 증가하여 출력이 떨어지고 가동 베인의 스프링 변화에 대한 오차가 발생 할 수 있는 결점을 가지고 있다. 또한 흡입 공기의 체적류량을 측정하기 때문에 공기 밀도에 따라 보정하여야 하는 어려운 문제점이 따른다. 이러한 문제점을 보완하기 위해 개발한 것이 핫-와이어 방식의 AFS(에어 플로 센서)이다.

핫-와이어 AFS 센서의 구조는 그림 (3-20)과 같이 흡입 공기가 흐르는 원통형 케이스 중앙에 열선 튜브를 놓고 열선 튜브 내에 백금 열선을 설치하여 전류를 흘릴 수 있도록 되어 있다. 또한 전류의 변화분 만큼 전압의 변화분을 증폭하는 하이브리드 IC 회로가 내장되어 있다. 핫-와이어 AFS 센서의 원리는 백금의 온도 계수를 이용한 것으로 AFS 센서의 흡입 통로에 백금 열선으로 된 발열체를 놓고 전류를 흘리면 발열하고 흡입 공기가 통과하는 량에 따라 열선은 식혀져 열선의 저항값은 낮아지게 된다.

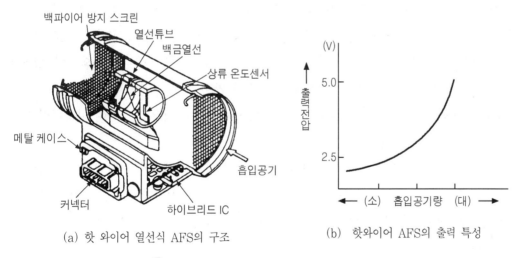

(a) 핫 와이어 열선식 AFS의 구조　　　(b) 핫와이어 AFS의 출력 특성

그림3-20 핫 와이어 AFS의 구조와 출력 특성

반대로 흡입 공기가 적어지면 열선은 공기가 통과한 만큼 식혀져 저항값은 증가하는 것을 이용한 센서이다. 즉 흡입 공기량이 많은 경우는 열선 저항은 낮아지게 되고 열선 저항이 낮아진 만큼 전류는 증가하게 돼 출력 전압은 높게 나타난다. 반대로 흡입 공기량이 적으면 열선 저항은 증가하여 열선 저항이 증가 한 만큼 전류가 감소하게 돼 출력 전압은 낮게 나타난다.

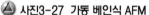
🔺 사진3-27 가동 베인식 AFM

🔺 사진3-28 핫 와이어 AFS의 내부

이 센서의 내부에는 온도 보상 저항 Rk를 두고 있어 흡입 공기의 온도를 검출하는 저항으로 공기의 온도와 열선의 온도차를 유지하도록 하고 있다. 가동 베인식 AFS(에어 플로 센서)는 체적류량을 측정하는 데 반해 핫-와이어 AFS센서는 질량류량을 측정하기 때문에 공기의 온도 변화나 압력의 변화하게 된다. 따라서 가동 베인식 AFS는 체적류량을 측정하는 데 반해 핫-와이어 AFS센서는 질량류량을 측정하기 때문에 공기의 온도 변화나 압력의 변화에 영향을 받지 않는 이점이 있다. 그림 (3-20)의 (b)는 핫-와이어 AFS센서의 출력 특성을 나타낸 것으로 흡입된 공기량이 많은 고속 구간에서는 출력 전압은 증가하고 역으로 흡입된 공기가 적은 저속 구간에서는 출력 전압은 감소하여 나타나며 보통약 1.0~4.5V 범주이다.

그림 (3-21)은 핫 와이어 AFS센서의 ECU 입력 회로를 예로서 나타낸 것으로 컨트롤 릴레이로부터 AFS센서의 전원을 공급 받아 작동하며 열선에 저항에 의한 센서의 출력 전압은 Vh로 공연비에 의한 제어 신호로는 Vs로 입력되어 지며 ECU는 부착물 연소 신호를 출력한다.

핫 와이어 AFS센서는 에어 클리너와 흡기 포트 사이에 설치되기 때문에 사용중에는 많은 먼지가 퇴적하게 되고 먼지나 카본이 열선에 퇴적되면 온도를 감지하는 열선의 감응 정도는 현저히 떨어지게 돼 정기적으로 청소를 하여야 하는 문제가 따르게 된다. 그러나 실제로는 핫-와이어 AFS센서를 자주 청소할 수 없기 때문에 엔진이 정지 후 약 5초 후에 열선(핫-와이어)을 작동시켜 먼지와 같은 부착물을 연소시키는 방법을 택하고 있다.

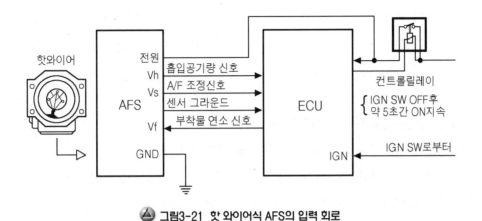

🔺 그림3-21 핫 와이어식 AFS의 입력 회로

(3) 핫 필름 AFS(에어 플로 센서) 방식

핫-필름 방식의 AFS(에어 플로 센서)는 열선을 이용해 흡입 공기의 온도를 측정하는 원리는 동일하지만 기존의 핫-와이어 AFS(에어 플로 센서)가 가지고 있는 결점을 보완한 개량형 AFS이다.

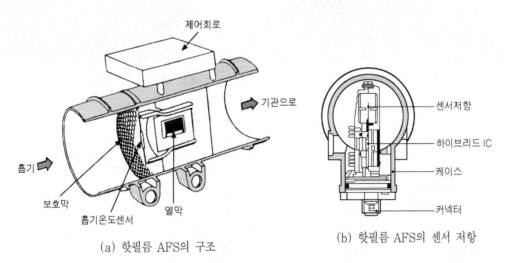

(a) 핫필름 AFS의 구조   (b) 핫필름 AFS의 센서 저항

🔺 그림3-22 핫 필름 AFS의 구조

핫-필름 AFS의 구조를 살펴보면 그림 (3-22)와 같이 흡입측에 금속 망으로 된 플로 그리드(flow grid)가 설치되어 있으며 센서부에는 기존의 핫-와이어 방식의 백금망 대신 세라믹 기판위에 핫-필름 센서를 코팅하여 놓은 센서부가 있다.

이 센서부의 내부에는 검출된 흡입 공기의 온도를 전압값으로 치환하고 증폭하는 하이브리드 IC 회로부가 있다. 핫-필름 방식의 AFS 센서는 기존의 핫-와이어 방식과 달리 흡입 공기의 저항을 감소하기 위해 사진(3-30)과 같이 공기의 온도를 측정하는 센서부를 유선형으로 하였고 입구 측으로부터 유입되는 공기의 흐름을 안정화하기 위해 입구측에는 플로 그리드(flow grid)를 설치하였다.

또한 온도를 감지하는 센서부는 센서를 필름화 하여 세라믹 기판 위에 부착하여 놓아 진동에 강하도록 하였다. 이 센서부에는 그림 (3-23)의 (a)와 같이 세라믹 기판 위에 센서 저항을 코팅하여 놓은 센서 저항으로 이루어져 있다

🔺 사진3-29 핫와이어 AFS의 튜브

🔺 사진3-30 핫 필름 AFS 정면

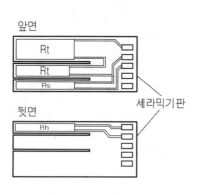

(a) 핫 필름 센서 저항

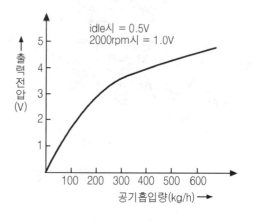

(b) 핫 필름 AFS의 출력 특성

🔺 그림3-23 핫 필름 센서 저항과 출력 특성

이들 센서 저항은 공기 변화에 따라 온도 변화에 의한 출력 특성을 보정하기 위한 공기 온도 보상 저항 Rt와 흡입 공기의 온도를 검출하는 히팅 저항 Rh, 그리고 센싱 저항 Rs로 이루어져 있다. 이 방식을 이용한 센서의 기본적인 원리는 핫-와이어 방식과 거의 동일하여 핫-와이어 방식의 원리를 이해하면 쉽게 이해 할 수가 있다. 그림(3-23)의 (b)는 핫-필름 AFS의 출력 특성을 나타낸 것으로 공기의 유량에 따라 약 0.5V ~ 3.5V 정도 변화하는 출력 특성을 가지고 있다.

그림(3-24)는 핫 필름 방식의 AFS의 입력 회로를 나타낸 것으로 핫-필름 AFS의 내부에는 센싱 저항을 가열하기 위한 히팅 회로와 온도를 감지하기 위한 센싱 회로로 구성되어 있어 ECU로부터 전원을 공급 받아 히팅 회로를 작동하고 AFS 센서의 회로부는 전압 변화가 적은 정전압 전압 Vref를 공급하여 이 전압을 기준 전압으로 하여 AFS 센서는 작동한다.

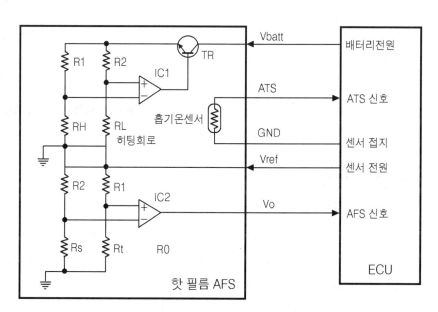

🔺 그림3-24 핫 필름 AFS의 ECU 입력회로

핫-필름 방식의 AFS 센서의 출력 전압(표 3-3 참조)은 자동차의 배기량 따라지만 일반적으로 아이들 상태에서 약 0.5V 정도 출력하며 엔진 회전수가 2000rpm 정도에서는 1.0V가 출력 된다. 또한 원가를 줄이기 위해 AFS 센서 내부에는 흡입 공기값을 보정하기위한 ATS(흡기온 센서) 센서가 내장된 경우도 있다. ATS는 서미스터(thermistor)를 사용한

반도체 센서로 출력 특성은 그림 (3-25)와 같이 온도가 상승하면 저항값이 감소하는 NTC형 서미스터를 사용하고 있다. ATS(흡기온 센서) 센서의 출력 전압은 내부 회로의 설계값에 다르지만 보통 0℃인 경우에는 약 4.3V 정도 출력하며 섭씨 20℃인 경우에는 약 3.3V 정도 출력하여 ECU(컴퓨터)로 입력하여 주고 있다.

[표3-3] 핫필름 AFS의 출력 전압표(예)

공기 질량(kg/h)	출력 전압 (V)
7.3	0.3 (V)
10.1	0.5 (V)
19.8	1.0 (V)
35.6	1.5 (V)
58.8	2.0 (V)
94.7	2.5 (V)
149.1	3.0 (V)
226.7	3.5 (V)
335.7	4.0 (V)
500.2	4.5 (V)
730	5.0 (V)

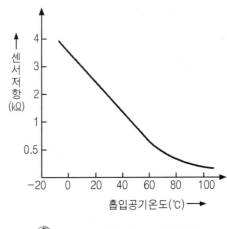

▲ 그림3-25 흡기온도센서의 특성

(6) MAP(맵 센서) 방식

실제 인젝터로부터 분사하는 연료의 량은 ECU로부터 출력되는 인젝터 분사 신호의 펄스 폭에 의해 인젝터의 니들 밸브가 열리는 시간으로 결정되어 진다. 그러나 분사 신호의 펄스 폭은 기본적으로 흡입 공기량과 엔진 회전수에 의해 결정되어지기 때문에 흡입 공기량을 측정하는 AFS(에어 플로 센서)에 이상이 발생하면 난기 중에 부조 현상이 발생하기도 하고 고부하시 출력 부족 현상이 발생하기도 한다.

또한 심한 경우에는 엔진이 정지되는 경우도 발생하게 된다. 지금까지 설명한 AFS는 흡입 공기량을 직접 측정하는 방식으로 정확성이 우수하다는 장점을 가지고 있는 반면 흡기관에 압력을 이용해 흡입 공기를 간접 측정하는 방식은 흡기관이 흡입 저항에 영향을 주지 않아 흡기관 소형화 및 경량화가 가능하고 경제성이 우수하여 현재 국내에서도 여러 차종에 적용하고 있다. 흡기관의 공기유량을 압력으로 측정하는 MAP(Manifold

Absolutied Pressure) 센서에는 장착하는 방법에 따라 사진 (3-31)과 같이 흡기관으로부터 MAP 센서에 호스를 연결하여 측정하는 호스 연결형 MAP(맵) 센서와 사진 (3-33)과 같이 MAP(맵) 센서를 서지 탱크에 직접 연결하여 측정하는 서지 탱크 부착형 MAP(맵) 센서가 사용되고 있다.

△ 사진3-31 호스 연결형 MAP 센서

△ 사진3-32 부착형 MAP 센서

MAP(맵) 센서의 구조를 살펴보면 그림 (3-26)의 (a)와 같이 플라스틱 케이스 내에 센서부를 두고 센서부에는 흡기관의 부압을 차를 검출하도록 진공실을 두고 있다. 이 진공실 내에는 피에조 압전 효과를 이용한 센서 칩이 내장되어 있어 압력에 따라 저항값이 변화하는 것을 전기 신호로 변환하여 MAP 센서의 리드(단자)를 통해 ECU와 연결하도록 되어 있다. 센서 칩 내에는 그림 (3-26)의 (b)와 같이 브리지 회로가 구성되어 피에조 압전 효과에 의해 브리지 회로의 피에조 저항이 변화하도록 되어 있다.

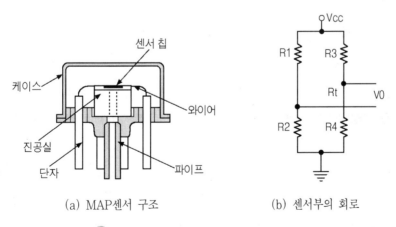

(a) MAP센서 구조   (b) 센서부의 회로

△ 그림3-26 MAP센서의 구조와 기본 회로

　　여기서 말하는 피에조 압전 효과는 피에조 반도체의 면적 또는 길이 등이 외부로부터 물리적인 힘이 가해지면 피에조 저항이 선형적으로 변화하는 특성을 가지게 되는 것을 말한다. 결국 흡기관의 압력은 피에조 압전 효과를 이용해 실린더로부터 흡입되는 공기의 량을 측정하는 방식이 MAP 센서 방식이다. 실린더는 1회 흡입하는 공기의 량은 엔진의 회전수에 비례하기 때문에 스로틀 밸브가 전개시(완전 열림 상태)는 흡기관 내의 압력은 거의 대기압과 같아지게 되고 흡입되는 공기량은 많아진다. 반대로 스로틀 밸브가 거의 전폐(거의 닫힌 상태) 상태인 아이들 상태에서는 흡기관 내의 압력은 대단히 낮아져 실린더 1회에 흡입되는 공기의 량은 작아지게 되어 흡기관의 압력으로도 흡입 공기의 유량을 측정 할 수 있게 된다.

　　MAP 센서의 출력 특성은 그림(3-27)과 그림(3-28)과 같이 선형적인 특성을 가지고 있으며 그림 (3-27)은 수은주를 기준으로 한 출력 특성을 나타낸 것이며, 그림 (3-28)은 대기압이 수시로 변화하는 것을 감안하여 나타낸 대기압의 단위로 hp(hecto-pascal : 헥토-파스칼)의 단위를 사용하여 나타낸 출력 특성으로 현재에는 헥토 파스칼 또는 mb (밀리 바) 단위를 사용하고 있기도 하다.

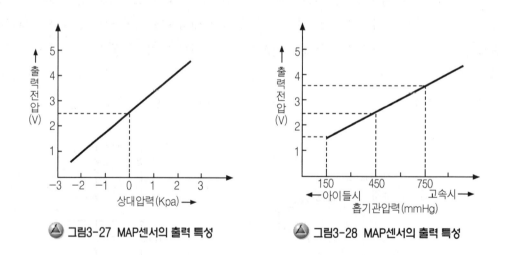

　　🔺 그림3-27 MAP센서의 출력 특성　　　🔺 그림3-28 MAP센서의 출력 특성

　　MAP 센서의 동작은 ECU(컴퓨터)로부터 MAP 센서로 전압 변화가 일정한 5V의 전압을 공급 받아 MAP 센서는 동작하게 된다. 엔진의 회전수에 따라 흡기관 압력이 변화하면 그림 (3-27)과 그림 (3-28)과 같이 전압값으로 출력하게 된다.

　　이 센서는 차종에 따라 다소 차이는 있지만 보통 아이들 상태에서 MAP 센서의 압력은

150(mmHg) 또는 약 300 mb(밀리 바)를 나타낸다. 또한 MAP 센서는 부품의 원가를 감소하기 위해 센서 내부에 ATS(흡기온 센서) 센서를 내장한 방식도 사용되고 있다.

사진3-33 부착형 MAP센서(전면)

사진3-34 부착형 MAP센서(후면)

point

흡입 공기량 검출

1 AFS(에어플로센서)

1. AFS의 기능

- 전자 제어 엔진은 연료의 분사량을 조절하여 혼합비를 맞추어 주는 일을 하기 위해 실린더 내로 흡입되는 공기의 량을 측정, 전기적인 신호로 변환하여 ECU(컴퓨터)로 보내 주는 기능을 가지고 있는 센서이다.

2. 흡입 공기량을 검출하는 방법

- 직접 측정 방식 : 실린더의 흡입되는 공기의 량을 칼만 와류 또는 열선 등을 이용하여 직접 측정하는 방식(예 : 핫 필름 AFS)
- 간접 측정 방식 : 흡기관의 압력을 측정하는 방식으로 흡기관의 압력은 실린더가 1회 흡입 할 때 공기의 량과 흡기관의 압력이 비례하는 것을 이용하여 측정 방식 (예 : MAP 센서 방식)

3. AFS의 종류와 특징

① 가동 베인식 AFM(에어 플로 미터) 또는 메저링 플레이트식 AFS

흡입되는 공기의 량을 가동 베인(회전 날개)의 회전에 의해 가변 저항값이 변화하는 것을 이용한 센서로 가동 베인에 의한 흡기 저항이 크고 장기간 사용시 가동 베인의 복원 스프링의 노화에 의한 오차가 일어날 수 있는 결점을 가지고 있어

현재는 많이 사용하지 않고 있는 방식이다.

② 핫 와이어 AFS(에어 플로 센서)

백금의 핫 와이어(열선)에 일정한 전류를 흘려 가열한 후 흡입 공기에 의한 핫와이어의 저항 변화를 전기적인 신호로 변환하여 ECU(컴퓨터)로 입력하여 주는 센서로 핫 와이어(열선)의 먼지 및 슬러지에 의한 오염 등의 대책이 필요하며 공기 흐름 통로의 중앙에 핫 와이어를 설치하여 공기의 량을 측정하는 방식으로 흡입 공기에 대한 저항이 발생하는 결점을 가지고 있다.

③ 핫 필름 AFS

핫 와이어 AFS의 결점을 보완하기 위해 핫 와이어(열선) 대신 핫 필름(열 피막)을 사용한 센서로 동작 원리는 핫 와이어 AFS 센서의 방식과 동일하다.

④ 칼만 와류 AFS

칼만 와류를 이용한 AFS는 초음파식과 광전식을 이용한 센서가 사용되고 있으며 공기의 흐르는 량을 와류 발생을 이용하여 측정하는 방식으로 정확한 측정이 가능하지만 공기의 밀도에 의한 오차를 보완하기 위해 별도의 보정용 ATS(흡기 온 센서)가 요구되는 센서이다.

② ATS(흡기온 센서)의 기능

흡입 공기의 온도를 검출하는 서미스터 센서로 공기의 밀도차를 보정하기 위해 사용하는 센서이다.

【참 고】

※ 대기의 압력

① 대기압 : 공기층이 지상에 있는 물체를 누르는 압력을 말함

② 절대압 : 진공 상태를 0으로 보았을 때의 압력

③ 상대압 : 게이지 압력은 대기압을 기준으로 한 압력

※ 압력의 단위

① mmHg : 수은주의 높이를 기준으로 한 단위

② bar(바) : 1 mm bar는 1 hp(헥토-파스칼)에 해당

③ khp(킬로 헥토-파스칼) : 1 hp(헥토-파스칼)은 기압의 단위로 너무 작기 때문에 1000배로 하여 표현

2. 흡입 공기 조절 장치

(1) 스로틀 보디

전자 제어 엔진의 기본 연료 분사량은 흡입 공기량과 엔진의 회전수 정보를 기준으로 하여 결정 하지만 차량의 부하 상태나 급가속 상태와 같은 차량의 주행 조건을 판단하는 정보로는 흡입 공기량과 엔진 회전수만으로 연료의 분사량을 판단하는 것은 불가능하다.

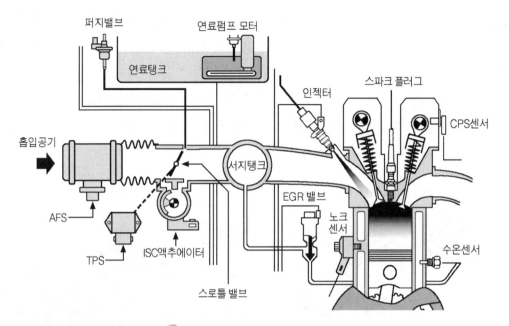

퍼지밸브　　　　연료펌프 모터

연료탱크

스파크 플러그

인젝터

CPS센서

흡입공기

서지탱크

EGR 밸브

AFS

노크
센서

수온센서

TPS　　ISC액추에이터

스로틀 밸브

△ 그림3-29 전자제어엔진의 흡기계통

　따라서 ECU(컴퓨터)는 엔진의 여러 정보를 필요로 하게 되며 그 중 운전자의 가속 의
지를 흡입 공기의 개폐구(스로틀 밸브)를 통해 스로틀 밸브의 개도 상태를 검출하도록 하
고 있다. 스로틀 보디(throttle body)는 사진 (3-35)과 같이 액셀러레이터 케이블에 의
해 스로틀 밸브가 열고 닫히는 기계식 스로틀 보디와 사진 (3-36)과 같이 차량의 주행 상
태에 따라 ECU(컴퓨터)가 스로틀 밸브에 부착된 스텝 모터를 구동하여 스로틀 밸브를
열고 닫을 수도 있는 전자식 스로틀 보디가 사용되고 있다.

△ 사진3-35 기계식 스로틀보디

△ 사진3-36 전자식 스로틀보디

　　스로틀 보디에는 흡입공기의 통로를 열고 닫는 스로틀 밸브와 운전자의 가속의지를 검출하기 위해 스로틀 밸브의 중심축에 연결된 TPS(스로틀 포지션 센서) 센서가 그림 (3-30)과 같이 부착되어 있다.

　　이 스로틀 보디에는 냉간시 시동성 향상이나 전기 부하에 의해 엔진 회전수가 감소하는 것을 방지하가 위해 메인 스로틀 밸브 외에 별도의 흡입 공기 바이 패스(by pass) 통로를 두고 있다.

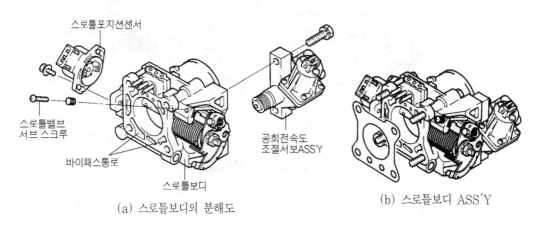

(a) 스로틀보디의 분해도　　　　　　　　(b) 스로틀보디 ASS´Y

▲ 그림3-30 스로틀 보디의 구조

　　따라서 기계식 스로틀 보디에는 이 바이 패스 통로를 열고 닫을 수 있는 ISA(아이들 스피드 건드롤 액추에이터) 또는 ISC(아이들 스피드 킨트롤) 시보 모디가 부착되이 있다. 이에 반해 전자식 스로틀 밸브는 ECU(컴퓨터)가 직접 스로틀 밸브의 스텝 모터를 구동하여 스로틀 밸브를 개폐하도록 되어 있어 스로틀 밸브를 통해 직접 ISC 제어 기능이 가능하다.

(2) TPS(스로틀 포지션 센서)

　　운전자의 가속의지를 검출하는 TPS(스로틀 포지션 센서) 센서의 내부에는 스로틀 포지션 센서와 스로틀 밸브의 축과 연동해 움직이는 가동 접점이 붙어 있다.

　　이 가동 접점은 세라믹 기판 위에 인쇄되어 있는 카본 저항과 접촉하여 스로틀 밸브의 회전각에 따라 가동 접점은 카본 저항판 위를 슬라이드(습동)하도록 되어 있어서 스로틀 밸브의 개도에 따라 TPS 센서의 저항값은 변화한다.

사진3-37 장착된 스로틀 보디

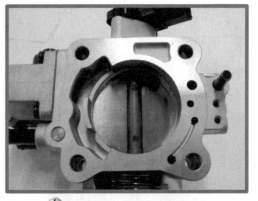

사진3-38 스로틀보디의 엔진측

또한 TPS 센서의 내부에는 스로틀 밸브의 개도를 감지하는 가변 저항과 아이들(공회전) 상태를 감지하는 아이들 스위치를 내장하고 있는 방식도 사용되고 있다. 그림 (3-31)의 (a)는 아이들 스위치(idle switch)를 내장하고 있는 TPS 센서 방식의 내부 구조를 나타낸 것이다.

이 센서의 내부 회로는 그림 (b)와 같이 보조 저항 R1과 R3가 연결되어 있으며 TPS 센서의 GND(접지) 또는 센서 전원(Vref) 측으로는 아이들 스위치가 연결되어 엔진의 아이들 컨트롤 지시 신호의 입력 단자로 사용되고 있다. TPS 센서의 내부 회로는 그림 (3-31)의 (b)와 같이 가변 저항 R1 외에 R2, R3 저항을 삽입하여 놓은 것은 전압 변동에 대해 출력되는 센서 전압의 변동이 감소하도록 한 것이다.

(a) TPS의 내부 구조

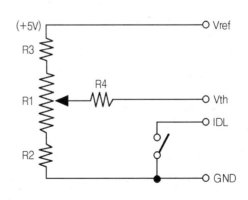

(b) TPS의 내부 회로

그림3-31 TPS의 구조 및 내부 회로도

실제 ECU(컴퓨터)로 입력되어지는 TPS 센서의 신호 전압은 센서의 출력전압(Vth)/ 센서 전원 전압(Vref) 으로 나누어 환산하여 스로틀 개도 신호값으로 인식하도록 되어 있다. 이것은 TPS 센서의 신호 전압이 가변 저항 R1 만을 사용하여 ECU의 입력 신호값으로 사용하는 경우 센서 전원의 전압 변동에 따라 비례하여 입력되는 것을 감소시키기 위한 것으로 저항 R1과 R2는 일종의 전압 변동에 의한 보상용 저항이라 할 수 있다.

▲ 사진3-39 TPS의 전면

▲ 사진3-40 TPS의 후면

TPS 센서의 저항값은 스로틀 밸브의 개도각에 따라 변화하는 값으로 ECU(컴퓨터)로부터 일정 전압 5V(Vref)를 공급 받아 TPS 센서 저항 R1의 변화에 따라 출력 전압 Vth는 (R1+R2)/(R1+R2+R3)의 저항비로 결정되어 ECU로 입력된다. 따라서 TPS 센서의 출력 신호 전압은 스로틀 개도각에 따라 그림 (3-32)와 같이 선형적인 특성을 가진 그래프로 나타나게

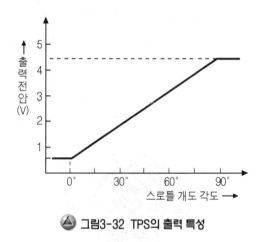

▲ 그림3-32 TPS의 출력 특성

된다. 결국 TPS 센서는 운전자의 가속 의지를 TPS 센서의 출력 값으로 ECU(컴퓨터)로 입력하고, ECU(컴퓨터)는 스로틀 개도의 변화량과 엔진 회전수 등의 종합적인 정보에 의해 현재 차량의 주행 상태를 파악하게 된다. 이와 같이 TPS 센서의 출력 신호값은 엔진 부하 상태, 차량의 가속 또는 감속 상태, 엔진의 공회전 상태 등을 판단하는 정보로 전자 제어 엔진에 입력되는 중요한 신호의 하나이다.

(3) 공회전 속도 조절 액추에이터(ISA)

엔진의 공회전 속도는 연비 측면에서는 가능한 낮은 것이 좋지만 공회전 속도가 너무 낮으면 엔진 회전수가 불안정하여 차량 자체의 진동이 발생하고 배출 가스 성분인 일산화탄소가 증가하는 등의 문제점이 발생하게 된다.

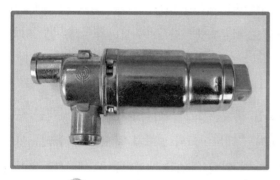

▲ 사진3-41 호스 연결형 ISA

▲ 사진3-42 부착형 ISA

반대로 공회전 속도가 너무 높으면 연비 증가는 물론 배출 가스 성분도 증가하게 되므로 엔진 ECU(컴퓨터)는 엔진의 각종 정보를 받아 최적의 공회전(아이들 회전수)을 조절하여 주도록 ISA(아이들 스피드 액추에이터) 액추에이터 또는 ISC(아이들 스피드 컨트롤) 모터를 제어하고 있다.

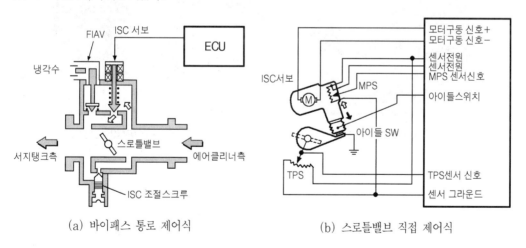

(a) 바이패스 통로 제어식   (b) 스로틀밸브 직접 제어식

▲ 그림3-33 공회전 속도 조절 방식

 공회전 속도(아이들 스피드)를 조절하는 방법으로는 그림 (3-33)의 (a)와 같이 스로틀 보디에 별도의 바이 패스(by pass) 통로 설치하여 놓고, 이 바이 패스 통로를 개폐하도록 제어하는 바이 패스 통로 제어 방식과 그림 (3-33)의 (b)와 같이 스로틀 밸브를 직접 개폐하는 직접 제어 방식이 사용되고 있다.

 이와 같이 바이 패스 통로를 개폐하는 액추에이터에는 ISA(아이들 스피드 액추에이터) 또는 ISCV(아이들 스피드 컨트롤 솔레노이드 밸브) 밸브와 스텝 모터를 이용하고 있다. 또한 스로틀 밸브를 직접 개폐하는 방식에는 스텝 모터를 이용하여 스로틀 밸브를 직접 개폐하는 ETC(전자 스로틀 제어) 방식이 사용되고 있다.

 스로틀 보디의 바이 패스(by pass) 통로를 개폐(열고 닫는)하는 액추에이터에는 로터리 솔레노이드(rotary solenoid)를 사용하여 솔레노이드의 밸브를 열고 닫는 솔레노이드 방식과 스텝 모터를 사용하여 모터의 스텝 수에 의해 밸브가 개폐하는 스텝 모터 방식이 사용되고 있다. 로터리 솔레노이드 방식은 우리가 흔히 말하는 ISA 말하는 것으로 듀티 신호에 의해 구동한다.

▲ 사진3-43 MPS

▲ 사진3-44 ETC방식의 스텝 모터

point

흡입공기의 조절장치

1 스로틀 보디

(1) 스로틀 보디의 기능

- 스로틀 보디는 흡기 포트의 입구에 설치하여 실린더 내로 흡입되는 공기의 량을 밸브를 이용하여 운전자의 가속 의지에 따라 개폐하는 기구이다.
- 스로틀 보디에는 스로틀 밸브의 개도량을 검출하는 TPS와 바이패스 통로를 조절하는 ISA(아이들 스피드 액추에이터)가 부착되어 있다.

① TPS : 스로틀 밸브의 개도 정도를 검출하는 센서로 차량의 가속 및 감속 상태를 판단하고 엔진의 부하 상태를 판단하는 정보로 사용하는 센서

② ISC 액추에이터 : 엔진의 공회전 속도를 조절하는 장치로 냉간시 엔진의 웜-업 시간을 단축하고 전기 부하에 의해 엔진의 회전수가 감소하는 것을 방지하기 엔진 회전수를 조절하는 기구이다.

③ 아이들 스위치 : 공회전 상태를 검출하는 스위치

(2) 스로틀 보디의 종류

- 액셀레이터 케이블에 의해 스로틀 밸브가 열고 닫히는 기계식과 스텝 모터를 이용 스로틀 밸브를 열고 닫는 ETC(전자식 스로틀 밸브) 방식이 적용되고 있다.

2 ISC(공회전 속도 조절) 장치

(1) ISC(공회전 속도 조절) 장치의 기능

- 냉간 시동성 향상, 엔진의 웜-업(warm up) 기능 단축, 전기 부하에 의한 아이들-업(공회전수 상승) 기능, 급감속시 배출 가스 저감을 위한 대시 포트(dash pot)기능을 가지고 있다.

(2) 공회전 조절 장치의 종류

- 바이 패스 통로 제어 방식 : 스로틀 보디의 바이패스 통로의 면적을 조절하여 공회전 속도를 조절하는 방식
- 직접 제어 방식 : 스로틀 밸브를 스텝 모터를 이용하여 직접 제어하여 공회전 속도를 조절하는 방식

① ISA(아이들 스피드 액추에이터) : 로터리 솔레노이드를 이용해 바이패스 통로의 면적을 조절하는 솔레노이드식 액추에이터이다.

② 스텝 모터 방식 : 스텝 모터를 이용하여 바이패스 통로를 조절하는 장치로 스텝 모터의 스테이터 코일을 펄스 신호 전압으로 여자하여 모터의 회전을 정회전 또는 역회전시켜 바이-패스 통로의 공기의 흐름을 조절하는 방식

③ ETC(전자식 스로틀 제어) 방식 : 스로틀 밸브를 스텝 모터를 이용 직접 구동하는 방식으로 ISC 제어는 물론 엔진 토크 제어가 가능한 방식

3. 연료공급장치

(1) 인젝터

연소실의 고압에 의해 자기 착화하는 디젤엔진과 달리 가솔린 엔진의 경우는 연료를 분사하는 노즐을 전자 개반(솔레노이드 코일)을 이용한 인젝터를 사용하여 연료를 분사하고 있다. 가솔린 엔진의 인젝터는 연소실의 연료와 직접 접촉하는 경우가 없고, 연료 분사량을 직접 조절 할 필요 없이 ECU(컴퓨터)에 의해 제어되어 정확한 분사량을 분사할 수 있는 전자식 밸브이다. 이 인젝터의 구조는 그림 (3-34)와 같이 연료의 분사량을 조절할 수 있도록 내부에 솔레노이드 코일과 플런저, 그리고 니들 밸브의 개폐에 따라 연료가 연소실에 분사량 만큼 주입 할 수 있도록 니들 밸브로 구성되어 있다.

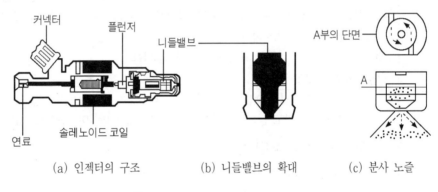

| (a) 인젝터의 구조 | (b) 니들밸브의 확대 | (c) 분사 노즐 |

그림3-34 인젝터의 구조와 분사노즐

이 니들 밸브는 연료의 분사 홀(구멍)을 스프링 힘과 연료 압력에 의해 막고 있어 연료가 차단되어 있다가 커넥터를 통해 공급된 펄스 신호 전원은 솔레노이드 코일에 전류를 흘려 플런저를 자화하고 자화된 플런저는 니들 밸브를 열게 한다. 이렇게 밸브가 열리면 연료 펌프에 의해 가압된 연료는 열려진 밸브의 틈을 통해 분사하게 된다. 즉 연료의 분사량은 인젝터 솔레노이드 코일의 통전 시간을 ECU(컴퓨터)가 제어하므로 연료의 분사량이 결정 되도록 하고 있다.

실제로 인젝터의 연료 분사량은 인젝터의 분사 홀의 지름과 인젝터에 가해진 분사 압력에 의해 결정되어 진다. 따라서 같은 종류의 인젝터라 하더라도 차량의 배기량에 따라 인젝터의 분사 홀(hole)의 지름이 다를 뿐만 아니라 차종에 따라서 다르다.

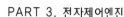

사진3-45 여러 가지 인젝터

사진3-46 공급관 부착된 인젝터

전자 제어 엔진의 ECU(컴퓨터)는 엔진의 여러 정보를 입력 받아 미리 설정된 목표값에 따라 최적의 연료 분사량이 제어 될 수 있도록 인젝터의 분사 펄스 폭을 제어하고 있다. 인젝터로부터 출력된 펄스 신호는 구형파 신호로 인젝터의 솔레노이드 코일에 공급되면 솔레노이드 코일이 자화되는 시간과 니들 밸브가 열리는 시간이 차이가 발생하게 되는데 이것은 코일이 갖고 있는 고유의 인덕턴스 성분 때문이다.

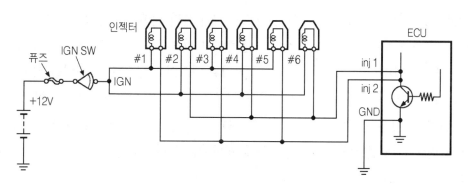

그림3-35 인젝터 회로

따라서 그림 (3-36)의 상측 분사 펄스 신호가 인젝터에 가해진다 하여도 인젝터의 니들 밸브는 즉시 열리지 않고 일정 시간 지연 후 니들 밸브가 열리게 된다. 따라서 ECU로부터 인젝터의 분사 펄스 신호가 인젝터에 가해진 후 니들 밸브가 열리기 직전 까지 시간을 무효 분사 시간이라 하며, 니들 밸브가 열리기 시작하여 닫힐 때까지 시간을 유효 분사 시간이라 말한다. 결국 인젝터의 실제 연료 분사량은 노즐의 지름과 연료 압력 그리고 유

효 분사 시간에 의해 결정되어 지게 된다. 이러한 문제점 때문에 분사 펄스에 의해 구동되는 인젝터의 구동 방식은 전압 제어식과 전류 제어식이 사용되고 있다.

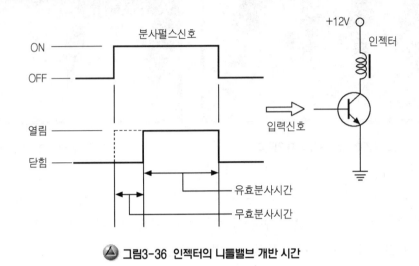

△ 그림3-36 인젝터의 니틀밸브 개반 시간

(2) 연료 펌프

연료 펌프 모터는 연료 탱크로부터 연료를 끌어 올려 인젝터로 송출하는 기능을 가지고 있다. 이 펌프 모터로 연료를 인젝터로 송출하기 위해서는 연료 펌프로부터 연료를 가압할 수 있어야 한다. 연료펌프 모터로부터 가압된 연료의 압력은 연료 필터를 거쳐 연료 압력 레귤레이터로 송출하어 인젝터에 가해진 연료의 압력을 일정하게 유지하여 주지 않으면 안된다. 이것은 인젝터로부터 분사되는 연료의 토출량은 인젝터의 노즐의 지름 및 연료의 압력에 의해 결정되고 연소실에 분사 제어량은 인젝터에 공급되는 분사 펄스 신호의 폭에 의해 결정되어 지기 때문이다.

이것은 ECU(컴퓨터)에 의해 제어되는 전원 공급(분사 펄스 폭)이 정상적이라도 인젝터에 가해지는 연료의 압력이 일정하지 않으면 연소실의 연료 분사량은 달라지기 때문이다. 연료 펌프의 구조는 그림 (3-37)과 같이 연료 펌프 모터의 회전력을 이용해 연료를 펌핑할 수 있는 임펠러와, 임펠러를 회전 시키는 모터로 이루어져 있다. 동작 원리는 모터의 회전에 의해 임펠러를 회전시켜 원심력에 의해 흡입구로부터 연료를 흡입하여 토출구로 연료를 토출한다.

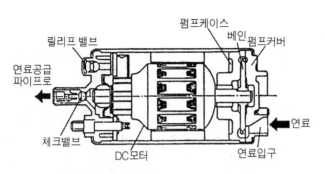

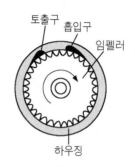

(a) 연료펌프 모터의 구조　　　　　(b) 펌프 임펠러의 구조

🔺 그림3-37 연료펌프 모터와 임펠러의 구조

이 연료 펌프 모터 내에는 연료 라인을 보호하기 위해 릴리프 밸브(relief valve)와 체크 밸브(check valve)를 내장하고 있다.

🔺 사진3-47 연료펌프 모터　　　　　🔺 사진3-48 연료펌프 내의 임펠러

(3) 연압 레귤레이터

ECU(컴퓨터)에 의해 제어되는 인젝터의 분사 펄스폭이 정상적으로 제어되더라도 인젝터에 가해지는 연료의 압력이 일정하지 않으면 연소실의 연료 분사량은 달라지게 되므로 인젝터에 가해지는 연료 압력을 일정하게 유지하기 위해 연료 압력 레귤레이터가 필요하게 된다.

연료 압력 레귤레이터를 통한 일정한 연료 압력은 흡기관의 압력이 낮은 경우에는 연료의 분사량이 증가하고 흡기관의 압력이 높은 경우에는 분사량이 감소하므로 인젝터의 압

력은 흡기관의 압력에 대해 항상 설정압력 보다 높게 유지되도록 압력 레귤레이터를 만들어 사용하여 인젝터의 분사 펄스 시간에 의해서만 분사량을 조절할 수 있게 하고 있다.

그림 (3-38)은 연료 압력 레귤레이터의 구조를 나타낸 것으로 내부 구조를 살펴보면 연료의 흐르는 량을 조절하는 밸브와 흡기관의 부압을 감지하는 다이어프램, 연료실로 나누어져 있다.

연료 압력 레귤레이터의 동작 원리는 먼저 연료 압력이 규정압을 초과하는 경우 다이어

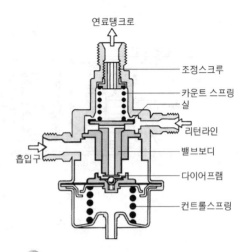

△ 그림3-38 연료 압력 레귤레이터의 구조

프램의 컨트롤 스프링 힘을 밀고 올라가 밸브는 닫히게 되어 리턴 라인으로 들어온 연료는 연료 탱크로 순환하게 된다. 반대로 연료 압력이 규정압 보다 작은 경우에는 스프링 힘에 의해 다이어프램을 밀어 흡입구로 들어온 연료는 밸브를 통해 연료 탱크로 흘려 들어가 연료의 압력이 높거나 낮지 않도록 압력을 일정히 조절하고 있다.

보통 연료의 압력은 연료 펌프의 회전 속도에 의해 달라지는데 연료 펌프의 회전 속도가 1500 ~ 2500rpm 정도이면 압력은 4 ~ 6kg/㎠ 정도가 되며 연료 압력 레귤레이터에 의해 조정된 압력은 약 2.7 ~ 3.4kg/㎠ 정도 범위에서 일정하게 유지된다.

△ 사진3-49 연료압력 레귤레이터

△ 사진3-50 부착된 연료 압력 레귤레이터

point

연료 공급 장치

1 인젝터

1. 인젝터의 기능

① 인젝터의 조건 : 정확한 분사량, 일정한 분무 특성, 기밀 유지

② 기능 : ECU에 의해 분사 펄스폭만큼 연료를 분사하는 전자 솔레노이드 밸브이다.

③ 분사량의 결정

- 기계적인 요소에 의한 결정 : 인젝터의 노즐의 지름, 연료 압력
- 전기 신호에 의한 결정 : 인젝터의 분사 펄스 폭에 의한 유효 분사 시간
- 입력 신호에 의한 결정 : 기본 분사량 + 보정 증량 분사량

2. 인젝터의 구동 방식

① 전압 제어식 : 솔레노이드 코일의 외경을 크게 하고 권선수를 줄여 응답 특성을 향상하고 있는 방법으로 인젝터의 솔레노이드 코일과 직렬로 저항을 삽입하여 구동하고 있는 방식이다.

② 전류 제어식 : 솔레노이드 코일의 발열을 감소하고 소비 전력을 적게 하기 위해 초기 구동시 전류를 크게 하여 밸브가 열리기 시작하면 전류를 작게 하는 방식이다.

2 연료 펌프 모터 및 연압 레귤레이터

1. 연료 펌프 모터의 기능

① 연료 탱크로부터 연료를 펌핑하여 인젝터로 연료를 공급하는 기능

※ 연료 라인의 압력

- 연료 펌프의 토출 압 : 약 4~6kg/cm²
- 연료 압력 : 약 2.7~3.4kg/cm² (아이들 시)
- 연료 잔압 : 약 2.3~2.7kg/cm² (엔진 정지 시)

② 릴리프 밸브 : 연료 라인을 보호하기 위한 연료 압력 조절 밸브

③ 체크 밸브 : 연료 라인에 잔압을 유지하기 위한 밸브

2. 컨트롤 릴레이의 기능

- 연료 펌프 모터의 전원 공급 및 인젝터, EGR 밸브 등의 전원 공급

3. 연료 압력 레귤레이터의 기능

- 흡기관의 압력 변화에도 연료 분사량이 분사 펄스 시간에 의해서만 결정될 수 있도록 연료 압력을 일정하게 조절하는 밸브

4 전자제어엔진의 기능

1. 전자제어엔진의 제어

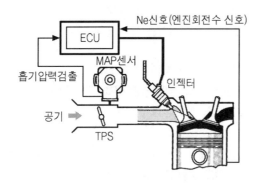

(a) D제트로닉 시스템 구성

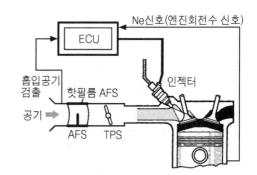

(b) L제트로닉 시스템 구성

그림3-39 연료 분사 방식의 구분

사진3-51 D제트로닉 흡기장치

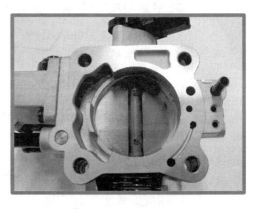

사진3-52 스로틀 밸브

전자 제어 엔진이 실행하는 제어에는 연료의 분사량을 제어하는 연료 분사 제어, 점화 시기를 제어하는 점화 시기 제어, 냉간시 시동성 향상을 위해 초기에 연료를 분사하는 초기 냉간시 제어, 공회전 상태에서 전기 부하 등에 의해 엔진의 부하를 제어하기 위한 공회전(아이들 스피드) 제어가 있다.

또한 적정 출력과 배출 가스를 고려한 이론 공연비 제어, 배출 가스 저감을 위한 피드-백 제어, 일정 속도 이상 주행시 연료를 차단하는 연료 커트 제어, 급감속시 배출 가스 억제를 위한 대시 포트 제어, 연료 라인의 압력을 일정하게 유지하기 위한 연료 압력 제어, 터보 차저 차량에만 적용되는 과급압 제어, 가변 흡기 제어가 있다. 이밖에도 연료 펌프 모터 및 액추에이터의 전원을 공급하기 위한 컨트롤 릴레이 제어, 배출 가스 계통 이상시 경고등을 점등하게 하는 경고등 제어, RAM 내의 데이터 값을 진단 장비와 전송하기 위한 전송 데이터 제어 등을 들 수가 있다.

여기서 표현하는 제어란 ECU(컴퓨터)가 각 센서로부터 수집한 정보로부터 목표 설정 값을 제어하기 위해 ECU의 출력측 액추에이터를 구동시켜 원하는 일을 수행하는 것을 말한다. 전자 제어 엔진에서 대표적인 예를 들면 연료 분사 제어 및 점화시기 제어를 들 수가 있다.

🔺 사진3-53 연료펌프 모터 ASS'Y

🔺 사진3-54 연료 공급 장치

예컨대 ECU(컴퓨터)는 실린더 내로 들어오는 공기량을 AFS(에어 플로 센서) 센서를 통해 검출하고, 이때 엔진 회전수를 CAS(크랭크 각 센서) 센서로부터 검출한 신호를 토대로 ECU(컴퓨터)는 기타 정보를 종합해 현재의 연료 분사량을 결정하게 된다. 이렇게 결정된 분사량은 ECU의 출력을 통해 인젝터라는 액추에이터를 구동해 연료를 분사하게 된다. 인젝터로부터 분사되는 연료의 량은 ECU(컴퓨터)로부터 출력되는 분사 펄스 신호 즉 펄스 시간에 의해 실제 분사량이 결정되게 된다.

인젝터는 그림 (3-40)과 같이 연료를 분사하는 전자 노즐로 인젝터에 전압을 공급하면

내부에 있는 솔레노이드 코일이 자화되어 플런저를 밀어 올리게 된다. 이렇게 플런저가 밀어 올려지면 일정하게 가해진 연료의 압력은 니들 밸브의 구멍을 통해 분사하게 된다. 이때 분사되는 량은 그림 (3-40)과 같이 인젝터에 가해지는 분사 펄스폭(인젝터의 구동 시간)에 의해 연료의 분사량이 결정하게 된다.

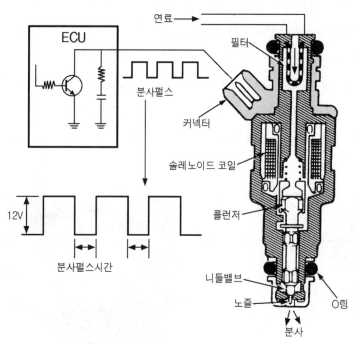

🔺 그림3-40 인젝터의 분사 펄스 시간

　　그림 (3-40)과 같이 인젝터의 단자가 구동 트랜지스터의 컬렉터(collector)에 연결되어 있는 회로는 펄스 신호 전압이 마이너스 구간 동안만 인젝터의 솔레노이드 코일을 자화하여 연료를 분사하게 된다. 공연비 제어는 실린더 내로 흡입되는 공기의 량에 따라 분사 할 연료의 량을 결정하므로 연료 분사량 제어는 흡입 공기를 측정하는 AFS(에어 플로 센서)와 엔진의 회전수를 검출하는 CAS(크랭크 각 센서) 센서의 신호 정보가 기준 역할을 하게 된다.

　　차량의 배기량에 따라 엔진의 1회전하여 흡입되는 공기량은 거의 동일하지만 2000 rpm 일 때 AFS(에어 플로 센서)가 측정한 공기의 량과 4000rpm 일 때 AFS가 측정한 공기의 량이 2배가 되어 엔진의 회전수와 공기의 유량을 검출하는 AFS 센서는 연료 분사에 있어서 기준량을 결정하는 중요한 센서가 된다. 따라서 인젝터로 출력되는 분사 펄스 시간은 **(흡입 공기량/엔진 회전수)× 정수값**으로 결정되게 된다.

　여기서 말하는 정수값이라는 것은 엔진의 기통수와 인젝터의 노즐 직경 등의 값에 따라 달라지는 값을 의미한다. 그러나 자동차의 경우는 차량의 부하나 도로 사정에 따라 차량의 속도와 엔진 회전수가 다르고 운전자의 운전 상태에 따라서도 달라지게 되므로 공기유량을 검출하는 AFS(에어 플로 센서) 센서와 엔진의 회전수를 검출하는 CAS(크랭크 각 센서) 센서 만으로는 공연비 제어가 불가능하게 된다.

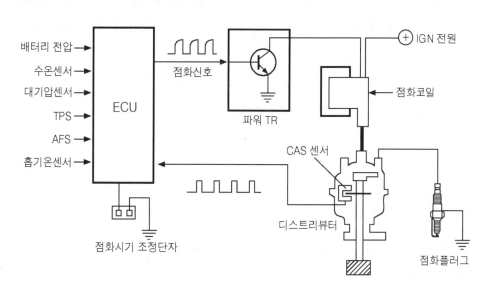

그림3-41 전자제어 점화장치

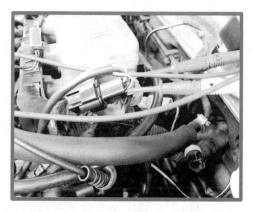

사진3-55 CAS & TDC센서의 측정

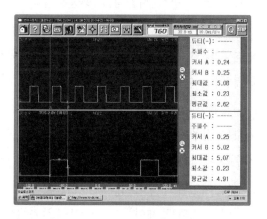

사진3-56 CAS & TDC센서의 파형

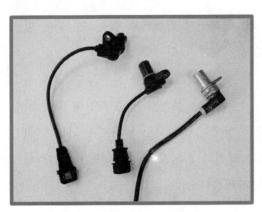

▲ 사진3-57 회전수 검출센서

▲ 사진3-58 크랭크 각 검출 홀

따라서 엔진의 상태를 검출하기 위한 여러 가지 센서가 필요하게 되는데 그 중 운전자의 가속 의지를 검출하는 TPS(스로틀 포지션 센서), 실린더의 압축 상사점을 검출하는 CPS(캠 포지션 센서), 배출 가스의 산소 농도를 검출하는 산소 센서 등이 필요하게 된다. 점화 시기는 연료 분사 후 점화가 이루어지는 수순으로 동작을 하게 되므로 기본적으로 공기 유량을 검출하는 AFS(에어 플로 센서) 센서와 엔진 회전수를 검출하는 CAS(크랭크 각 센서) 센서의 정보가 기준 데이터가 된다. 그러나 이 점화 시기는 엔진의 출력 향상과 배출 가스 저감이라는 상호 문제를 가지고 있어 실제로는 여러 가지 센서의 신호를 종합하여 ECU(컴퓨터)에 미리 설정된 3차원 맵핑 데이터(mapping data)에 의해 점화 시기는 결성되게 된다.

또한 초기 냉간 시동성을 향상하기 위해 엔진의 냉각수 온도를 검출하는 수온 센서의 정보로부터 엔진의 온도를 검출하여 연료량을 증량하는 냉각수온 보정 제어를 한다. 또한 엔진의 냉간시 웜-업 기간 단축이나 전기 부하에 의한 엔진 회전수가 감소하는 것을 조절하기 위한 아이들 업 제어 기능을 가지고 있다.

이것은 엔진 냉간시 엔진 회전수를 증가하여 웜-업 기간을 단축하고 엔진이 부하가 증가하는 경우에는 엔진 회전수가 감소하여 불안정하게 되는 것을 방지하기 위해 엔진의 회전수를 조절하여 줄 필요가 있기 때문이다. 이것을 우리는 공회전 속도 조절 또는 이이들 스피드 제어라고 부른다.

아이들 스피드 제어는 그림 (3-42)와 같이 스로틀 보디측에 있는 별도의 흡입 공기 바이 패스(우회) 통로를 설치하고, 이 통로를 액추에이터를 사용하여 제어하는 방식으로 전자 솔레노이드 밸브 방식을 사용하는 경우에는 듀티 신호에 따라 바이패스 통로의 량을 조절하고, 스텝 모터 방식인 경우에는 모터의 스텝 제어를 통해 바이패스 통로의 개폐 정도를 조절하고 있다.

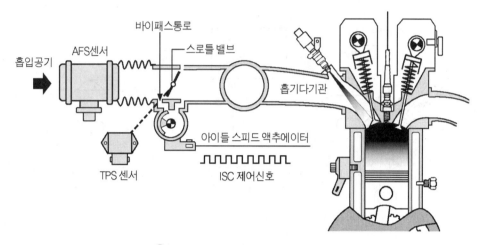

바이패스통로
AFS센서
스로틀 밸브
흡입공기
흡기다기관
아이들 스피드 액추에이터
TPS 센서
ISC 제어신호

🔺 그림3-42 전자제어엔진의 흡기장치

🔺 사진3-59 스로틀보디 ASS'Y A

🔺 사진3-60 스로틀보디 ASS'Y B

또한 전자 엔진 기능중 중요한 것중 하나는 공연비 피드백 제어를 들 수가 있다. 이것은 3원 촉매 장치의 정화 효율을 높이기 위해 이론 공연비(14.7 : 1) 영역으로 제어되도록 엔진의 배출구에 그림 (3-43)과 같이 산소 센서를 설치하여 공연비 피드백 제어를 하고 있다. 공연비 피드백 제어는 산소 센서가 배출되는 가스 성분 중 산소 농도를 검출하여 공연비 상태가 리치(농후) 상태인지 린(희박) 상태인지를 검출하여 ECU(컴퓨터)가 이론

공연비 영역(14.7 : 1)으로 연료를 분사하도록 제어하는 것을 말한다. 즉 공연비 피드 백 제어는 삼원 촉매가 이론 공연비 영역에서 가장 잘 정화 능력을 발휘할 수가 있어 주행 조건에 따라 이론 공연비 영역으로 제어해 주는 것을 말한다.

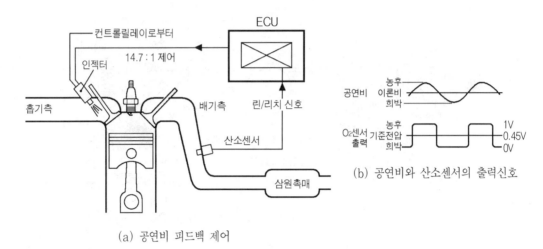

(a) 공연비 피드백 제어

(b) 공연비와 산소센서의 출력신호

그림3-43 산소센서의 공연비 피드백 제어와 출력 파형

실제 3원 촉매 장치가 정화 효율이 우수한 범위에서 이론 공연비 제어하는 것은 공연비 제어를 할 수 있는 영역의 범위가 좁기 때문에 ECU(컴퓨터)는 산소 센서의 입력 신호를 받아 공연비 제어 범위로 들어오도록 피드 백(feed back) 제어를 해주지 않으면 안된다.

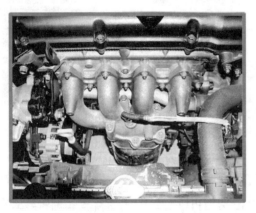

사진3-61 엔진의 배기 매니폴드

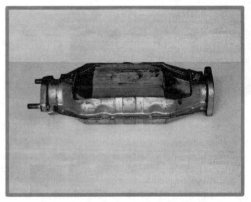

사진3-62 3원촉매장치(절개품)

　일반적으로 배출 가스는 연비가 농후한 상태인 경우는 HC(탄화수소)와 CO(일산화탄소)가 증가하게 되고 배출 가스가 희박한 경우에는 NOx(질소산화물)이 증가하게 되므로 산소 센서를 통해 이론 공연비 제어를 한다 하여도 일정분 유해 배출 가스성분은 대기중으로 배출하게 된다.

　따라서 제어 영역이 좁은 이론 공연비 영역을 제어하기 위해 그림 (3-44)와 같이 2개의 산소 센서를 사용한 2중 산소 센서를 사용하는 방식을 채택하고 있는 차량이 증가하고 있다. 이 방식은 촉매 장치 앞측에 설치된 1차 산소를 이용 이론 공연비 영역으로 클로즈 루프 제어(close loop control)를 하고, 배출 가스가 촉매 장치에 의해 정화 되면 촉매 장치를 통해 정화된 배출 가스를 촉매 장치 뒤측에 설치된 2차 산소 센서를 통해 클로즈 루프 제어하도록 하여 보다 정확한 공연비 제어를 할 수 있도록 하는 방식이다.

　연료 커트 제어 기능은 차량의 최고 속도를 제한하기 위해 일정 이상 엔진의 회전수가 상승하거나 일정 이상 차속이 상승하면 인젝터의 연료 분사를 차단하여 엔진을 보호하기 위해 차속을 제한하는 기능이다. 또한 터보차저 차량의 경우 이 기능은 연료 라인의 과급압이 이상 상승하는 것을 방지하기 위해 연료를 차단하는 기능이다.

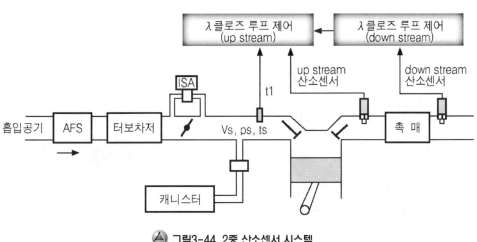

🔺 그림3-44 2중 산소센서 시스템

　전자 제어 엔진의 기능 중 대시포트 제어 기능은 차량의 급 감속시 스로틀 밸브가 급격히 차단되어 흡입되는 공기가 급격히 감소하여 미연소 가스 성분인 HC(탄화수소)가 급격히 증가하는 것을 방지하기 위해 스로틀 밸브의 개폐를 서서히 닫히도록 ISA(아이들 스피드 액추에이터)를 제어하는 기능을 말한다.

△ 사진3-63 산소센서의 측정

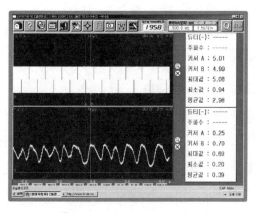

△ 사진3-64 산소센서의 파형

　그 밖에 전자 제어 기능은 시스템에 전원을 공급하기 위한 컨트롤 릴레이 제어 기능, 배출 가스 관련 부품에 이상이 발생하는 경우 고장 내용에 따라 고장 코드(DTC)를 정하여 고장 내용을 자동으로 기록하고 경고등을 점등시키는 자기진단 기능과 경고등 제어 기능, 시스템의 입·출력 정보를 모니터링하여 서비스 데이터를 제공하는 통신 제어 기능 등이 있다.

△ 사진3-65 장착된 산소센서

△ 사진3-66 지르코니아 산소센서

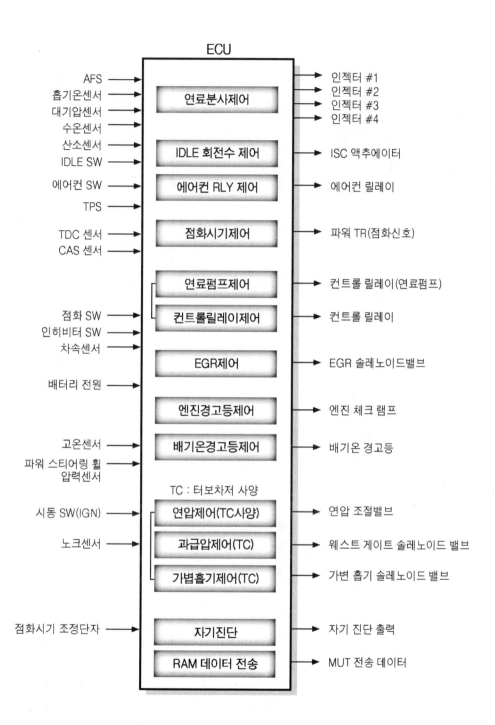

🔺 그림3-45 전자 제어 엔진의 제어 블록도

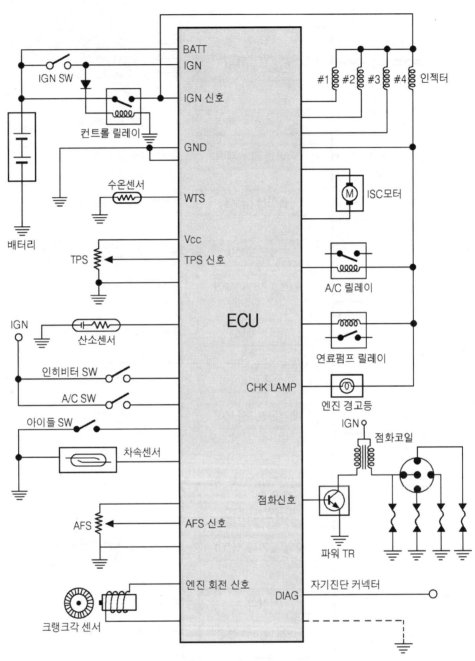

그림3-46 엔진ECU 회로도

point

ECU (전자제어 엔진)의 기능

1 전자 제어 엔진 회로 구성

① 전원부
- 백업 전원 : RAM 내에 있는 데이터를 유지하기 위한 배터리 상시 전원
- IGN 전원 : 점화 스위치가 ON상태인 것을 ECU에 알리기 위한 전원
- 정전압 전원 : 컴퓨터 및 주변 IC 회로를 구동하기 위한 전원(+5V)
- 센서 전원 : 센서측을 구동하기 위한 정전압 전원

② 센서부
- 전압 변환 센서 : 서미스터 센서, 가변 저항 센서
- 스위치 검출 센서 : ON, OFF 검출 센서
- 전압 변화 센서 : 반도체 압력 센서, 지루코니아 산소 센서
- 회전수 검출 센서 : 광전식 센서, 마그네틱 픽업식 센서, 홀 효과식 센서

③ **제어부** : 센서의 입력 정보를 종합하여 목표값을 제어하기 위한 컴퓨터

④ **구동부** : 컨트롤 릴레이, 연료 펌프, 인젝터, 파워 TR, 아이들 액추에이터, 솔레노이드 코일 등을 구동하기 위한 출력 회로

2 ECU의 기능

① **연료 분사 제어** : 공기류량을 기준으로 연료를 분사하는 제어
- 분사 방식 : 동기 분사, 비동기 분사
- 분사 모드 : 연속 분사, 동시 분사, 연료 차단
- ※ 기본 분사 제어＝(흡입 공기량/엔진 회전수) × 정수

② **점화시기 제어**
- 점화시기 제어 : 점화 진각도 제어 + 보정 진각도 제어
- 통전시간 제어 : 드웰 기간 제어

③ **공회전 속도 제어** : 부하에 의한 공회전 속도 제어
- 공회전 속도 제어의 방식 : 오픈 루프 제어, 회전수 피드백 제어
- 에어컨 릴레이 제어 : 에어컨 릴레이를 구동하기 위한 제어

④ **이론 공연비 제어** : 삼원 촉매의 정화 효율을 높이기 위한 제어
- 피드 백 제어 : 촉매의 정화 효율을 높이기 위해 이론 공연비 범위 내에서 제어하는 클로즈 루프 제어

⑤ **컨트롤 릴레이 제어** : ECU 및 구동 회로에 전원을 공급하기 위한 제어
- 연료 펌프 모터의 구동 제어

⑥ **터보 차저 제어**(터보차저 사양 차량에만 해당)
- 연압 제어, 과급압 제어, 가변 흡기 제어

⑦ **그 밖에 제어** : 배기온 경고등 제어, 체크 램프 경고등 제어, 자기 진단

04

커먼레일 엔진

CHAPTER

4

커먼레일 엔진

커먼레일의 기본 이론

1. 커먼레일의 개요

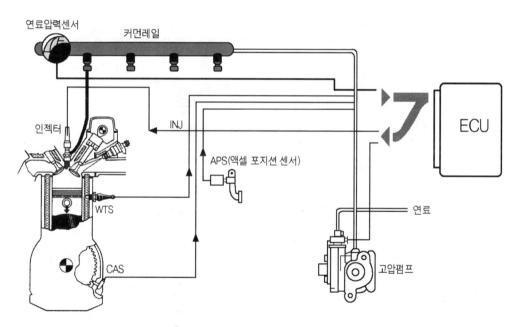

연료압력센서   커먼레일

인젝터

INJ

APS(액셀 포지션 센서)

WTS

CAS

연료

고압펌프

ECU

🔺 그림4-1 커먼레일 시스템의 구성

디젤엔진은 흡입 공기를 높은 압축비로 압축하여 고온이 된 공기 중에 연료를 분사하면 자기 착화 현상이 일어나는 연소 형태를 가지고 있다. 이 자기 착화 현상을 이용한 디젤엔

진은 고유의 탁음과 환경에 유해한 배출 가스를 정화해야 하는 어려운 난제를 가지고 있다. 그러나 엔진 출력이 좋고, 연비 특성이 좋은 등의 장점이 있어 출력이 요구되는 차량에 많이 적용되어 왔다.

이 디젤엔진은 가솔린 엔진에 비교하여 CO_2(이산화탄소) 배출량은 작은 반면 NOx(질소산화물), PM(Particulate Matter : 입자상 물질) 배출이 많은 특징을 가지고 있다. 이 NOx, PM은 엔진의 출력과 관계되는 연소 온도와 연소 상태에 따라 배출되는 량이 크게 달라지는 양면성이 있는 디젤엔진이 해결해야 하는 어려운 난제중 하나이다.

그러나 이와 같은 문제는 커먼레일 엔진(common rail engine)의 적용으로 혁신적인 개선을 가져오게 되었다. 커먼레일 엔진은 전자 제어식 가솔린 엔진과 같이 연료 공급 라인에 압력을 걸어 놓고 필요시 인젝터 노즐을 열어 연료를 분사하는 전자 제어식 디젤엔진이다. 그러나 가솔린 엔진과 다른 점은 그림 (4-2)와 같이 고압 펌프를 통해 연료 라인에 매우 높은 고압을 걸어 연료를 분사한다는 점이다.

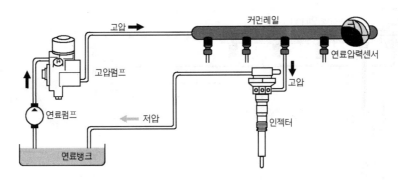

🔺 그림4-2 커먼레일 엔진의 연료 공급 시스템

즉, 커먼레일 엔진은 높은 압력을 걸어 분사 압력을 제어하는 디젤엔진 시스템이라 할 수 있다. 따라서 커먼레일 시스템이 동작하기 위해서는 높은 압력 하에서도 인젝터 노즐이 정확히 제어될 수 있어야 한다. 여기서 말하는 커먼레일(common rail) 이라는 말은 직역하면 공통 레일이라는 뜻이 되지만 디젤엔진에서 사용하는 의미는 커먼레일에 고압을 만들어 놓고 공통으로 인젝터의 분사를 이용한다는 연료 축압실(fuel accumulator) 정도의 의미가 적합하다고 할 수 있다. 이와 같이 커먼레일에 고압을 만들어 놓고 인젝터 노즐에 연료를 분사하는 것은 분사시 분무 상태(무안개 상태)와 연소실의 혼합 형상에 따라 엔진의 성능 향상과 배출 가스 저감에 중요한 영향을 미치기 때문이다. 한편 디젤엔진의 배출 가스중 제일 문제가 되는 것은 NOx(질소 산화물), PM(입자상 물질)이다. 그러나 PM 물질을 감소시키면 NOx가 증가하고 NOx를 감소시키면 PM 물질이 증가하는 서로 상반 된 구조를 갖고 있다.

이러한 상반된 모순을 해결하기 위한 방법 중 하나가 연료를 미립화 시켜 연소시키는 방법이다. 그러나 단순히 연료를 미립화하기 위해 연료 라인을 고압화하게 되면 인젝터 노즐의 분사량이 극부에 증가하게 되고, 연소실 내의 온도는 극부적으로 증가하게 돼 연소실의 온도는 오히려 상승하여 NOx가 증가 할 수가 있다. 따라서 이러한 문제로 커먼레일 엔진은 분사 압력을 고압화와 함께 인젝터 노즐 지름을 매우 작게 하여 분사해 주어 연소 효율을 높여 주어야 한다.

▲ 사진4-1 커먼레일 엔진

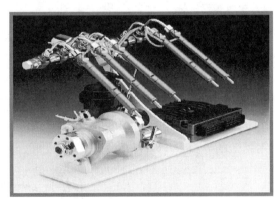
▲ 사진4-2 커먼레일 시스템

2. 배출 가스 저감

디젤엔진의 배출 가스중 제일 문제가 되는 것은 NOx(질소산화물), PM(입자상 물질)이다. NOx 은 N(질소)와 O_2(산소)의 화합물을 나타낸 것으로 자동차에 배출되는 NOx 중 NO(일산화질소)와 NO_2(이산화질소)가 대부분을 점유하고 있다. 또한 여기서 말하는 PM(Particulate Matter : 입자상 물질) 물질은 연료와 윤활유가 연소하고 남은 찌꺼기 성분인 SOF(Soluble Organic Fraction : 가용성 유기 성분)와 우리가 디젤 차량에서 흔히 볼 수 있는 그을음을 말한다.

SOF(가용성 유기 성분)이란 용제에 용해 될 수 있는 물질로 연료에 포함된 유황 성분이 연소할 때 생기는 황산화물(sulfate) 및 황산 찌꺼기가 흡착된 것으로 생각할 수 있다. 따라서 이와 같은 PM 물질은 연료를 완전 연소하지 않으면 감소할 수 없다. 즉 PM 물질을 감소하기 위해서는 연료를 완전 연소해 감소하는 방법을 생각해 볼 수 있다.

그러나 NOx와 PM 물질은 서로 상반된 모순 관계를 가지고 있다. 예컨대 분사시기를 지연시켜 연소실 온도를 낮추면 NOx는 저감하지만 분사시기를 지연시키면 PM 물질과 같은 흑연은 오히려 증가하게 된다. 따라서 PM 물질을 감소하기 위해서는 SOF(가용성 유기 성분)을 산화 촉매 필터를 사용해 산화시켜 인체에 무해한 H_2O(물)과 CO_2(이산화 탄소)로 바꾸어 주는 방법이다.

또한 그림 (4-3)과 같이 커먼레일식 연료 분사 장치를 사용해 저속 영역이나 고속 영역에서도 항상 높은 분사 압력을 만들어 연료를 미립화 하고 가솔린 엔진의 DOHC와 같이 흡·배기 밸브를 4개로 만들어 실린더에 흡입 효율을 향상하여 PM 물질을 저감할 수가 있다.

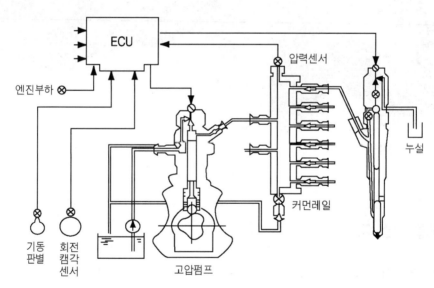

🔺 그림4-3 커먼레일 시스템

인젝터의 분사 노즐 장착은 엔진의 중앙에 오도록 장착하고 공기와 연료의 혼합을 균일하게 하여 연소 효율을 향상하고 있다. NOx와 PM 물질이 서로 상반되어 발생하는 NOx를 저감하기 위해 냉각식 EGR 장치(표 4-1 참조)를 설치하여 NOx를 저감하고 있다.

[표4-1] 디젤엔진의 배출가스 저감 대책		
대책	사용방법	효과
커먼레일 엔진	고압으로 정밀한 연료 분사	연비 및 출력 향상
		NOx, PM 저감
		소음 저감
4밸브 엔진	흡입 공기량 증대	연비 및 출력 향상
		PM 저감
냉각식 EGR	냉각된 고정도의 배기 순환	(연비 향상)
		NOx 저감
		소음 저감
산화 촉매 필터	SOF, HC, CO 산화 촉매 사용	PM 저감
		(연비 향상)

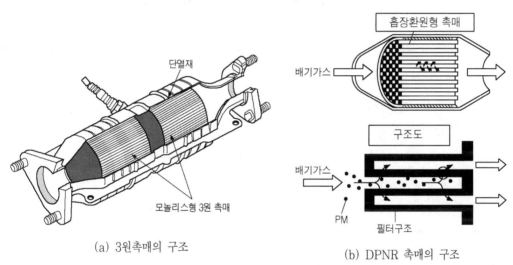

(a) 3원촉매의 구조

(b) DPNR 촉매의 구조

🔺 그림4-4 촉매장치의 구조

　냉각식 EGR 장치(cooled EGR system)는 그림(4-5)와 같이 배기가스 일부를 흡기 측에 되돌려 보내는 중간에 EGR 쿨러를 설치하여 재순환 공기를 냉각하는 방식이다. 이렇게 온도가 저하된 배기가스 일부를 흡입시키면 실린더 내의 연소 온도가 저하되어 NOx 배출량을 저감한다. 이때 많은 량의 배출가스 재순환량을 정확히 제어하기 위해 전자식 EGR 밸브를 ECU(컴퓨터)가 제어하도록 구성되어 있다.

　이와 같은 방법으로 연소 온도를 낮게 제어하면 NOx 저감은 물론 이론 공연비(공기 과 승율이 1일 때)상에서 PM(입자상 물질)과 같은 흑연도 억제할 수가 있다.

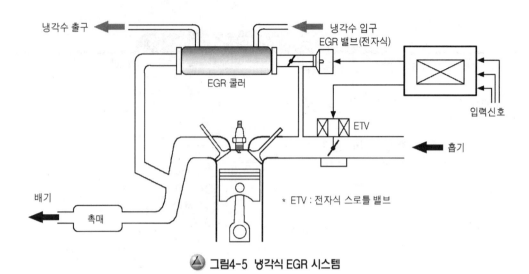

냉각수 출구

냉각수 입구
EGR 밸브(전자식)

EGR 쿨러

입력신호

ETV

흡기

배기

촉매

* ETV : 전자식 스로틀 밸브

🔺 그림4-5 냉각식 EGR 시스템

따라서 냉각식 EGR 장치를 설치하여 연소 온도를 낮추고, 흑연 발생을 억제하면서 리치(rich : 공기 과승율이 1보다 작을 때) 상태로 제어가 가능하다. 한편 커먼레일 엔진은 출력을 향상하기 위해 과급기(turbo charger)사용 실린더의 충진 효율을 향상하고 있다.

그러나 과급기에 의해 가압된 공기 온도는 높아 실제 공기 밀도는 떨어진다. 따라서 고온이 된 공기를 냉각 시켜 흡입 공기의 온도를 낮추고 공기 밀도를 크게 하여 실린더의 혼합 가스의 충진 효율을 향상하도록 인터 쿨러(inter cooler)를 설치하고 있다.

이 인터 쿨러는 엔진의 라디에이터와 같이 공냉식과 수냉식이 사용되고 있다. 이와 같이 커먼레일 엔진은 인터 쿨러를 통해 흡입 공기의 충진 효율을 높이고, 고압 분사를 통해 엔진의 출력과 배출 가스를 억제하고 있다.

🔺 사진4-5 장착된 EGR밸브

🔺 사진4-6 인터쿨러 장치

 **시스템 구성**

1. 커먼레일의 시스템 구성

압축 공기에 의해 착화되는 디젤엔진은 연료를 공급하는 시기와 량이 정확히 공급되는 것이 이상적인 연소를 결정하는 대단히 중요한 요소이다. 디젤엔진의 연료 분사는 혼합 비율을 제어하는 가솔린 엔진과 달리 연료의 분사량 만을 가지고 분사하고 있어 TPS(스로틀 포지션 센서)가 요구되지 않는 특징이 있다.

연료 분사시기는 가솔린 엔진의 점화시기에 해당하는 것으로 시동성이나, 엔진 출력, 배출 가스 등에 큰 영향을 미치게 된다. 디젤엔진의 분사시기는 그림 (4-7)과 같이 압축 상사점 종기에 연료를 분사하여 착화시켜 엔진 성능에 지대한 영향을 미치게 된다. 또한 NOx와 PM 물질은 서로 상반된 관계를 가지고 있어 이 문제를 해결하기 위해서는 연료 분사를 미립화하여 분사 할 필요가 있다.

따라서 커먼레일 엔진 시스템은 그림 (4-6)과 같이 연료 펌프로부터 토출된 연료를 가압하기 위해 고압 펌프가 필요하게 되며, 가압된 연료를 축압하여 미립화된 분사를 하기 위해 커먼레일(축압실)이 필요하게 된다.

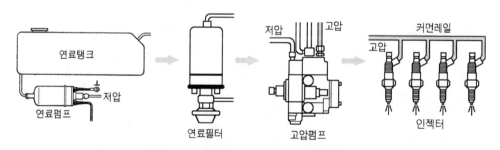

🔺 그림4-6 커먼레일엔진의 연료공급 흐름도

또한 인젝터(injector)의 분사 노즐의 지름을 매우 작게 해 고압으로 분사하면 연료의 미립화를 증대할 수 있다. 즉 분사 노즐의 지름이 작아지면 분무시 많은 공기의 혼합을 촉진할 수 있도록 가압하는 압력을 높여 줄 필요가 생긴다.

따라서 커먼레일 엔진은 정확한 분사압과 분사량, 그리고 분사시기를 결정하기 위해 그

림 (4-8)과 같이 ECU(컴퓨터) 시스템을 도입해 제어하고 있다. 가솔린 엔진에서 연료 분사량을 결정하는 것은 기본적으로 흡입 공기량과 엔진의 회전수에 의해 결정되지만 커먼레일식 엔진의 경우는 액셀 개도량과 엔진 회전수에 의해 결정된다.

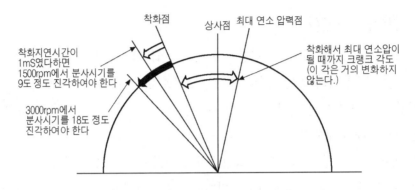

🔺 그림4-7 자기착화에 의한 점화시기

따라서 커먼레일식 엔진은 그림 (4-8)과 같이 엔진의 운전 조건인 APS 센서(액셀 포지션 센서)와 엔진의 회전 속도인 CAS 센서(크랭크 각 센서)가 중요한 결정을 하게 된다. 또한 인젝터의 노즐 지름과 분사압은 연료의 토출량과 직접 영향을 가지고 있어 커먼레일의 분사압을 일정하게 조절하는 것은 대단히 중요하다.

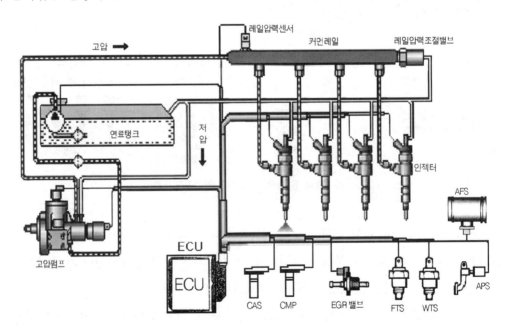

🔺 그림4-8 커먼레일 시스템

분사 압력 제어는 솔레노이드식 레일 압력 조절 밸브를 제어하여 행한다. 분사 압력은
엔진의 조건에 따라 ECU(컴퓨터)가 결정하고 커먼레일(축압실)이 목표 압력이 되도록
레일 압력 센서로부터 피드 백(feed back) 받아 제어하게 된다. 인젝터 노즐에 가해지는
분사 압력은 보통 100 ～ 150MPa(약 1000 ～ 1500kg/㎠) 정도이다. 기본적인 연료
분사량과 분사시기 제어는 그림(4-8)과 같다.

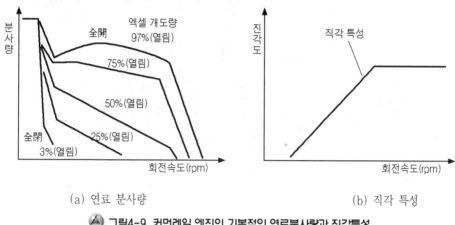

(a) 연료 분사량   (b) 직각 특성

🔺 그림4-9 커먼레일 엔진의 기본적인 연료분사량과 진각특성

■ 2. HEUI형 커먼레일 시스템

　HEUI 형 커먼레일 시스템은 엔진 오일의 작동 유압을 이용하여 가압하는 방식으로 그
구성 시스템은 그림(4-10)과 같다. HEUI(Hydraulically actuated Electronically
controlled Unit Injector)의 약어로 우리말로 표현하면 유압을 작동하기 전기적으로 제
어하는 전자 제어 유압 작동식이다.

🔺 사진4-7 고압펌프   🔺 사진4-8 커먼레일 엔진

이 방식은 엔진 오일을 어느 이상 가압하여 커먼레일에 축압하고 인젝터 내의 증압 피스톤을 이용 연료를 실제 분사압 까지 높여 분사하는 방식이다. 이 방식은 고압 펌프를 이용하여 엔진 오일을 20MPa(약 200kg/㎠) 정도 가압하고 가압된 압력을 인젝터 내의 증압 피스톤을 이용하여 7배 정도 압력을 증압해 연료를 분사하도록 되어 있다.

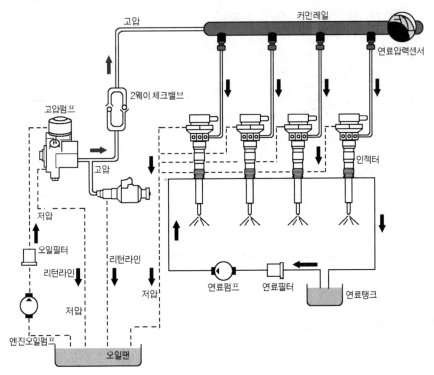

그림4-10 커먼레일 시스템(HEUI형)

따라서 인젝터의 구조는 그림 (4-11)과 같고, 내부 구조는 그림 (4-12)의 (b)와 같다. 연료 분사의 작동 원리는 그림 (4-12)의 (a)같이 엔진 오일로부터 펌핑된 오일은 고압 펌프를 통해 가압되고 가압된 오일은 커먼레일(축압실)로 보내진다. 이렇게 보내진 엔진 오일은 그림 (4-12)의 (b)와 같이 엔진 오일 입구로 가압되고, 가압된 압력은 솔레노이드 밸브에 의해 개반되어 증압 피스톤 A1측(저압측)에 작용하게 된다.

이때 증압 피스톤 A2 측(고압측) 압력 P2가 작용하게 된다. 결국 저압 피스톤과 고압 피스톤의 압력 관계는 P1· A1 = P2· A2 를 갖게 된다. 따라서 저압측 피스톤 면적 A1보다 고압측 피스톤의 면적을 7배로 하면 P1 · 7 · A2 = A2· P2로 나타낼 수 있다.

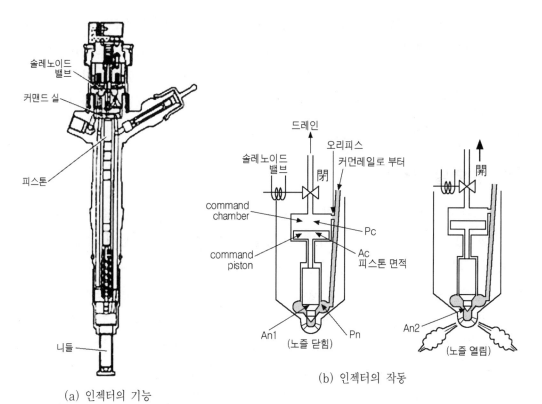

（a) 인젝터의 기능

（b) 인젝터의 작동

🔵 그림4-11 인젝터의 구조와 작동

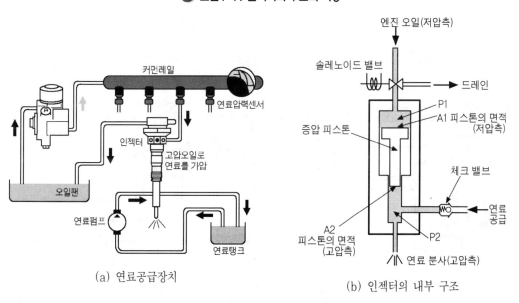

（a) 연료공급장치

（b) 인젝터의 내부 구조

🔵 그림4-12 연료공급장치와 인젝터의 내부 구조(HEUI형)

만일 저압 피스톤측에 20PMa의 압력이 작용하게 되면 고압측 피스톤에는 140MPa의 증압되어 연료가 분사하게 되는 셈이다. 이 방식은 구조는 다소 복잡하여도 솔레노이드 밸브에 가압하는 압력을 낮게 할 수 있는 특징이 있다. 그러나 엔진 오일에 의해 가압하고 있어 엔진 오일의 점도를 철저히 관리하여야 하는 단점이 있다. 따라서 이 방식은 그다지 많이 적용하지 않고 있는 시스템이다.

3. 커먼레일 시스템

일반적인 커먼레일 시스템은 엔진 오일의 작동 유압을 이용하여 가압하는 HEUI형 커먼레일 방식과 달리 연료를 직접 가압해 분사하는 방식으로 구조가 간단해 현재 주류를 이루고 있는 방식이다. 이 방식의 구성은 그림 (4-13)과 같이 크게 나누어 연료 공급부와 제어부로 구분하여 볼 수 있다. 연료 공급부의 구성은 연료 탱크와 고압 펌프, 그리고 축압실인 커먼레일과 인젝터로 구성되어 있다. 이 방식은 HEUI형과 달리 고압 펌프로부터 연료를 직접 가압하고 있는 것을 볼 수 있다. 따라서 연료 펌프로부터 토출된 연료 탱크의 연료는 고압 펌프를 통해 직접 커먼레일(축압실)로 가압하게 된다.

또한 엔진의 회전 속도에 따라 분사 압력이 변화하지 않도록 레일 압력 조절 밸브와 레일 압력 센서를 설치하여 제어하도록 하고 있다.

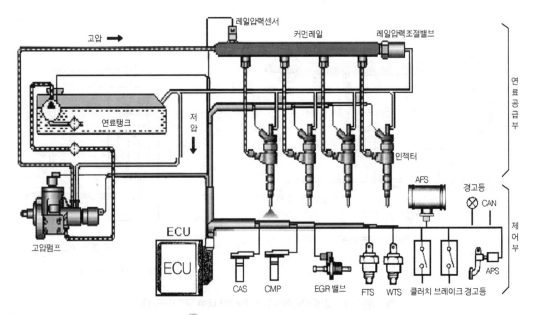

▲ 그림4-13 커먼레일 시스템 구성

이것은 분사 압력이 엔진의 회전 속도와 부하에 좌우되지 않고 일정하게 제어 할 수 있게 하기 위함이다. 특히 분사 압력은 연료의 분사량과 비례 관계를 가지고 있어 엔진의 회전 속도나 부하에 따라 분사 압력을 제어하여 주지 않으면 안된다. 결국 커먼레일 엔진은 필요할 때 필요한 분사 압력과 분사량을 얻을 수 있는 시스템이라 할 수 있다. 따라서 기존의 인젝션 방식의 디젤엔진과 달리 저속 상태에서도 높은 분사 압력을 얻을 수 있어 안정적인 연료 분사량을 제어 할 수 있다.

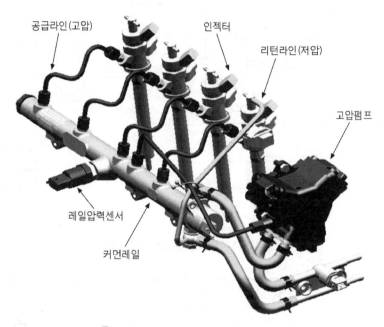

그림4-14 커먼레일의 연료공급 시스템

연료 공급 장치의 연료 공급 라인은 대표적으로 그림 (4-15)와 같이 구성되어 있다. 연료 공급은 연료 펌프의 작동에 의해 토출된 연료는 연료 필터를 통해 고압 펌프로 압송 된다. 연료 펌프로부터 토출된 토출압은 보통 6.5 ~ 8.5(bar) 정도로 가압되어 고압 펌프로 보내지고 규정압 이상이 되면 오버 플로우(over flow valve)를 통해 연료 탱크로 순환하게 된다.

커먼레일 엔진은 연료를 미립화 하기 위해 인젝터 노즐 지름을 아주 작게 만들고 있어 연료의 정도를 유지하기 위해 연료 필터의 기능도 대단히 중요하다.

따라서 연료 필터는 연료의 온도 변화에 의한 수분 함량과 슬러지(sludge : 침전물)를

제거하는 기능을 가지고 있다. 특히 경유는 온도가 낮아지면 주위의 공기 응축으로 수분을 함유 할 수 있으므로 연료 필터에는 별도의 수분 저장고를 설치하고 있다.

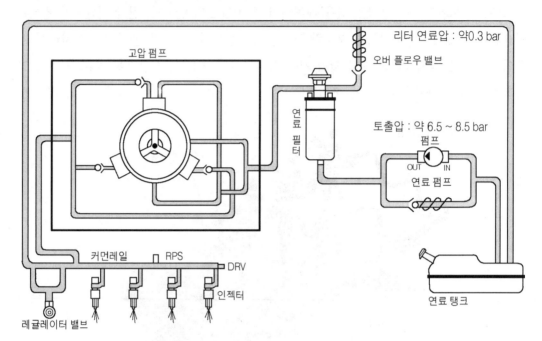

리터 연료압 : 약0.3 bar

오버 플로우 밸브

고압 펌프

연료 필터

토출압 : 약 6.5 ~ 8.5 bar

펌프

OUT   IN

연료 펌프

커먼레일   RPS

DRV

인젝터

레귤레이터 밸브

연료 탱크

그림4-15 커먼레일 엔진의 연료공급장치

사진4-9 연료펌프

사진4-10 연료필터

연료 필터를 통과한 연료(6.5 ~ 8.5 bar)는 고압 펌프를 통해 약 1350 bar 정도로 가압되어 커먼레일로 축압하게 된다. 고압 펌프는 레이디얼 펌프(radial pump) 방식으로 엔진의 캠축과 연결되어 엔진이 회전하는 동안 연료 분사 압력은 커먼레일(축압실)에 축압하게 되고, 축압된 분사 압력은 인젝터의 솔레노이드 밸브가 작동하는 시간 동안 분사하게 된다. 고압 펌프의 토출압은 엔진 회전수에 따라 표 (4-2)예와 같다.

펌프 회전수	작동 압력(bar)	작동온도(℃)	일율(KW)	비고
[표4-2] 고압펌프의 규격(예)				
1700rpm	1350	70℃	3.6KW	평상시 회전수
3000rpm	max 1450			엔진 1회전당 1/2

고압 펌프의 구조는 그림 (4-16)과 같이 펌프 피스톤이 120° 간격으로 설치되어 있고 중앙에는 펌프 피스톤을 구동하는 켐이 설치되어 있다. 펌프를 구동하는 켐은 엔진의 캠축과 연결되어 있어 엔진이 회전하는 동안 캠축이 회전하여 펌프 피스톤을 작동하도록 되어 있다. 엔진이 회전을 개시하면 연료 펌프를 통해 공급된 연료는 연료 흡입측(저압 라인)으로 흡입돼 캠축의 1회전당 3회의 연료 이송이 일어난다.

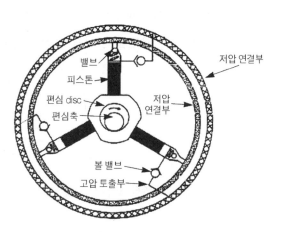

🔺 그림 4-16 고압연료펌프

🔺 사진4-11 레일압력센서의 측정

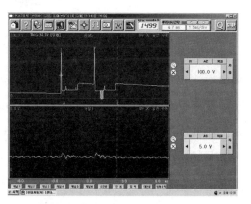

🔺 사진4-12 RPS, INJ파형의 측정

157

이때 피스톤의 냉각과 윤활은 공급 연료를 통해 이루어진다. 펌프 피스톤이 작동하면 연료는 피스톤에 의해 가압되고 가압된 연료는 연료 공급측(커먼레일측)으로 가압되어 커먼레일로 가압하게 된다. 펌프 피스톤의 작동은 하나의 엔진과 같이 내부 캠이 회전해 BTDC(상사점전)에 연료를 흡입하고 TDC(상사점) 지점에서 연료를 가압해 출구 밸브가 닫힐 때 까지 연료 공급측으로 압송하게 된다. 이렇게 압송된 연료는 그림 (4-15)와 같이 커먼레일의 고압측 연료 공급 라인으로 보내지게 된다.

커먼레일(common rail)의 구조는 그림 (4-17)과 같이 고압 연료부의 연료 공급측과 각 인젝터를 연결하는 연결구와 연료를 리턴시키는 저압 연료부로 이루어져 있다. 이 커먼레일에는 레일의 압력이 엔진의 회전수에 따라 일정하게 유지될 수 있도록 레일 압력 센서와 레일 압력 조절 밸브를 설치하여 두고 있다.

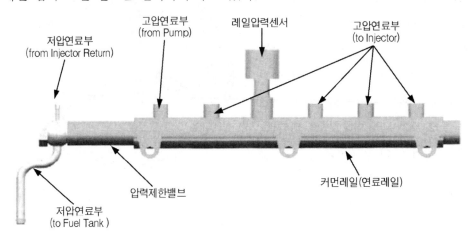

🔺 그림4-17 커먼레일의 구조

커먼레일의 압력은 정확한 연료를 분사하기 위해 중요한 요소 중에 하나로 피드백(feed back) 제어를 통해 연료를 공급할 수 있도록 한다. 엔진의 회전수나 부하에 따라 변화하는 레일의 압력을 RPS(Rail Pressure Sensor : 레일 압력 센서)가 검출하고 검출된 신호는 ECU(컴퓨터)로 보내 일정 압력이 유지되도록 압력 조절 밸브를 듀티 제어한다.

커먼레일의 압력이 규정압 보다 높으면 ECU의 듀티 제어값에 따라 압력 조절 밸브를 열어 압력을 낮추고 가압된 공급 연료는 리턴 라인(return line)을 리턴시킨다. 반면 커먼레일의 압력이 낮으면 압력 조절 밸브는 닫혀 커먼레일(축압실)로 규정압이 이룰 때까지 축압하게 된다.

사진4-13 고압펌프

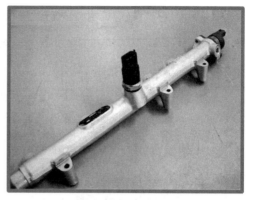

사진4-14 커먼레일

이렇게 축압된 연료는 모든 인젝터에 일정한 압력으로 작용하게 돼 인젝터의 개반시 연료량이 압력에 의해 변화하지 않도록 한다. 연료를 분사하는 인젝터의 구조는 그림 (4-18)과 같이 전기적으로 구동되는 코일과 코어 밸브(솔레노이드 밸브)와 연료 분사 노즐로 구성되어 있다. 또한 고압 연료 라인을 통해 공급된 연료는 오리피스(작은 구멍)를 통해 컨트롤 체임버(control chamber) 보내져 솔레노이드 밸브가 작동 할 때 규정압이 유지되도록 볼 밸브(ball valve)가 작동해 연료를 리턴하게 된다.

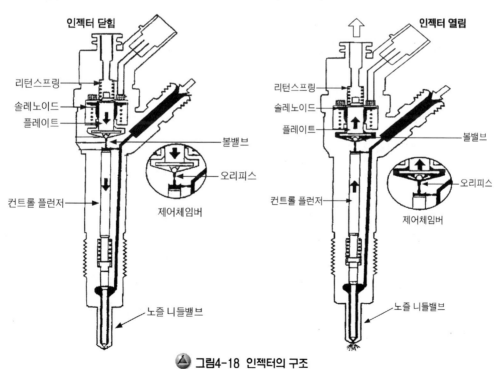

그림4-18 인젝터의 구조

솔레노이드 밸브(코일과 코어 밸브)가 작동해 밸브가 열리면 그림 (4-18)의 (b)와 같이 니들 밸브(needle valve)는 상측으로 이동해 열리게 되고, 가압된 연료는 니들 밸브를 통해 분사하게 되는 구조를 가지고 있다.

따라서 인젝터는 전회전 영역에서 일정한 분사압을 얻을 있어 솔레노이드 밸브의 제어를 통해 정확한 분사량을 제어할 수 있다. 또한 ECU(컴퓨터)는 인젝터의 파일럿(pilot) 분사를 통해 연소 효율을 향상하여 연비와 배출 가스를 크게 개선할 수 있게 한다. 여기서 말하는 파일럿 분사라는 것은 연료 분사를 나누어 분사하는 것으로 예비 분사를 의미하는 말이다. 이것은 엔진이 압축 행정에 있을 때 주분사를 하기 전에 소량의 분사를 미리 하는 것으로 분사기간 중 짧은 정지 기간을 갖는 것을 말한다.

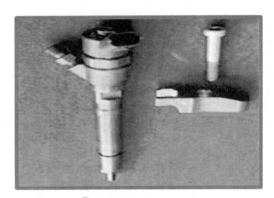

▲ 사진4-15 인젝터(A형)

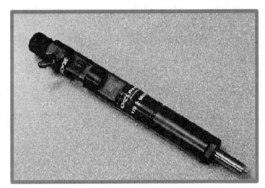

▲ 사진4-16 인젝터(B형)

이렇게 파일럿 분사를 하게 되면 주분사의 착화 지연이 단축되어 연소 효율이 향상되고, 연료의 혼합 비율이 감소 돼 NOx(질소산화물)을 저감 할 수 있다. 또한 디젤엔진이 갖고 있는 고유의 탁음을 크게 감소하는 효과를 얻을 수 있다.

이와 같은 이유로 커먼레일 시스템의 제어부는 그림 (4-19)와 같이 출력측은 인젝터와 레일 압력 조절 밸브, 그리고 기타 EGR 밸브, 연료 펌프 릴레이로 구성되어 있다.

또한 입력측에는 운전 조건에 따라 연료 분사량이 결정하도록 브레이크 SW, CAS 센서, TDC 센서, 레일 압력 센서, 액셀 포지션 센서, AFS 센서 등이 있다.

가솔린 엔진의 경우 연료 분사량을 결정하는 기본적인 센서는 AFS 센서와 엔진 회전수이지만 커먼레일 엔진의 경우는 가솔린 엔진과 달리 액셀 포지션 센서와 엔진 회전수를 검출하는 CAS 센서에 의해 기본 분사량이 결정된다.

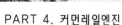

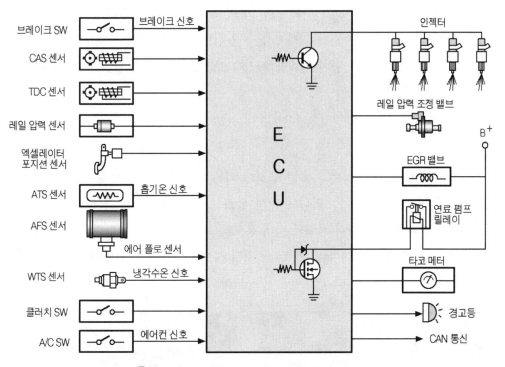

그림4-19 커먼레일 엔진 시스템의 입출력 구성

사진4-17 인젝터 파형의 측정

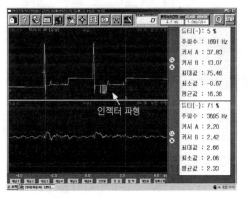

사진4-18 커먼레일의 인젝터 파형

여기서 사용되는 AFS 센서는 공연비를 보정하기 위한 보정용 센서로 사용된다. 이것은 디젤엔진이 자기 착화를 이용, 연소하는 방식으로 혼합비를 제어하는 가솔린 엔진과 다르기 때문이다. 또한 엔진의 회전 변동에 의해 각 실린더간에 분사량의 밸런스를 유지하기 위해 커먼레일에는 레일 압력 센서와 레일 압력 조절 밸브를 설치하고 있다. 이것은 기통간 분사량의 밸런스를 보정하기 위해 레일 압력 센서 신호를 입력하고 있다.

그 밖에 클러치 스위치는 클러치 해제시 충격 감소를 위한 보정 신호로 사용되며, 에어컨 스위치는 가솔린 엔진과 같이 아이들 회전수 보정을 위해 연료량을 보정 할 수 있도록 입력하고 있는 신호이다.

4. 예열장치

디젤엔진은 냉간시 시동성이 가솔린 엔진에 비해 현저히 떨어져 연료 라인에 예열 플러그를 설치해 가열하고 있다. 그러나 여기서 말하는 예열 장치는 냉간 시동성을 향상하기 위한 예열 장치와 달리 냉간시 차량의 실내 온도를 조기에 난방하기 위한 히터(heater) 장치이다. 따라서 이 프리 히터(예열 장치)의 구성은 냉각수 온도를 가열하는 가열 플러그와 가열 플러그를 제어하는 히터 컨트롤로 구성되어 있다.

🔺 사진4-19 프리히터 ASS'Y

🔺 사진4-20 프리히터 컨트롤러

가열 플러그는 그림 (4-20)과 같이 엔진으로부터 히터 코어(heater core)로 들어오는 냉각수의 중간 에 장착되어 냉각수를 가열하도록 설치되어 있다. 외기 온도가 낮으면 ECU (컴퓨터)는 가열 플러그의 릴레이를 일정 시간 동안 구동하여 히터 코어로 유입되는 냉각수를 가열하여 조기 난방이 가능하도록 하는 방식이다.

가열 플러그는 그림 (4-20)과 같이 알루미늄 금속 케이스에 히터(heater)를 설치하여 냉각수를 가열한다. 보통 히터는 1개의 소모 전력이 약 300 (W) 정도로 히터 작동시 약 1(KW) 정도가 소모된다. 히터의 작동은 WTS 센서(냉각 수온 센서)의 냉각수 온도 검출 신호를 바탕으로 엔진 ECU는 약 65℃ 이하시 작동하도록 히터 릴레이를 작동한다.

반대로 냉각수온이 약 65℃ 이상이 되면 히터 릴레이를 자동 차단하도록 되어 있다. 이 예열 장치는 차량 제조사에 따라서 냉각수 온도를 직접 연소해 가열하는 연소식 히터 장치를 사용하는 경우도 사용되고 있다.

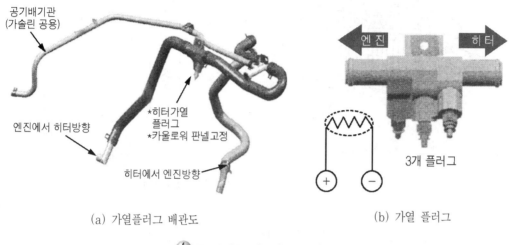

(a) 가열플러그 배관도

(b) 가열 플러그

그림4-20 예열장치 배관도(예)

3. 구성 부품의 기능과 특성

1. 입력 회로 부품

(1) 액셀 포지션 센서(APS 센서)

커먼레일 엔진은 자기 착화에 의해 혼합기를 연소하고 있어 가솔린 엔진과 같이 TPS 센서를 사용하지 않고 APS 센서(액셀 포지션 센서)를 사용하고 있다. 이 센서는 운전자의 가속 의지를 검출하는 센서로 연료의 분사량과 분사시기를 결정하는데 사용하고 있다. APS 센서의 구조는 그림 (4-21)과 같이 포텐쇼 미터(potentio-meter)를 내장하고 샤프트(중심축)의 회전에 따라 저항값이 변화하는 가변 저항을 2개 내장하고 있는 구조를 가지고 있다. 이 가변 저항은 샤프트(중심축)가 회전함에 따라 서로 대칭으로 저항값이 변화하도록 VR1 가변 저항과 VR2 가변 저항이 작동하는 구조를 가지고 있다.

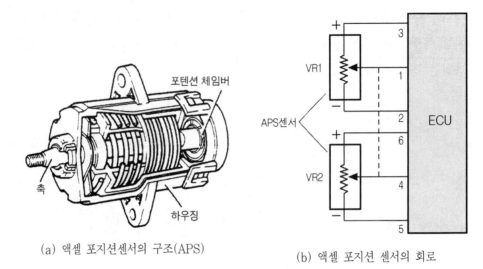

(a) 액셀 포지션센서의 구조(APS)

(b) 액셀 포지션 센서의 회로

🔺 그림4-20 액셀 포지션센서의 구조와 입력회로

VR1 가변 저항은 APS-1센서의 메인 센서로 사용되며, VR2 가변 저항은 APS-1 센서의 이상 여부를 검출 하는 보조 센서로 사용되고 있다.

이것은 APS-1 센서의 이상시 VR2 가변 저항, 즉 APS-2 센서는 예비 센서로 절환되어 급출발이나 주행 불능 상태를 방지 할 수 있도록 하기 위한 것이다.

APS 센서의 출력은 가변 저항의 변화에 의한 전압값으로 보통 표 (4-3)과 같이 아이들 시 0.6V ~ 0.9V에서 5500rpm시 3.6 ~4.6V 정도이다.

[표4-3] APS의 출력 특성표(예)				
APS 센서	엔 진	액셀 개도	출력 전압	비고
APS-1	아이들 상태	0%	0.6~0.9V	※APS-1과 APS-2 의 출력값은 서로 대칭
APS-2	고속 회전	100%	3.6~4.6V	

(2) 크랭크 각 센서(CAS 센서)

CAS센서(크랭크 각 센서)는 크랭크 축의 회전수를 검출하는 센서로 보통 실린더 블록의 크랭크 축 부위에 설치되어 있다. 이 센서는 홀 효과를 이용한 방식과 전자 유도 현상을 이용한 방식을 사용하고 있으나 이 책에서는 그림 (4-22)와 같이 전자 유도 현상(마그네틱 픽 업 방식)을 이용한 센서에 대해 기술하도록 하겠다. 전자 유도 유도 현상(마그네틱 픽 업 방식)을 이용한 센서는 그림 (4-22)의 (a)와 같이 내부에 영구 자석이 설치되어 있는 코어(core)에 코일을 감아 놓은 구조를 가지고 있다.

이 센서의 설치 부위는 톱니(돌기)가 있는 곳에 설치되어 돌기의 회전에 따라 자속이 변화하여 발생하는 전자 유도 기전력을 검출하는 방식이다. CAS 센서가 검출하는 크랭크 축의 돌기가 60개 이면 엔진 1회전당 60개의 정형파가 그림 (4-22)와 같이 발생하게 돼 크랭크 축의 회전각을 검출 할 수 있는 센서이다.

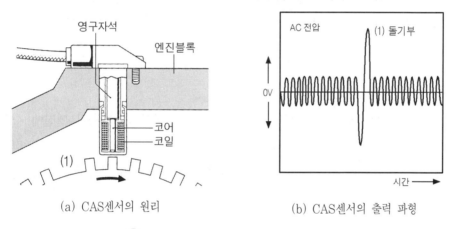

(a) CAS센서의 원리   (b) CAS센서의 출력 파형

그림4-21 마그네틱 픽업식 크랭크각 센서

이와 같은 방법으로 TDS 센서는 캠축에 설치되어 1번 실린더의 압축 상사점을 검출하고 있다.

CAS 센서의 출력 값은 표 (4-4)와 같이 픽업 코일의 저항값은 상온시 약 860Ω 정도이며 출력 전압은 아이들시 최소 1.6V 이상이어야 한다.(이 센서의 규격은 자동차 제조사에 따라 다소 차이가 있음으로 여기서는 표 4-4는 참고하기 바란다)

[표4-4] CAS센서의 규격

항 목	규 격	비 고
코일 저항	860Ω±10%(상온시)	air gap : 0.5~1.5mm
출력 전압	min 1650mV	

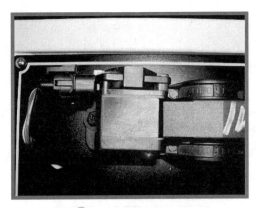

🔺 사진4-21 APS 센서

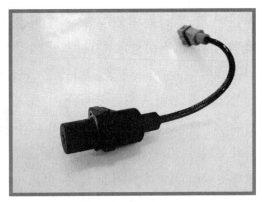

🔺 사진4-22 CAS센서

(3) 에어 플로 센서(AFS센서)

커먼레일 엔진에서 사용되는 AFS 센서(에어 플로 센서)는 가솔린 엔진에 사용하는 AFS 센서와 달리 EGR(배기가스 재순환)을 피드백 제어하기 위해 공기유량을 검출하는 센서이다. 여기에 사용되는 센서의 구조는 그림(4-23)과 같이 가솔린 엔진에 사용되는 핫 필름 방식의 AFS 센서와 유사한 구조를 가지고 있다.

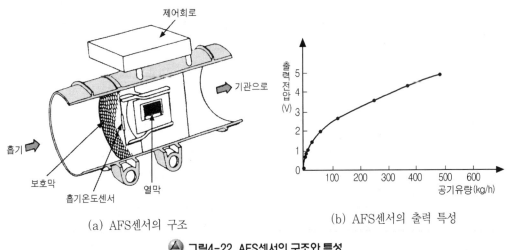

(a) AFS센서의 구조

(b) AFS센서의 출력 특성

🔺 그림4-22 AFS센서의 구조와 특성

핫 필름 AFS 센서의 구조를 살펴보면 내부에는 핫 필름 센서와 흡기 온도를 검출하는 ATS 센서(흡기온 센서)가 내장되어 있다. 핫 필름 센서는 공기류량을 검출하는 센서로 검출 전압을 출력하고, ATS 센서는 연료 분사시 흡기 온도 보정 신호를 검출하는 센서로

NTC형 서미스터 센서이다. 핫 필름 AFS 센서의 출력 특성은 그림 (4-23)의 (b)와 같이 흡입 공기량의 증가에 따라 출력 전압이 증가하는 특성을 가지고 있다.

[표4-5] 핫 필름 AFS센서의 출력				
항 목	공급 전압(Vb)	기준전압(Vref)	출력전압(Vout)	비고
아이들시	8 ~ 15V	5V ± 0.2V	1.7 ~ 2.2V	제조사에 따라
3000rpm	8 ~ 15V	5V ± 0.2V	3.0 ~ 3.3V	다소 차이가 있음

(4) 연료 온도 센서(FTS센서)

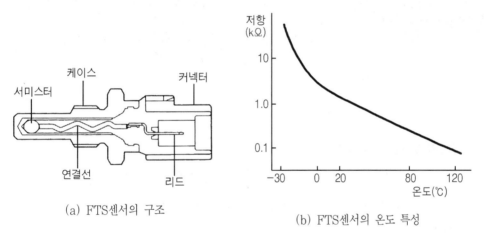

(a) FTS센서의 구조

(b) FTS센서의 온도 특성

🔺 그림4-24 연료온도센서의 구조와 특성(FTS 센서)

FTS 센서(연료 온도 센서)는 온도에 따른 연료 밀도를 보정하기 위해 사용하는 NTC형 서미스터 센서이다. FTS 센서의 구조는 수온 센서의 구조와 같이 내부 케이스 온도를 검출하는 서미스터 소자를 삽입하여 전선을 리드선과 연결하여 놓은 센서이다.

이 센서는 온도에 의해 변화하는 연료 밀도를 검출하기 위해 연료 펌프와 고압 펌프 사이에 설치하거나 또는 연료 필터에 설치하여 연료 온도를 검출하고 있다. 센서의 출력 특성은 온도가 상승하면 저항값이 낮아지는 NTC형 서미스터 센서를 이용한 것으로 그 출력 특성은 그림 (4-24)의 (b)와 같이 온도가 상승하면 출력 전압값이 비례하여 낮아지도록 되어 있다.

온도	0℃	20℃	40℃	60℃	100℃
출력전압	3.7 ~ 4.3V	3.2 ~ 3.6V	2.4 ~ 3.0V	1.8 ~ 2.4V	1.0 ~ 1.5V

[표4-6] FTS센서의 규격

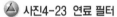

사진4-23 연료 필터

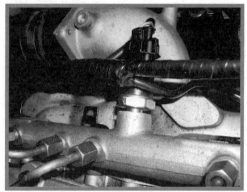

사진4-24 커먼레일의 압력센서

(5) 레일 압력 센서(RPS센서)

RPS 센서(레일 압력 센서)는 커먼레일의 분사 압력을 검출하여 레일 압력을 조절하도록 하는 중요한 센서이다. 커먼레일 엔진은 연료의 기본 분사량 결정을 APS 센서와 CAS 센서가 결정하고 있지만 인젝터의 연료 분사량은 노즐의 지름과 분사 압력에 의해 결정되어지므로 엔진의 회전수에 따라 커먼레일의 압력을 제어하는 것은 대단히 중요하다.

RPS 센서의 구조는 그림 (4-25)와 같이 압력을 검출하는 다이어프램과 센서 엘리먼트(sensor element)로 구성되어 있다. RPS 센서에 압력이 작용하면 압력은 다이어프램을 눌러 센서 엘리먼트에 작용하게 된다. 이 센서 엘리먼트는 피에조 압전 효과를 이용한 센서로 압력은 전기 신호로 출력 돼 내부 필터 회로와 증폭 회로를 통해 RPS 센서 신호는 출력하게 된다. 이 센서의 출력 특성은 그림 (4-25)의 (b)와 같이 압력에 대해 선형적인 출력 특성을 가지고 있다. 센서의 출력값은 제조사에 따라 차이는 있지만 보통 아이들시 약 1.0V 정도 출력하며 레일 압력이 최대 160(MPa) 정도일 때 출력은 약 4.5V 정도 출력되도록 되어 있다.

또한 센서의 연료 압력에 대한 출력 전압 환산식은 다음과 같이 나타낼 수 있다.

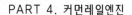

따라서 이 식을 통해 센서의 출력 전압을 알면 센서의 연료 압력을 알고, 센서의 압력을 알면 센서의 출력 전압을 산출할 수가 있다.

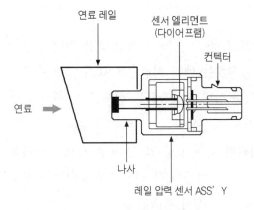

(a) 레일압력센서의 구조

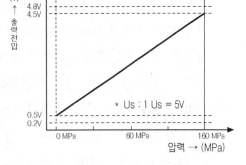

(b) 레일압력센서의 출력 특성

🔺 그림4-25 레일 압력 센서의 구조와 특성

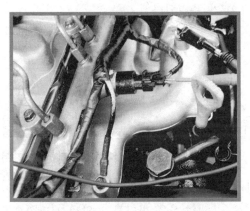

🔺 사진4-25 레일압력센서의 측정

🔺 사진4-26 정지시 RPS센서의 전압

(6) 그 밖에 입력 센서

① WTS 센서 (수온 센서) : 초기 시동성 제어 나 냉각수 제어를 보정하기 위해 냉각수 온도를 검출하는 NTC형 서미스터 센서이다. 보통 WTS 센서의 출력값은 표 (4-7)과 같다.

[표4-7] WTS센서의 규격				
온도	0℃	40℃	60℃	100℃
센서 저항	5.8kΩ	1.1kΩ	590Ω	180Ω

② **차속 센서** : 차량의 속도를 검출하는 센서로 보통 트랜스미션의 드리븐 기어에 장착되 차량의 속도 정보를 검출한다. 이 센서 신호는 엔진 회전수에 대해 차량 속도가 설정치 내에 있는지를 검출하여 차량의 부하 상태를 검출하는 센서로 이 센서를 토대로 엔진의 연료 분사량을 보정하는 센서로 사용된다.

③ **브레이크 SW** : 제동시 연료 분사량을 보정하여 갑자기 증가되는 배출 가스를 제어하기 위해 사용하는 입력 센서이다. 브레이크 스위치를 입력 신호로 사용하는 센서로 브레이크 ON시 → 0V, 브레이크 OFF시 → 12V가 출력된다.

④ **클러치 SW** : 수동 변속기 차량에 해당하는 센서로 클러치가 연결된 상태인지, 차단상태 인지를 검출하여 연료 분사량을 보정하기 위해 사용되는 센서이다. 이 센서는 클러치 ON시 → 0V, 클러치 OFF시 → 12V가 출력된다.

2. 출력 회로 부품

(1) 인젝터

커먼레일 엔진은 연소 효율을 높이기 위해 인젝터의 분사 압력을 높이고, 인젝터의 노즐 지름을 매우 작게 해 연료를 미립화하고 있다. 또한 인젝터의 응답성을 향상하여 정밀하게 제어하기 위해 공급 전류를 크게 하고 있다. 실제 인젝터이 공급 전류는 그림 (4-26)과 같이 약 20A 정도의 대전류로 코일의 발열에 의한 손상을 방지하기 위해 계단형으로 전류를 제어하고 있다.

초기 인젝터의 구동 전류를 풀인(pull in) 전류라 하며, 풀인 전류가 흘러 인젝터 밸브가 열리면 전류를 감소해 유지 전류(hold in) 전류를 흐르게 하는 계단형 전류를 제어한다. 인젝터의 밸브가 열리면 분사 압력은 그림 (4-26)과 같이 일시적인 맥동압과 함께 감소하게 되며 맥동압이 종료되면 이후 정상압을 유지하게 된다. 일시적인 맥동압 감소는 커먼레일에 가해지는 압력과 크게 차이가 없어 실제 연료를 공급하는 분사량은 크게 차이가 나지 않는다.

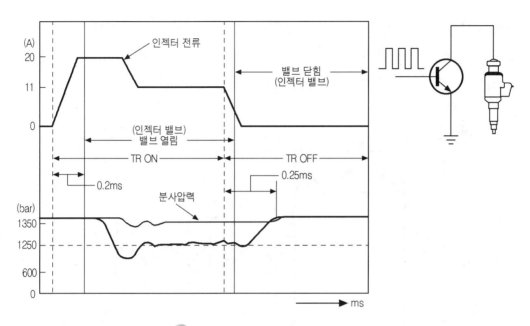

그림4-26 인젝터의 분사 개시 특성

항 목	코일 저항	풀인 전류	유지 전류	규정압
[표4-8] 인젝터의 규격				
규격	0.36Ω±0.06	max 21A	min 11A	1350 bar

사진4-27 커먼레일의 연결구

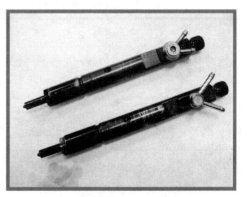

사진4-28 커먼레일 인젝터

그림 (4-27)은 인젝터의 전류 제어를 세부적으로 나타낸 것으로 약 20A의 풀인(pull in) 전류를 흘려준 후 약 10A 정도의 홀인(hold in) 전류를 흘려 인젝터 밸브를 유지하

도록 제어한다. 이 전류 제어는 ECU(컴퓨터)가 APS 센서와 CAS 센서를 기준으로 연료 분사량을 결정하여 전류 파형의 시간을 제어하게 된다. 여기서 홀인 전류와 조정 전류는 인젝터 코일을 보호하기 전류값을 제어하기 위한 전류이다.

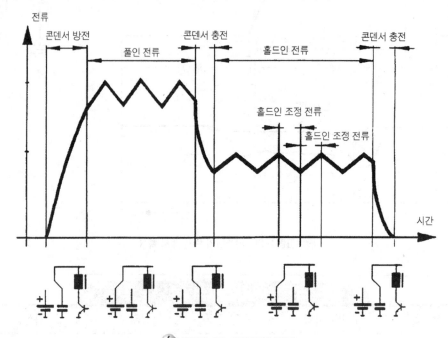

⚠ 그림4-27 인젝터의 전류

[표4-9] 인젝터의 분사압력				
항 목	시동시 압력	작동 압력	리턴 압력	비 고
분사압력	100bar	250~1350bar	0.2~0.6bar	

⚠ 사진4-29 인젝터 밸브의 절개품

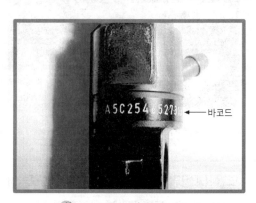

⚠ 사진4-30 인젝터의 바코드

(2) 레일 압력 조절 밸브

레일 압력 조절 밸브는 커먼레일의 연료 압력을 일정하게 유지하기 위한 압력 레귤레이터 기능을 가지고 있어 일명 압력 레귤레이터라 부른다. 또한 엔진의 회전수나 부하 변동에 의해 변화하는 레일의 압력을 레일 압력 센서로부터 입력 받아 피드백 제어하는 기능을 가지고 있다.

따라서 레일 압력 조절 밸브의 구조는 그림 (4-28)과 같이 레일 압력을 조절하기 위한 볼 밸브(압력 체크 밸브)와 피드백 제어를 하기 위한 솔레노이드 밸브를 가지고 있다.

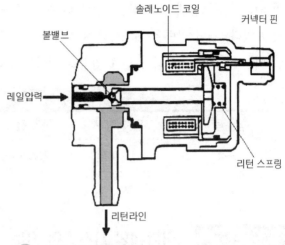

그림4-27 레일압력조절밸브(압력레귤레이터)의 구조

작동 원리는 커먼레일이 너무 높으면 레일 압력이 리턴 스프링의 힘을 이기고 연료의 일부는 볼 밸브를 통해 리턴 라인으로 보내져 레일 압력을 낮추는 기능을 한다. 또한 레일 압력 센서의 신호를 기준으로 ECU(컴퓨터)는 레일 압력 조절 밸브를 듀티 제어한다. 냉각수 온도가 낮거나 배터리 전압이 낮은 경우, 연료 온도가 높은 경우에도 레일 압력을 보정하기 위해 레일 압력 조절 밸브를 듀티 제어하는 기능을 한다.

사진4-31 레일압력 조절밸브

사진4-32 장착된 압력조절밸브

전자제어장치 & 실습

레일 압력 조절 밸브의 작동 규격은 표 (4-10)의 예와 같이 동작 전류는 약 2.5A 정도되며 ECU(컴퓨터)에 의해 작동되는 듀티 제어 주파수는 1(KHz) 이하의 낮은 동작 주파수를 갖고 있다. 제어 압력은 제조사의 차종에 따라지만 엔진 회전수가 700 ~ 2000rpm 정도일 때 1450(bar) 이하의 연료 압력을 제어하도록 레일 압력 조절 밸브는 작동한다.

[표4-10] 레일압력조절밸브 규격

항 목	코일 저항	동작 전류	동작 주파수	리턴 압력
규격	2.3Ω ± 0.23	2.5A이하	1 kHz 이하	1 bar 이하

 ## 4 커먼레일 시스템의 기능

1. 연료 분사 제어

디젤엔진의 가장 문제가 되는 유해 배출 가스는 PM(입자상 물질)과 NOx(질소산화물)이다. 그러나 PM(입자상 물질)은 완전 연소하도록 하면 연소 온도에 의해 오히려 NOx는 증가하는 상반되는 관계를 가지고 있다. 이러한 모순 된 관계를 해결하기 위해 커먼레일 엔진을 이용 연료를 미립화하여야 한다. 그러나 연료를 미립화하기 위해 연료를 고압으로 가압하면 연소실의 국부석으로 증가해 오히려 NOx가 증가하는 결과를 가져 올 수가 있다. 따라서 연료를 고압화와 함께 연료를 미립화하기 위해 인젝터의 노즐 지름을 매우 작게하여 제어하여야 한다.

이와 같이 커먼레일 엔진의 가장 중요한 기능은 연료 분사를 어떻게 제어하느냐가 자장 핵심 포인트라 할 수 있다. 또한 커먼레일 엔진은 연료를 미립화하기 위한 레일압 제어, NOx를 제어하기 위한 EGR 제어 등의 기능을 가지고 있다.

(1) 연료 분사 제어

커먼레일 엔진의 기본 연료 분사량을 결정하는 입력 정보는 운전자의 가속 의지를 검출하는 APS 센서와 엔진의 회전수를 검출하는 CAS 센서이다. 엔진 ECU는 APS 센서의 신호를 기준으로 운전자의 가속 정도를 산출하고, 엔진 회전수 신호를 기준으로 기본 연료

174

분사량을 결정한다. 이때 가솔린 엔진과 같이 TDC 센서 혹은 CMP 센서는 1번 실린더를 검출 해 점화 수순을 결정하기 위해 사용된다.

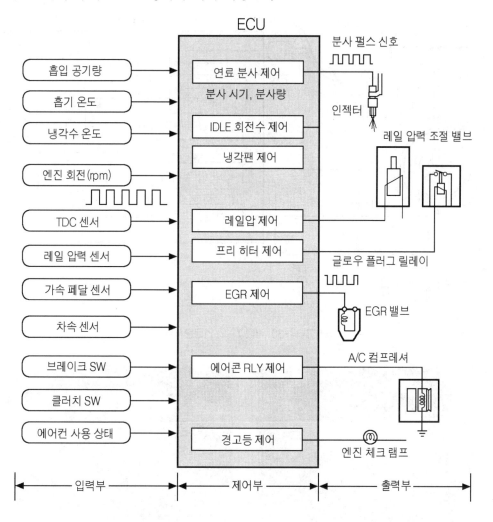

그림4-29 커먼레일 시스템의 입출력 구성

실제 커먼레일 엔진의 연료 분사는 그림 (4-30)과 같이 APS 센서와 CAS 센서를 기준으로 연료량을 결정하고 냉각수 온도를 검출하는 WTS 센서 및 흡입 공기량을 검출하는 AFS 센서 기준으로 연료 분사량을 보정하고 있다. 이때 연료 분사량을 보정하는 보정 계수는 ECU(컴퓨터)내에 미리 설정된 맵핑 데이터에 의해 실제 연료 분사량을 결정하고 연료를 분사 할 시간과 시기를 연산하여 인젝터를 구동하게 된다. 이때 커먼레일 엔진의

독특한 분사 방식은 파일럿 분사(pilot injection : 예비 분사)와 주 분사(main injection)를 하고 있다.

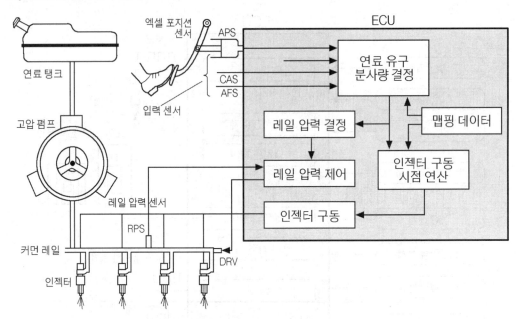

🔺 그림4-30 커먼레일의 연료분사제어

🔺 사진4-33 커먼레일 ECU

🔺 사진4-34 AFS 센서

파일럿 분사는 우리말로 표현하면 주분사 전에 미리 예비로 소량을 분사하는 것을 말하는데 이것은 주분사 전에 짧은 정지 기간을 두어 주분사의 착화 지연에 따른 디젤엔진의 탁음을 줄이기 위함이다. 또한 파일럿 분사를 통해 혼합비를 감소시켜 NOx를 줄이기 위한 목적도 있다. 그러나 파일럿 분사로 NOx를 감소시키는 정도에 비해 연비를 악화시키는 경향도 배제 할 수가 없다. 따라서 질소 산화물을 감소하기 위해 주 분사 후에 포스트 분사(post injection : 사후 분사)를 하도록 제어하고 있다. 포스트 분사(사후 분사)는 최소 연소량을 산출해 동시에 20(ms) 추가 분사하는 것으로 연소실의 연소 온도 낮추어 NOx를 줄이는 효과가 있다.

이와 같이 커먼레일 엔진은 디젤엔진이 가지고 있는 고유의 탁음을 감소하기 위해 주분사(main injection) 전에 파일럿 분사(예비 분사)를 하고 있다.

그림 (4-31)은 파일럿 분사(pilot injection)시 연소실 압력과 파일럿 분사를 하지 않을 때 연소실 압력을 비교하여 놓은 것이다. 이 특성으로부터 파일럿 분사를 하지 않을 때는 연소실의 압력이 떨어지고 착화 시기가 지연되는 것을 알 수가 있다. 한편 파일럿 분사를 하는 경우에는 연소 압력이 증가하고 착화 시간이 단축 돼 디젤엔진의 탁음을 현저히 감소하고, 연소 효율을 향상 할 수가 있어 연비를 개선 할 수가 있는 것을 알 수가 있다.

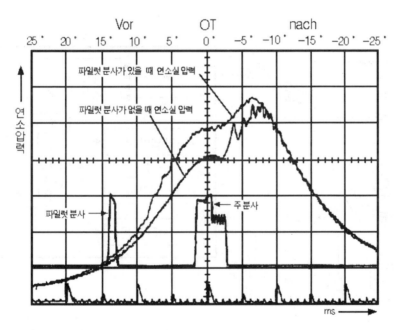

🔺 그림4-30 파일럿 분사시 연소실 압력 특성

이 파일럿 분사는 기본 분사량에 AFS 센서와 WTS 센서에 의해 결정되며 다음 조건에 의해 파일럿 분사는 금지된다.

★ 파일럿 분사의 금지 조건
① 연료 압력이 최소값(약 100 bar) 이하일 때
② 엔진 회전수가 3200 rpm 이상일 때
③ 주 분사량이 충분하지 않을 때
④ 엔진 중단 등과 같이 중대한 오류가 발생 하였을 때

(2) 연료 온도 분사 제어

ECU(컴퓨터)는 APS 센서와 CAS 센서의 입력 신호를 기준으로 기본 분사량을 결정하고 그 밖에 입력 신호에 의해 보정 분사량이 결정되면 ECU는 인젝터의 개반 시간 동안 작동하여 연료를 분사하게 된다. 이때 연료량을 결정하는 것은 인젝터의 개반 시간과 인젝터의 노즐 지름 및 인젝터의 분사 압력에 의해 결정되어 진다.

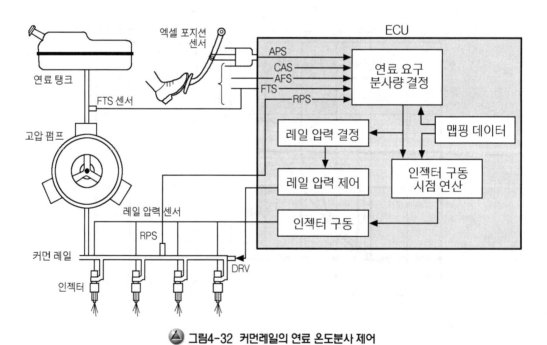

🔺 그림4-32 커먼레일의 연료 온도분사 제어

즉 ECU에 의해 제어 되는 인젝터의 구동 시간은 기본 분사량과 보정 분사량을 결정하는 커먼레일 시스템의 전기적인 입력 신호에 의해 결정되지만 인젝터의 기구적인 결정량

은 인젝터의 노즐 지름과 연료 압력에 의해 결정 된다. 또한 연료는 휘발성이 강해 온도에 따른 체적이 크게 변화하는 성질이 있어 표 (4-11)과 같이 온도에 따른 보정 계수를 설정 하여 연료 분사량을 제어하고 있다. 이때 연료의 보정 분사량을 결정하는 것은 그림 (4-32)와 같이 FTS 센서(연료 온도 센서)를 기준으로 하고 있다.

[표4-11] 연료온도에 따른 보정 계수(예)						
연료 온도	-20℃	0℃	30℃	50℃	65℃	75℃
보정치(mm²)	- 0.425	- 0.402	- 0.275	0	0.254	0.534

(3) 레일 압력 제어

일반 디젤엔진의 분사 압력은 그림 (4-33)의 (a)와 같이 엔진의 회전수에 따라 분사압이 선형적으로 증가하는 특성을 가지고 있다. 그러나 커먼레일 엔진의 경우에는 연료량을 정확히 분사하기 위해 분사 압력이 그림 (4-33)의 (b)와 같이 엔진 수에 따라 일정하게 유지되지 않으면 연료 분사량을 정확히 제어 할 수 없다.

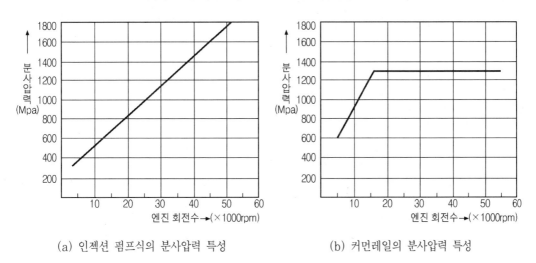

(a) 인젝션 펌프식의 분사압력 특성   (b) 커먼레일의 분사압력 특성

그림4-33 디젤엔진의 분사압력특성

따라서 커먼레일 엔진의 경우에는 연료 압력을 일정하게 유지하기 위해 커먼레일에 RPS 센서(레일 압력 센서)를 설치하고 연료 압력이 변화하는 것을 검출하여 레일 압력 조

절 밸브를 조절하도록 피드백 제어하고 있다. 또한 배터리 전압이 낮은 경우나 엔진의 온도가 낮은 경우에도 표 (4-12)의 예와 같이 레일 압력 조절 밸브를 제어해 연료 압력을 보정하여 주고 있다. ECU(컴퓨터)는 연료 압력 검출을 RPS 센서(레일 압력 센서)를 기준으로 하지만 엔진 회전수에 따라 고압 펌프도 회전하고 있기 때문에 연료 압력은 증가하게 된다.

따라서 ECU는 레일 압력을 제어하기 위해 그림 (4-34)와 같이 레일 압력 센서의 신호와 엔진 회전수를 검출하는 CAS 센서의 신호를 기준 레일 압력 제어량을 산출하게 된다. 이때 ROM 내에는 엔진 회전수에 따라 연료 제어 데이터가 맵핑되어 있어 이 값에 따라 레일 압력 제어량을 결정하게 된다.

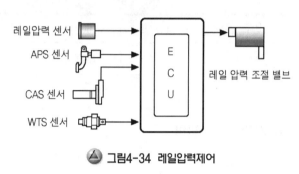

▲ 그림4-34 레일압력제어

[표4-12] 냉각수 온도에 따른 연료 압력(예)							
냉각수 온도	-20℃	0℃	20℃	40℃	60℃	80℃	100℃
연료압(bar)	1400	1300	1200	1200	1200	1200	1200

2. EGR 제어

커먼레일 엔진과 같이 연료를 고압화 해 분사하면 연소실의 연료와 공기의 혼합을 촉진시켜 연소 효율이 향상되고, 배출 가스 중 PM(입자상 물질)은 크게 감소하지만 NOx(질소 산화물)은 오히려 증가하게 된다. 또한 NOx를 감소하기 위해 분사시기를 지연시키면 연소 온도는 낮아져 NOx는 감소하지만 검은 흑연(PM : 입자상 물질)은 증가하고 차량의 연비도 떨어진다. 한편 NOx를 감소하기 위해 EGR(배출 가스 재순환) 장치를 설치하면 NOx는 크게 감소하지만 PM(입자상 물질)은 증가하고, 연비도 나빠지게 된다.

따라서 커먼레일 엔진은 연료를 고압화 해 연소 효율을 촉진하고, PM(입자상 물질)이 증가하기 않도록 EGR율을 제어해 NOx를 감소시키고 있다.

EGR 제어는 그림 (4-35)와 같이 기본 분사량을 결정하는 APS 센서, CAS 센서의 신호와 흡입 공기량을 검출하는 AFS센서를 토대로 ECU(컴퓨터)는 EGR 제어량을 산출한다.

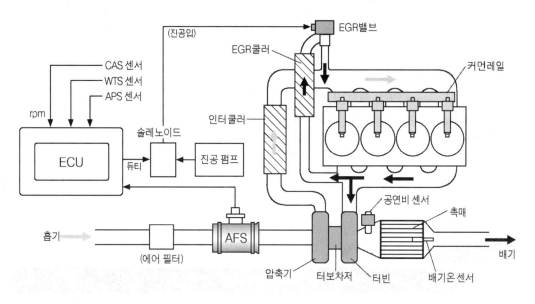

그림4-35 커먼레일 엔진의 EGR 시스템

사진4-35 EGR 솔레노이드 밸브

사진4-36 EGR 밸브

이때 차량의 출력이 떨어지지 않게 엔진 회전수가 낮은 경우에는 EGR 제어를 금지하고 있다. 보통 EGR 제어를 금지하는 조건은 다음과 같다.

항 목	코일 저항	제어	듀티 제어 범위
[표4-13] EGR솔레노이드 밸브의 제어범위(예)			
규격, 제어 범위	15.4Ω ± 1.0	듀티 제어	20 ~ 95%

★ EGR 제어 금지 조건

① 냉간시(냉각수 온도가 약 37℃ 이하시 : 차량의 제조사에 따라 다름)
② 아이들시(엔진 공회전시 : 보통 1000 rpm 이하시)
③ 저속 주행시 (약 20 km/h 이하 주행시 : 차량의 제조사에 따라 다름)
④ AFS 센서(에어 플로 센서) 이상시
⑤ 레일 압력 센서 이상시

point ●

커먼레일 엔진

1 커먼레일 엔진 도입 배경

① **커먼레일 엔진** : 연료 라인에 고압을 걸어 커먼레일(축압실)에 축압하고 필요시 인 젝터 밸브를 열어 연료를 분사하도록 제어하는 전자 제어식 디젤엔진

② **도입 배경** : 디젤엔진의 유해 밸출가스 중 가장 문제가 되는 PM(입자상 물질)과 NOx(질소 산화물)을 감소하기 위해 연소 효율을 높여 완전 연소에 이루도록 연료 분사의 형태와 분사 시점을 제어해 줄 필요가 요구 된다. 즉 유해 배출 가스를 억제 하는 데 근본 목적이 있다.

2 배출 가스 저감

① **PM(입자상 물질)**: particulate matter의 약어로 우리말로는 입자상 물질을 말한다.
- 이 PM(입자상 물질)은 우리가 흔히 말하는 흑연(매연)을 말하는 것으로 연료와 윤 활유가 연소하고 남은 찌꺼기 성분인 SOF(가용성 유기 성분)을 말한다.
- SOF(가용성 유기 성분) : 용제에 용해 될 수 있는 물질로 연료에 포함된 유황 성분, 연소 할 때 생기는 황산물 등을 말한다.
② **NOx(질소산화물)** : NOx 중 유해 배출 성분은 대부분 NO(일산화질소), NO_2 (이산 화질소)이다.
③ **배출가스 저감 방법** : 연소 효율 높여 완전 연소되도록 하면 PM은 대폭 감소하지 만 연소 온도에 의해 NOx는 증가하는 상반된 관계를 갖게 된다. 따라서 커먼레일 시스템과 EGR 장치, 산화 촉매 필터를 적용

3 커먼레일 시스템 구성

① **시스템 구성**

- 연료 공급부 : 연료 펌프 → 연료 필터 → 고압 펌프 → 커먼레일 → 인젝터
- 제어부 : 입력 검출 센서, ECU(컴퓨터), 출력 액추에이터(인젝터, 레일 압력 조절 밸브, EGR 솔레노이드 밸브 등)

※ **고압부** : 연료를 가압하기 위한 고압 펌프와 연료를 축압하기 위한 커먼레일로 구성 되어 있다.

- 커먼레일 : 커먼레일에는 레일 압력을 검출하기 위한 레일 압력 센서와 레일 압력을 조절하기 위한 레일 압력 조절 밸브가 설치되어 있다

② **HEUI 형 커먼레일 시스템**

- HEUI(hydraulically actuated electronically controlled unit injector) : 엔진 오일을 작동 유압으로 사용하는 방식

③ **일반 커먼레일 시스템** : 고압 펌프를 이용 연료를 직접 가압하여 축압하는 방식

4 구성 부품의 기능

① **고압 펌프** : 연료를 가압하기 위한 펌프로 엔진의 캠축과 직결되어 엔진 회전시 펌프 실린더 작동

② **연료 필터** : 연료의 슬러지 및 수분을 제거하는 역할을 하며 연료 필터에 따라서는 연료 온도 센서와 수분 검출 센서가 장착한 연료 필터가 있다

③ **레일 압력 센서** : 압전 세라믹을 이용 커먼레일의 압력을 검출하여 ECU로 레일 압력 정보를 입력하여 주는 센서

④ **레일 압력 조절 밸브** : 엔진 회전수나 부하 변동에 따라 레일 압력이 변화하는 것을 조절하여 주는 압력 레귤레이터 기능을 갖고 있다

⑤ **인젝터** : 연료를 미립화하기 위해 노즐 지름을 최소화하고, 정밀한 분사가 이루어지도록 고정도의 솔레노이드 밸브가 내장되어 있다

※ **유닛형 인젝터** : 솔레노이드 밸브를 인젝터 노즐 측면에 설치한 방식으로 실린더 헤드에 어느 정도 공간이 요구되는 인젝터이다. 주로 대형차에 많이 적용하고 있기도 하다.

5 예열 장치

① **예열 장치** : 냉간 시동성을 향상하고, 실내 온도를 조기에 난방하기 위한 장치

② **예열 장치의 구성** : 가열 플러그와 히터 컨트롤러로 구성

- 별도의 히터 컨트롤러 대신 엔진 ECU가 수온 센서의 신호를 받아 직접 제어해 주는 방식도 사용되고 있다

6 구성 부품의 기능과 특성

① **APS 센서(액셀 포지션 센서)** : 운전자의 가속 의지를 검출하는 센서로 연료의 기본 분사량을 결정하는 데 기준이 되는 센서이다.

- APS 센서의 구조 : 포텐쇼 미터(potentiometer)로 구성되어 있다.
- 포텐쇼 미터 : 우리말로 표현하면 전위차계로 회전축의 회전각에 따라 저항값이 변화하는 가변저항을 이용한 것이 가변 저항이 변화에 따라 전압값이 비례해 변화하는 것을 이용한다.

② **CAS 센서**(crank angle sensor) 크랭크 각을 검출하는 센서로 엔진의 회전수를 산출하는 용도로 사용되는 센서이다.

③ **AFS 센서(에어 플로 센서)** : 흡입 공기량을 검출하는 센서로 가솔린 엔진과 달리 연료 분사량 보정 및 EGR 제어의 입력 기준 신호로 사용되는 센서

④ **FTS 센서(연료 온도 센서)** : 온도 변화에 따라 연료 밀도가 변화하는 것을 보정해 주기 위해 사용되는 서미스터 센서이다.

⑤ **WTS 센서(냉각수 온도 센서)** : 엔진의 냉각수 온도를 검출해 연료 분사량을 보정해 주기 사용되는 서미스터 센서이다.

⑥ **브레이크 SW** : 제동시 배출 가스 증가를 보정해 주기 사용되는 입력 신호

⑦ **클러치 SW** : 수동 미션 장착 차량에 해당하는 입력 SW로 동력 전달 상태를 검출하여 연료 분사를 보정해 주기 사용되는 입력 신호

7 커먼레일 시스템의 기능

① **연료 분사 제어** : 기본 분사량 + 보정 분사량
  - 기본 분사량 제어 : APS 센서와 CAS 센서의 신호를 기준으로 연료를 분사하는 제어
  - 보정 분사량 제어 : 기타 입력 센서를 기준으로 엔진의 동작 상태를 검출해 엔진이 최적의 상태로 동작하도록 연료를 보정해 주는 제어

② **연료 분사** : 파일럿 분사 + 주 분사
  - 파일럿 분사(pilot injection) : 우리말로 표현하면 예비 분사를 말하며, 이것은 주 분사 전에 짧은 정지 기간을 두어 주분사의 착화 지연에 따른 디젤엔신의 고유의 탁음을 감소하기 위함이다.
  - 주 분사(main injection) : 파일럿 분사 후 주 분사를 하는 것을 말하며, 이렇게 파일럿 분사 후 주분사를 하면 연소실 압력이 증가해 엔진 출력을 향상할 수 있다.
  - 포스트 분사(post injection) : 질소 산화물을 감소하기 위해 주분사 후 일정 시간 마다 추가 분사하는 것을 말한다.
  ※ 파일럿 분사 금지 조건 : 연료 압력이 최소값 이하일 때
  　　　　　　　　　　　　　엔진 회전수 3200rpm 이상일 때(참고치)
  　　　　　　　　　　　　　커먼레일 시스템에 중대한 오류가 발생할 때

③ EGR 제어 : PM(입자상 물질)이 증가하지 않은 범위에서 EGR 율을 전자 제어하는 방식이다.
  - EGR 제어 방법 : 듀티 제어(제어율 : 약 20% ~ 90%)
  ※ EGR 금지 조건 : 엔진 냉간시, 공회전시, 저속 주행시, AFS 센서 이상시

05

전자제어 A/T

5 CHAPTER

전자제어 A/T

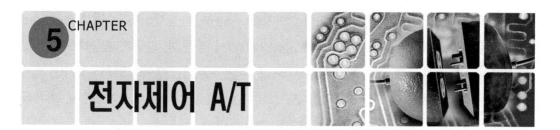

A/T의 기본 동작

1. A/T 의 기본구성과 동작

전자 제어 A/T(Auto Transmission)의 표현은 자동차 제조사에 따라 ECT(Electronic Control Transmission), 또는 ELC A/T(Electronic Control Auto Transmission)의 약어를 따 ECT 또는 ELC A/T라고 표현한다. 그러나 이 책에서는 독자들의 혼란을 피해 일반적으로 표현하고 있는 전자 제어 A/T 또는 약어로 ELC-A/T로 표현하여 설명하였다.

ELC-A/T 시스템의 기본 구성은 그림 (5-1)과 같이 자동 변속에 필요한 여러 정보를 검출해 전달하는 입력 센서들과 이들 신호를 입력 받아 처리하는 TCU(Transmission Control Unit : 자동 미션 제어 컴퓨터를 말함), 그리고 TCU로부터 명령을 실행하여 유압을 제어하는 수개의 솔레노이드 밸브(solenoid valve)와 이들 밸브로부터 유압 회로를 절환하여 자동 변속하는 자동 변속기로 구성되어 있다.

ELC A/T의 여러 입력 센서 중 변속을 결정하는 주요 센서는 엔진 부하를 검출하는 스로틀 포지션 센서(throttle position sensor)와 차량의 속도를 검출하는 차속 센서를 입력 신호로 사용하고 있다. 또한 이들 구성 요소 중 TCU(자동 미션 컴퓨터)는 자동 변속에 필요한 입력 센서의 정보를 입력 받아 미리 설정된 ROM(읽기 전용 메모리) 내의 프로그램에 따라 변속해야 할 정보(shift pattern 변속 패턴)를 출력하게 된다. 이렇게 TCU(A/T 컴퓨터)로부터 출력된 변속 패턴(pattern)의 정보는 자동 변속기 내의 유압 솔레노이드

밸브를 구동해 자동 변속을 실행한다. 여기서 사용하는 솔레노이드 밸브(solenoid valve)란 자동 변속기 내의 밸브 보디(valve body)에 장착 돼 변속이 가능하도록 유압을 절환하는 일종의 전자 개폐 밸브(valve)이다. 전자 제어 A/T는 종래에 사용하던 기계식 A/T에 TCU(자동 미션 컴퓨터)를 도입하여 유압을 제어하기 위한 것으로 기계식 A/T와 마찬가지로 변속기 내의 동력 전달은 모두 유압을 이용하고 있다.

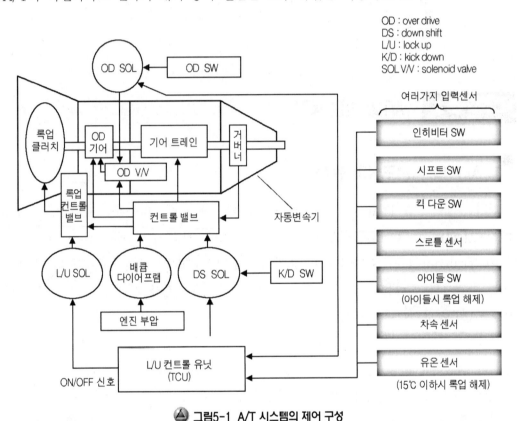

▲ 그림5-1 A/T 시스템의 제어 구성

따라서 자동 변속기는 엔진 동력을 기계식 마찰 클러치를 사용하여 동력을 전달하는 대신 유체를 이용하여 동력을 전달하고 있어 자동 변속기 내의 유압을 절환하기 위해서는 전자반인 솔레노이드 밸브가 필요하게 된다. 전자 제어 A/T의 동력 전달을 쉽게 표현하면 그림 (5-2)와 같이 표현할 수 있다.

여기서 엔진으로부터의 동력은 자동 변속기 내에 있는 토크 컨버터를 통해 유성 기어로 전달되고 유성 기어로부터 전달된 동력은 디퍼렌셜 기어를 통해 출력되어 차륜에 회전력을 전달하고 있다.

유체의 회전력을 동력으로 변환하는 토크 컨버터 내부에는 펌프(펌프 임펠러라 칭함)와
터빈(turbine)을 설치하여 엔진으로부터 기계적 동력을 펌프 임펠러(pump impeller)로부터
유체 동력으로 변환하고 변환된 유체 동력은 터빈을 통해 기계적 동력으로 변환하고 있다.
즉 전자 제어 A/T의 동작 개념을 간단히 설명하면 토크 컨버터 내의 펌프 임펠러(pump
impeller)의 회전축은 엔진의 크랭크 샤프트(crank shaft)와 직접 연결되어 있어 기계적 동
력을 유체의 동력으로 전환하고 유체로 전환된 동력은 터빈(turbine) 통해 기계적 동력으
로 전환한다.

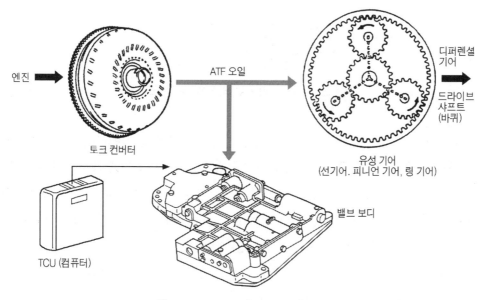

그림5-2 전자제어 A/T의 동작 개념도

사진5-1 토크 컨버터 절개품

사진5-2 밸브 보디

이렇게 전달된 기계적 동력은 그림 (5-3)의 동력 전달 흐름과 같이 유성 기어(플래니터리 기어 : planentary gear)로 전달되게 돼 유성 기어의 변속비에 의한 기어 변속이 이루지게 된다. 유성 기어는 선 기어(sun gear)를 중심으로 피니언 기어(pinion gear), 링 기어(ring gear), 그리고 선 기어와 피니언 기어를 연결하는 캐리어(carrier)로 구성되어 있어 기어비의 조합에 따라 기어 변속이 가능하도록 하는 기어이다.

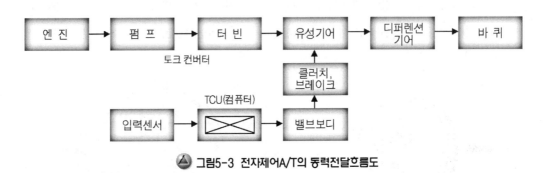

▲ 그림5-3 전자제어A/T의 동력전달흐름도

여기서 말하는 기어비의 조합은 유압을 이용한 여러 가지의 클러치(clutch)와 브레이크(brake)를 사용하고, 이들 클러치와 브레이크를 유압으로 제어하기 위해서는 수개의 솔레노이드 밸브(solenoid valve)와 유압 회로가 필요하게 된다. 기계식 A/T의 경우라도 차량의 속도에 따라 유압을 발생하는 거버너 밸브(governor valve)와 엔진 부하에 따라 유압을 발생하기 위한 스로틀 밸브(throttle valve)가 필요한 것과 같이 전자 제어 A/T의 경우에도 차속에 따라 압력을 제어하기 위한 압력 제어 솔레노이드 밸브와 변속을 하기 위한 변속용 솔레노이드 밸브가 필요하게 된다.

▲ 사진5-3 출력측 드라이브 기어

▲ 사진5-4 디퍼런셜 기어

이와 같이 압력을 제어하기 위한 밸브와 변속을 하기 위한 밸브를 하나의 유압 회로에 설치하여 놓은 것이 밸브 보디(valve body)이다. 밸브 보디 내에는 기계식 밸브와 전자식 솔레노이드 밸브의 조합으로 이루어져 유압 회로에 압력을 조절하고 있다. 따라서 전자 제어 A/T에 사용되는 솔레노이드 밸브는 유압을 절환하기 위한 일종의 전자 개폐 밸브라 생각하면 좋다.

유압을 절환하기 위해 필요한 솔레노이드 밸브를 구동하기 위해서는 TCU(transmission control unit : 컴퓨터)는 차량의 주행 정보를 입력 센서로부터 입력 받아 필요한 변속을 하기 위해 솔레노이드 밸브를 구동하게 된다. 이때 TCU는 차량의 주행 속도를 검출하는 차속 센서, 엔진 회전수를 검출 신호, 차량의 가감속과 엔진 부하를 검출하는 TPS(throttle position sensor : 스로틀 포지션 센서) 센서 등의 전기적 신호를 입력 받아 운전자가 요구하는 주행 조건을 판단하게 된다.

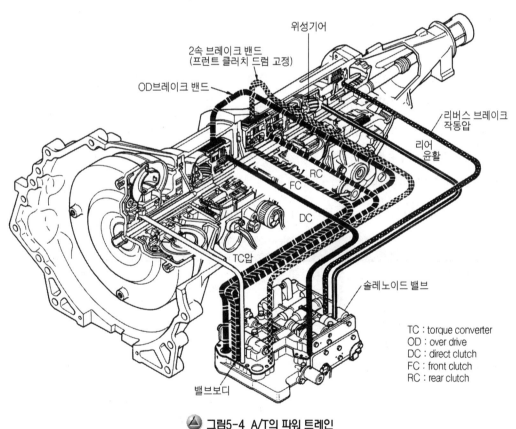

위성기어
2속 브레이크 밴드 (프런트 클러치 드럼 고정)
OD브레이크 밴드
리버스 브레이크 작동압
리어 윤활
RC
FC
DC
TC압
솔레노이드 밸브
밸브보디

TC : torque converter
OD : over drive
DC : direct clutch
FC : front clutch
RC : rear clutch

그림5-4 A/T의 파워 트레인

사진5-5 수동 트랜스미션(절개품)

사진5-6 자동 트랜스미션

따라서 TCU(transmission control unit : 컴퓨터) 내의 ROM(읽기 전용 메모리)에는 미리 설정된 몇 가지의 변속 패턴(pattern)의 정보가 입력되어 있어 운전자가 요구하는 주행 조건으로 주행 할 수 있게 된다. 이와 같이 전자 제어 A/T는 M/T(수동 미션)와 달리 주행 정보를 검출하는 입력 센서와 입력 센서로부터 검출된 정보를 처리하는 TCU(컴퓨터), 그리고 유압 회로의 밸브 개폐를 실행하는 솔레노이드 밸브, 유체의 동력을 기계적인 동력으로 변환하는 토크 컨버터(torque converter), 기어비의 조합에 따라 유성 기어의 변속을 결정하는 각종 클러치(clutch)와 브레이크(brake) 기구 등으로 구성되어 있다.

표 (5-1)은 M/T(수동 미션)과 차이점을 나타낸 것으로 A/T 는 M/T와 달리 동력 전달을 유체를 이용해 전달하고 있기 때문에 동력 전달 효율이 떨어져 연비가 나쁜 대신 기어 변속에 의한 충격이 작고, 부드럽게 가감속이 가능한 이점을 가지고 있다.

[표5-1] 수동트랜스미션과 차이점

항 목	M/T(수동미션)	A/T(자동미션)
중량	가볍다(20~30kg)	무겁다(50~90kg)
동력전달	기계식 마찰 클러치	토크 컨버터(유체)
초기구동력	작다	크다(경사면 출발 용이)
구동계의 완충작용	스프링에 의한 완충	유체에 의한 완충
가감속 충격	크다	적다
연 비	좋다	나쁘다(5~10% 많다)
급발진	용이하다(레이싱 카)	어렵다

또한 저속시 구동력이 커 등판 주행시 밀림 현상이 적고 주행 편의성 좋아 운전자의 선호가 높은 특징을 가지고 있어 현재에는 A/T 차량이 주종을 이루고 있다.

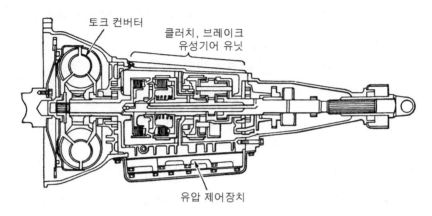

그림5-5 자동변속기의 구조

2. 토크 컨버터

A/T(자동 변속기)의 내부 구조는 그림 (5-6)과 같이 엔진 동력을 유체의 동력으로 변환하는 토크 컨버터(torque converter)부, 변속기와 같은 역할을 하는 기어 트레인(gear train)부, 그리고 기어의 변속을 제어하도록 유압을 조절하는 밸브 보디(valve body)로 구성되어 있다.

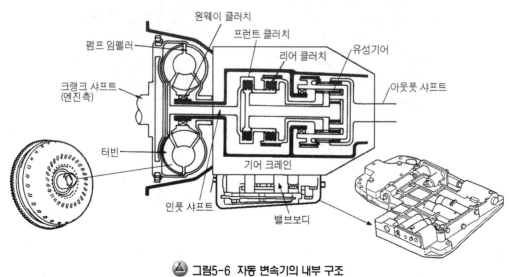

그림5-6 자동 변속기의 내부 구조

　이 자동 변속기(A/T)에는 수동 변속기(M/T)와 같이 클러치에 해당하는 기능을 알기 위해서는 A/T 차량의 기본 동력 전달에 대해 이해 할 필요가 있다. A/T(자동 변속기)에는 M/T(수동 변속기)의 클러치(clutch)에 해당하는 토크 컨버터(torque converter)와 다수의 다판 클러치를 가지고 있다.

　이 다판 클러치는 유압에 의해 작동 되는데 변속 레버를 D-레인지로 절환하면 작동 유압에 의해 다판 클러치 내에 있던 클러치 피스톤(clutch piston)이 작동하게 되고, 이 클러치 피스톤이 작동하면 클러치 플레이트(clutch plate)와 클러치 디스크(clutch disk)가 유압에 의해 압착하기 시작하는 상태가 된다.

　이렇게 클러치 디스크가 압착을 시작하는 초기 접촉 상태가 되기 위한 것은 토크 컨버터의 동력이 출력측에 전달해 차량이 원활히 출발 할 수 있도록 하기 위함이다. 따라서 차량이 서서히 굴러가는 크립(creep) 상태일 때 동력 전달은 그림 (5-7)과 같이 엔진측과 직결된 펌프 임펠러(pump impeller)가 회전하면 펌프 임펠러에 의한 회전 유체는 스테이터(stator)를 거쳐 입력축과 직결된 터빈(turbine)을 회전시키게 된다.

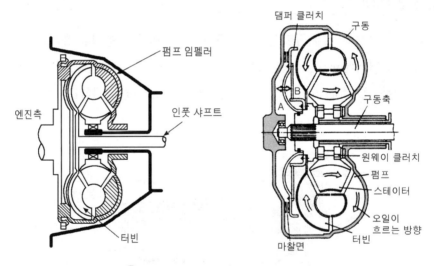

　🔺 **그림5-7 토크컨버터의 동력전달 경로**

　이때 브레이크 페달(brake pedal)을 밟으면 엔진으로부터 동력은 토크 컨버터 내의 펌프 임펠러만을 구동하게 된다. 브레이크 페달을 밟아 차가 정지하면 펌프 임펠러(pump impeller)는 회전을 하고 있지만 터빈(turbine runner : 줄여서 터빈이라 함)은 정지하게 된다. 이렇게 터빈이 정지하면 토크 컨버터 내의 ATF 오일(자동 변속기 오일)은 슬립(slip)이 되어 엔진측의 동력은 변속기측으로 전달되지 않게 된다. 그러나 변속 레버가 N-레인지 또는 P-레인지에서는 엔진으로부터 동력이 펌프 임펠러를 통해 터빈으로 유체 접촉은 이루어지지만 인풋 샤프트(input shaft)와 직결되어 있는 터빈은 변속기 내부의 드라이브 플레이트에 전달하게 되는데 이 때에는 클러치(clutch)는 해제되어 있는 상태가 돼 동력은 출력측에 전달되지 않게 된다. 따라서 터빈이 회전을 하여도 차량의 구동륜으로는 동력이 전달하지 않게 된다.

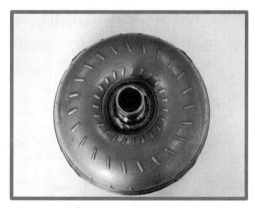

🔺 사진5-7 토크 컨버터

🔺 사진5-8 토크 컨버터의 절개품

3. A/T의 변속 패턴

(1) 변속 레버의 선택 패턴(select pattern)

셀렉트 패턴(select pattern)은 운전자가 변속 레버를 조작 할 때 자동 변속기의 변속 위치를 표시한 것으로 변속기의 종류에 따라 ① P↔R↔N↔D↔2↔L 패턴형과 ② P↔R↔N↔D↔3↔2↔L 패턴형, ③ P↔R↔N↔D↔S(sport mode) 패턴형 등이 있다. 이들 패턴의 위치에 대한 내용을 살펴보면 다음과 같다.

① P (parking : 주차)

- P 위치를 선택하면 엔진 시동이 가능하다.
- 출력측이 기계적으로 파킹(parking) 기구에 의해 고정이 돼 차량은 전후진 되지 않는다. 따라서 주행을 마치고 안전한 주차시 사용하는 위치이다.
- 동력 전달이 출력측에 전달되지 않도록 작동 요소가 작용한다.

② R (reverse : 후진)

- 후진시 사용하는 변속 레버의 위치이다.
- 출력축 기어가 후진되도록 각 작동 요소가 작동한다.
- 엔진 시동은 되지 않는다.

③ N (neutral : 중립)

- N 위치를 선택하면 엔진 시동이 가능하다.
- 출력측이 파킹(parking) 기구에 의해 고정 되지 않아 차륜 회전이 자유롭다.
- 동력 전달이 출력측에 전달되지 않도록 작동 요소가 작용한다.

④ D (drive : 주행)

- 액셀 페달(accel pedal)의 밟는 량과 차속에 의해 4단 또는 6단 까지 자동으로 변속이 된다. OD S/W(over drive switch)가 부착되어 있는 차량의 경우는
- OD S/W ON 시 : 4단~6단까지 자동으로 변속한다.
- OD S/W OFF 시 : 3단~5단까지 자동으로 변속한다.

  OD S/W OFF시는 시가지와 같이 60(km/h) 이하로 주행과 정차가 반복되는 도로에서 불필요한 변속이 이루지지 않도록 하기 위한 것으로 변속기의 내구성 증대와 충격 방지 효과가 있다.

🔺 사진5-9 변속레버(1)

🔺 사진5-10 변속레버(2)

- 출발시에는 1속부터 변속하고 아이들(idle) 상태에서는 2속 크립(creep) 상태가 돼 차량의 충격을 저감하고 안전을 고려 차량의 움직이는 속도를 줄이고 있다.

- 저속 구간에서는 미리 설정된 2속 또는 3속으로 다운 시프트(down shift)된다.
- 추월시 킥 다운(kick down) 기능으로 구동력이 증가된다.
- 킥 다운 기능은 4속, 3속, 2속으로 주행 중 액셀 페달(accel pedal)을 85% 이상 밟았을 때 저속 기어로 다운 시프트 돼 구동력이 증가하게 되는 기능이다.
- 2속부터 댐퍼 클러치(damper clutch)는 자동으로 작동한다.
- 댐퍼 클러치는 수동 변속기와 같이 엔진 동력이 기계적으로 결합하는 기구로 자동차 메커의 차종에 따라 기능이 있는 경우와 없는 경우가 있다.

⑤ 2(second : 2속)

- 2속 까지만 자동으로 변속된다.
- D → 2 레인지로 절환하면 비교적 큰 엔진 브레이크가 걸려 언덕길이나 내리막길에서 사용한다.
- 아이들(idle) 상태에서는 D-레인지와 마찬가지로 2속 크립(creep) 상태가 된다.

⑥ L(lock : 엔진 브레이크)

- 1속으로 유지 돼 큰 엔진 브레이크(engine brake)가 걸린다.
- 2속 →1속으로 다운 시프트(down shift)는 되지만, 1속 → 2속으로 업 시프트(up shift)는 되지 않는다.
- 엔진 브레이크가 크게 걸려 경사가 큰 언덕이나 내리막에 사용한다.
- D-레인지에서 L-레인지로 절환하면 정해진 차속에 의해 5속→4속→3속→2속→1속 순으로 다운 시프트(down shift)된다.

⑦ S(sport : 스포츠 모드)

- 수동 변속기와 같이 운전자가 원하는 변속을 할 수 있는 모드(mode)이다.
- 변속 레버를 스포츠 모드(sport mode)로 절환하면 TCU(A/T ECU)는 스포츠 모드로 절환 되었음을 인식한다.
- 스포츠 모드의 절환은 변속 레버를 P ↔ R ↔ N ↔ D에서 「+」 ↔ 「−」 위치로 절환하는 것을 말한다.
- 변속 레버가 스포츠 모드(sport mode)로 절환 된 상태에서 변속 레버를 「+」 측으로 밀면 한 단계씩 업 시프트(up shift)되고, 「−」 측으로 당기면 한 단계씩 다운 시프트(down shift)된다.

(2) 변속 패턴(shift pattern)

전자 제어 변속기는 차량의 성능과 운전 상황에 따라 가장 이상적으로 변속이 이루어지도록 TCU(A/T ECU) 내에 변속 패턴(shift pattern)을 설정하고 있다. 이 변속 패턴은 엔진의 동력 성능이나 연비, 차량의 충격이나 소음 등을 고려해 설정하고, 차량의 주행 상황에 따라서는 차량의 속도와 액셀 페달(accel pedal)의 밟은 량에 따라 변속이 이루어지도록 설정하고 있다. 또한 동력 성능과 연비를 고려하기 위해 액셀 페달의 밟은 량(스로틀 개도량)과 변속기의 드라이브 기어(drive gear)의 회전수를 고려해 변속 패턴을 설정하고 있다.

이들 변속 패턴을 결정하는 요인을 살펴보면 다음과 같은 요소가 있다.

① 변속 패턴을 결정하는 요인들

- 엔진의 회전수와 부하에 따른 적정 변속 시점
- 스로틀 밸브(throttle valve)의 완전 개도시 엔진의 최대 회전수 결정(rpm)
- 차량의 구동력과 배출 가스에 대한 적정 변속 시점
- 엔진의 출력과 차량 가속력에 대한 토크 컨버터(torque converter) 결정
- 업 시프트(1속 → 4속)시 변속 타이밍과 다운 시프트(4속 → 1속)시 변속 타이밍의 결정(변속에 의한 충격이 최소화한다)
- 킥 다운(kick down) 및 리프트 풋 업(lift foot up)시 엔진의 최대 회전수가 되지 않도록 한다.

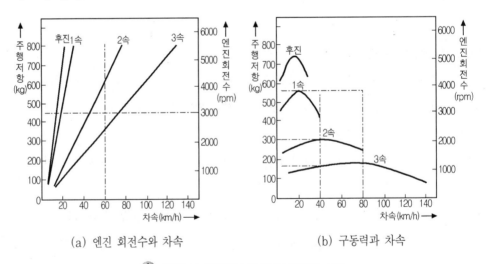

(a) 엔진 회전수와 차속   (b) 구동력과 차속

🔺 그림5-8 구동력과 차속에 대한 변속 시점

변속 패턴(shift pattern)은 차량의 출력 및 연비, 가속 성능이나 배출 가스, 변속 쇼크 (shork) 등에 영향을 미치게 되므로 적정 변속 패턴을 결정하는 것은 매우 중요하다.

이와 같이 여러 요소를 고려한 변속 패턴(shift pattern)에는 여러 가지 변속 패턴 모드 가 있는데 일반적으로 파워 모드(power mode), 이코노미 모드(economy mode), 홀드 모드 (hold mode)와 유온 가변 변속 모드 등을 들 수 있다.

그림 (5-9)는 4단 변속기의 변속 패턴을 나타낸 것으로 가로측은 차속(transfer drive gear의 회전수)을 세로측은 엔진의 스로틀 밸브의 개도량을 표시한다. 변속 패턴 중에 실 선은 업 시프트(up shift)의 변속선을 표시하고, 파선은 다운 시프트(down shift)의 변속선 을 나타내는 것이다.

여기서 업 시프트와 다운 시프트의 변속선이 히스테리시스(hysterisis)의 특성을 가지고 있는 것은 동일선 상의 변속점 부근에서 주행할 경우 업 시프트와 다운 시프트가 빈번히 일어나지 않게 하기 위함이다. 즉 업 시프트와 다운 시프트의 차이를 두어 불필요한 변속 이 일어나지 않게 하기 위한 것이다.

A/T(자동 변속기)는 토크 컨버터(torque converter)로부터 유체로 동력을 전달하기 때 문에 변속 레버를 R, D, 2, L 레인지에 위치하면 액셀 페달(accel pedal)을 밟지 않아도 차 량은 서서히 굴러가는 크립(creep) 현상이 발생하게 된다.

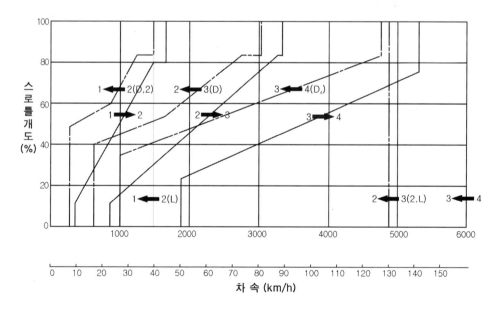

(a) 파워 모드

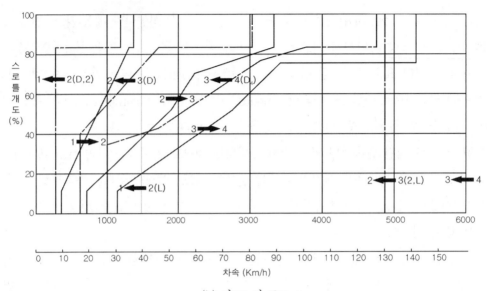

(b) 이코노미 모드

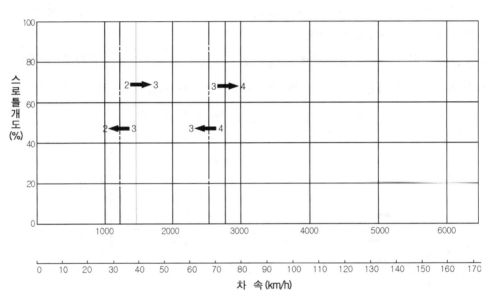

(c) 홀드 모드

🔺 그림5-9 전자제어 A/T의 변속 패턴(예)

　이러한 이유 때문에 전자 제어 자동 A/T는 액셀 페달(accel pedal)을 밟지 않은 저속 영역(약 7km/h 이하의 영역)에서는 2속 상태로 홀드(hold) 시켜 아이들(idle) 상태에서의 진동을 저감하고, 크립(creep)량의 저감을 도모하고 있다.

2속 홀드(hold) 상태에서 다시 액셀 페달을 밟으면 1속부터 변속하게 된다. 또한 액셀 페달(accel pedal)의 밟은 량에 따라 저속 기어의 영역이 길게 되어 있다. 즉 스로틀 밸브 (throttle valve)의 개도량이 클 때에는 스로틀 밸브의 개도량이 적을 때 보다 저속 기어 영역을 길게 하고 있다. 이것은 동일 차속에서 스로틀 밸브(throttle valve)의 개도량이 많이 열린 상태에서 주행하는 경우 차량의 주행 저항이 큰 상태를 의미하는 것으로 구동력이 큰 저속 기어에서 주행 상태를 오래 요구하기 때문이다. 다음은 변속 패턴(shift pattern)에서 자주 등장하는 용어를 정리하여 놓은 것이다.

② **변속 패턴(shift pattern)의 용어**

- 업 시프트(up shift) : 변속이 1속 → 2속 → 3속 → 4속으로 증속하는 경우를 말한다.
- 다운 시프트(down shift) : 변속이 4속 → 3속 → 2속 → 1속으로 감속하는 경우를 말한다.
- 킥 다운(kick down) : 일정 차속으로 주행중 스로틀 개도를 갑자기 85% 이상 개도 하면 윗 방향으로 다운 시프트선을 지나 4속 → 3속 → 2속 → 1속으로 다운 시프트 되어 큰 구동력을 얻는 것을 말한다.
- 킥 업(kick up) : 액셀 페달을 밟아 킥 다운 시프트(kick down shift)가 일어난 후 스로틀 개도를 그대로 유지하면 큰 구동력에 의해 차속이 증가하는 현상을 말한다.
- 리프트 풋업(lift foot up) : 스로틀 밸브가 많이 열린 상태에서 주행하다 갑자기 액셀 페달을 놓으면 차량이 고속으로 업 시프트(up shift)되는 현상을 말한다.
- 시프트 프로텍션(shift protection) : 엔진 및 변속기를 보호하기 위해 다운 시프트 시 허용 rpm이 설정 되어 규정한 rpm 이하가 되면 다운 시프트되는 것을 말한다.

트랜스퍼 드라이브 기어의 회전수가 3,500rpm 일 때 변속 레버를 갑자기 2단이나 L 로 변경하면 2속 또는 1속으로 변속 되어야 하지만 변속기를 보호하기 위해 약 3,200rpm 이하가 되지 않으면 2속으로 다운 시프트(down shift) 되지 않도록 하는 것을 시프트 프로텍션(shift protection)이라 한다.

그림 (5-9) 변속 패턴의 파워 모드(power mode)는 저속 구간(2속, 3속)이 이코노미 모 드(economy mode)에 비해 길어 차량의 연비는 떨어지나 강력한 파워 주행이 가능하여 등 판길이나 험로에 적합하다. 이에 비해 홀드 모드(hold mode)는 2속 출발이 돼 눈길과 같은 빙판 길에 출발이 용이하다. 또한 액셀 페달(accel pedal)의 밟은 량 만으로는 변속에 전혀

영향을 주지 않고, 단지 차속에 의해 변속이 되어 수동 변속기와 같은 변속이 가능하다.

홀드 모드(hold mode) 상태에서는 표(5-2)와 같이 변속 레버를 「L」 위치로 절환하면 1속 상태로 고정이 되며 「2」단으로 위치하면 2속으로 고정되어 출발과 주행이 가능하다. 이 홀드 모드(hold mode)의 기능은 운전자가 도로의 상태에 따라 선택 할 수 있도록 변속 레버의 위치에 홀드 스위치(hold switch)를 설치하여 두고 있다.

변속 레버		변속단				비 고
		1속	2속	3속	4속	
L		○				1속 고정
2			○			2속 고정
D	OD OFF		○	○		
	OD ON		○	○	○	

[표5-2] 홀드 모드시 변속단 변화

또한 3속이나 4속으로 장시간 등판시 토크 컨버터(torque converter)는 슬립(slip)이 발생하고 변속기 내부의 온도는 상승하여 ATF 오일(auto transmission fluid : 자동 변속기 오일)의 점도가 변화하는 문제가 발생한다. 이러한 문제를 방지하기 위해 전자 제어 A/T는 유온 가변 시프트 패턴(shift pattern)의 기능을 가지고 있는 경우가 있다.

이 유온 가변 시프트 패턴의 기능은 3속이나 4속 등판시 ATF 오일의 온도가 상승하면 4속을 해지하고 4속 → 3속, 3속 › 2속으로 다운 시프트(down shift) 하도록 하고 있다. 유온 가변 시프트 패턴의 제어 조건은 D-레인지에서 3속이나 4속인 상태에서 유온 온도가 약 125℃ 이상이 되는 경우와 엔진 회전수가 약 2,100 rpm(제조사의 차종에 따라 다름) 이상이 되면 다운 시프트하여 변속기의 내부 온도가 상승하는 것을 막고 있다.

반대로 유온 가변 시프트 패턴에서 제어를 해지하기 위해서는 4속 → 3속, 3속 → 2속으로 다운 시프트 된 상태에서 3초 이상 지속하면 해지토록하고 있다. 또한 ATF 오일 온도가 약 110℃ 이하가 되고, 엔진 회전수가 약 2,100 rpm 이하인 경우와 변속 레버의 위치를 D-레인지 이외의 위치에 놓아도 가변 유온 시프트 패턴 제어는 해지된다.

표 (5-3)은 지금 까지 설명한 변속 패턴 내용을 패턴별 사용 용도와 변속 조작 내용을 정리하여 놓은 것이다.

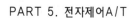

NO	시프트 패턴	용 도	변속단	기어의 변속과 조작
1	업 시프트(up shift)	통상 출발시	1속→2속→3속→4속	액셀페달을 서서히 밟아 증가하면 저속에서 고속으로 자동 변속
2	다운 시프트(down shift)	정지시(brake)	4속→3속→2속→1속	주행중 차속의 감소에 다라 고속에서 저속으로 자동 변속
3	킥 다운(kick down)	추월시(급가속시)	4속→2속, 4속→1속 3속→2속 3속→1속	스로틀밸브를 85% 이상 갑자기 개도하면 고속에서 저속으로 변속
4	킥 업(kick up)	추월시(급가속시)	1속→2속→3속→4속 2속→3속→4속	킥다운현상이 발생한 후 차속의 증가에 의해 저속에서 고속으로 변속
5	리프트 풋업(lift foot up)		2속→4속 2속→3속 1속→3속	주행중 액셀 페달을 갑자기 놓을 때 저속에서 고속으로 변속
6	파샬 킥 다운 (partial kick down)	추월시	4속→3속 4속→2속 3속→2속	액셀 페달을 85%이하로 밟은 상태에서 킥 다운 현상이 발생되는 현상
7	매뉴얼 셀렉트 업 시프트(manual select up shift)	경사로에서 평평로 진입시	2속→D L→D L→2속	주행중 변속 레버를 절환하면 저속에서 고속으로 변속
8	매뉴얼 셀렉트 다운 시프트(manual select down shift)	등판시, 등하시	D→2속 D→L	주행중 변속 레버를 절환하면 고속에서 저속으로 변속
9	OD ON/OFF 시프트	OD OFF : 시내주행 OD ON : 고속주행	4속→3속 3속→4속	OD OFF시 고속에서 저속으로 변속 OD ON시 저속에서 고속으로 변속

[표5-3] 변속 패턴별 주행 용도

point ●

A/T의 기본 동작

1 ELC A/T(전자 제어 A/T)의 기본 구성과 동작

① 기본 구성 : 입력 센서부 → TCU → 솔레노이드 밸브 → A/T(자동 변속기)

② 동작 개념

- 자동 변속기 내에는 엔진의 기계적 동력을 유체의 동력으로 전환하기 위한 토크 컨버터(torque converter)와, 기어의 입력측과 출력측의 조합에 의해 변속이 이루어지는 유성 기어가 조립되어 있다.

- 유성 기어의 입력측과 출력측 기어의 조합을 이루어 변속하기 위해서는 유압을 통해 클러치와 브레이크 들이 작동하게 되고, 이들 클러치와 브레이크를 작동하기 위해서는 유압을 제어하는 솔레노이드 밸브가 필요하게 된다.

- 따라서 TCU는 차량의 주행 상황을 센서로부터 검출하여 자동 변속 할 수 있도록 유압 제어 솔레노이드 밸브를 구동하고 있다.

③ 동력 전달의 흐름 : 엔진 → 토크 컨버터 → 유성 기어 → 디퍼렌셜 기어 → 차륜(바퀴)

【참고】 - A/T : auto transmission(자동 변속기)
- ELC : electronic control transmission의 약어로 전자 제어 A/T를 말한다.
- TCU : transmission control unit의 약어로 전자 제어 A/T의 컨트롤 유닛 또는 전자 제어 A/T ECU를 말한다.

2 변속 패턴(shift pattern)

(1) 변속 레버의 선택 패턴

① P(parking) : 출력측이 기계적인 파킹 기구에 의해 고정돼 차량 전후진이 되지 않는다.

② R(reverse) : 출력측 기어가 후진 되도록 작동 요소가 작용한다.

③ N(neutral) : 출력측이 파킹 기구에 의해 고정되지 않아 차량 전후진이 자유롭다.

④ D(dfive) : 운전자의 주행 의지에 따라 1속 ↔ 5속으로 자동 절환된다.

 ※ 6단 변속기인 경우에는 1속 ↔ 6속으로 자동 절환

⑤ 2(second) : 2속 까지만 자동 변속된다.

⑥ L(lock) : 1속으로 유지 돼 큰 엔진 브레이크 걸린다.

⑦ S(sport) : 수동 변속기와 같이 운전자가 원하는 변속을 수동으로 조작 할 수 있다.

(2) 변속 패턴(shift pattern)

① 변속 패턴을 결정하는 요인

- 주행을 위해 결정하는 요인 : 차량의 주행 상황에 따라 액셀 페들의 밟은 량과 차속 등에 의해 결정하는 것

- 성능을 위해 결정하는 요인 : 엔진의 동력 성능이나 연비, 배출 가스 및 변속기의

충격이나 소음 등에 의해 결정하는 것

② 변속 패턴의 주요 용어

– 업 시프트(up shift) : 1속 → 2속 → 3속→ 4 → 5속으로 증속하는 경우

– 다운 시프트(down shift) : 5속 → 4속 → 3속 → 2속 → 1속으로 감속하는 경우

– 킥 다운(kick down) : 차량을 가속하기 위해 액셀 페달을 약 85% 정도 밟으면 구동력을 얻기 위해 변속이 일시적으로 다운 시프트 되어 감속하는 경우

– 킥 업(kick up) : 킥 다운 현상이 발생된 후 액셀 페달을 그대로 유지하면 차량이 업 시프트 되어 증속하는 경우

– 리프트 풋업(lift foot up) : 스로틀 밸브가 많이 열린 상태에서 갑자기 액셀 페달을 놓으면 차량이 급격히 감속하여 충격이 일어나는 것을 방지하기 위해 변속이 일시적으로 업 시프트 되는 경우

③ 대표적인 변속 패턴

– 파워 모드(power mode) : 등판길이나 험로를 주행하기 위해 저속 구간을 길게하여 강력한 구동력을 얻도록 한 변속 패턴

– 이코노미 모드(economy mode) : 일반 도로를 주행하기 위해 연비와 차속을 고려한 변속 패턴

– 홀드 모드(hold mode) : 눈길과 같은 빙판길에 출발이 용이하도록 2속 출발이 가능하도록 한 변속 패턴

A/T의 기어 트레인

1. 기어 트레인(gear train)

A/T(자동 변속기)의 내부 구성은 크게 나누어 보면 토크 컨버터(torque converter)와 기어 트레인(gear train)으로 구분 할 수 있다. 토크 컨버터는 앞서 설명한 바와 같이 펌프 임펠러(pump impeller)와 터빈(turbine), 그리고 록 업 클러치(lock up clutch 또는 damper clutch)로 구성되어 기어 트레인(gear train)으로 동력을 전달하고 있다.

이 기어 트레인의 구성은 보통 2조의 유성 기어(planetary gear)와 3조의 습식 다판 클러치 및 2조의 습식 다판 브레이크로 구성되어 차륜에 동력을 전달하고 있다. 엔진으로부터 동력은 토크 컨버터의 터빈으로 전달되면 터빈과 직결된 인풋 샤프트(input shaft)는 회전하기 시작하여 변속기 내의 구동 요소에 동력을 전달하기 시작한다.

🔺 사진5-11 A/T(자동변속기)

🔺 사진5-12 A/T의 내부 절개품

이때 회전을 차단하지 않고 변속을 할 수 있는 유성 기어는 3조의 클러치(clutch)와 연결되어 있어 클러치(clutch)가 작동되면 인풋 샤프트(input shaft)와 연결돼 자동 변속이 이루어진다.

이들 3조의 클러치는 그림 (5-10)과 같이 F/C(front clutch : 프런트 클러치), R/C(rear clutch : 리어 클러치), E/C(end clutch : 앤드 클러치)로 이루어져 있다. 또한 유성 기어의 작동 요소를 정지하여 변속도록 하는 2조의 브레이크(brake)는 K/D(kick down brake : 킥 다운 브레이크)와 L/R(low reverse brake

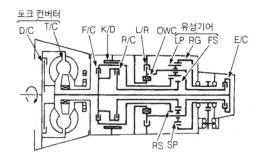

🔺 그림5-10 자동변속기의 기어 트레인 구성

: 로우 리버스 브레이크)로 구성되어 있다. 여기에 사용되는 클러치의 종류나 명칭은 차량 제조사에 따라 다르지만 기본적인 구조나 동작 원리는 동일하다. 따라서 자동 변속기를 처음 접근하는 경우에는 혼돈을 피하기 위해 하나의 대표적인 제조사의 모델을 선정하여 동작 원리 중심으로 학습해 나가는 것이 자동 변속기를 이해하는 지름길이다.

(1) 인풋 샤프트

인풋 샤프트(input shaft)는 터빈(turbine)과 직결되어 있는 변속기의 중심축(샤프트)으로 그림 (5-11)과 같이 중앙 부분에는 리어 클러치(rear clutch)가 고정되어 있는 구조를 가지고 있다. 이 리어 클러치에는 습식 다판 클러치를 집어넣은 리테이너

(retainer)가 일체가 된 상태로 인풋 샤프트에 고정되어 있어 습식 다판 클러치가 작동을
하면 인풋 샤프트(input shaft)의 구동력은 유성 기어(planetary gear)에 전달하게 된
다. 즉 인풋 샤프트의 회전력은 습식 다판 클러치에 의해 유성 기어로 전달하게 된다. 또
한 이 인풋 샤프트의 끝 부분에는 엔드 클러치(end clutch)와 직결되어 있어 4속시 유성
기어의 캐리어(carrier)와 연결되도록 되어 있다.

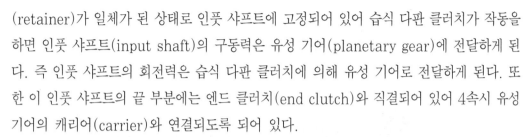

▲ 그림5-11 인풋 샤프트와 리어클러치의 구조

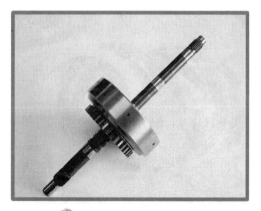

▲ 사진5-13 리어클러치 유닛

▲ 사진5-14 리어 클러치

(2) 변속 클러치

습식 다판 클러치를 사용하는 프런트 클러치(front clutch)나 리어 클러치(rear clutch),
엔드 클러치(end clutch)의 3조는 그림 (5-12)와 같이 리테이터(retainer), 클러치 디스크
(clutch disk), 클러치 플레이트(clutch plate), 피스톤(piston) 및 리턴 스프링(return

spring)의 구성 부품으로 조립되어 있다. 리테이터 내부에는 클러치 디스크 및 플레이트가 13매 ~ 16매 정도 들어가 있어 피스톤의 작동에 의한 압착으로 유성 기어와 동력을 연결되도록 하고 있다.

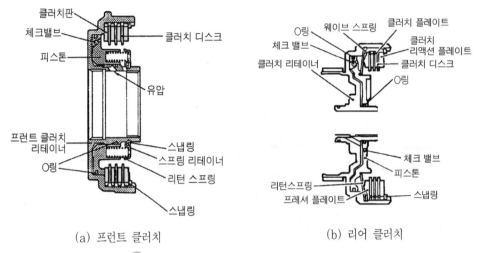

(a) 프런트 클러치　　　　　　　　　(b) 리어 클러치

🔺 **그림5-12　프런트클러치와 리어클러치의 구조**

🔺 **사진5-15　프런트 클러치**

🔺 **사진5-16　클러치 디스크와 플레이트**

　　프런트 클러치(front clutch)의 작동은 3속이나 후진시 작동을 하며 프런트 클러치가 작동을 하면 인풋 샤프트(input shaft)로부터의 구동력을 유성 기어 유닛의 리버스 선 기어에 전달하게 된다. 이에 반해 리어 클러치(rear clutch)의 작동은 1속 ~ 3속시 작동을 하며 리어 클러치가 작동을 하면 인풋 샤프트의 구동력 유성 기어 유닛의 포워드 선 기어(forward sun gear)에 전달되게 된다.

또한 엔드 클러치(end clutch)는 4속시 작동을 하며 엔드 클러치가 작동을 하게 되면 인풋 샤프트(input shaft)로부터 구동력을 유성 기어 유닛의 캐리어(carrier)에 전달하도록 되어 있다. 실제로는 3속시에도 엔드 클러치는 작동을 하게 되지만 이 경우는 4속으로 변속을 변환하기 위해 동력을 스므스(smooth)하게 전달하기 위한 과정으로 실제 동력으로 전달되지는 않는다.

(3) 변속 브레이크

기어 트레인의 변속 브레이크는 차량의 변속 조건에 따라 유성 기어 유닛 (planetary gear unit)의 작동 요소를 고정하는 역할을 하여 변속하도록 하고 있다. 이들 변속 브레이크는 A/T(자동 변속기)의 종류에 따라 다르지만 보통 2조의 브레이크로 구성되어 있다. 4단 변속기의 KM 계열을 대표하는 2조의 브레이크는 L/R(low reverse brake : 로우 리버스 브레이크)와 K/D(kick down brake : 킥 다운 브레이크)로 구성되어 있다.

로우 리버스 브레이크의 구조는 그림 (5-13)과 같이 습식 다판식으로 센터 서포트 (center support)에 피스톤을 설치하고 피스톤 위에 브레이크 디스크 (brake disk)와 브레이크 플레이트(brake plate)를 끼워 넣은 구조를 가지고 있어 변속 클러치의 구조와 유사하다. 이 브레이크(brake)는 변속 레버의 1속시(L, R-레인지 절환시) 유성 기어의 캐리어를 고정하여 1속으로 변속하도록 하는 기능을 가지고 있다.

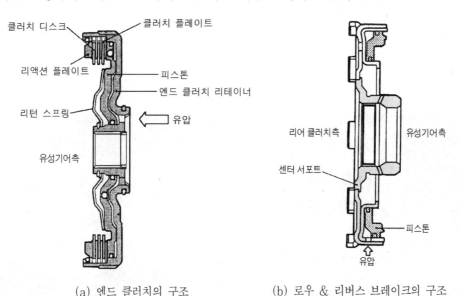

(a) 엔드 클러치의 구조   (b) 로우 & 리버스 브레이크의 구조

그림5-13 엔드 클러치와 로우 리버스 브레이크의 구조

즉 유성 기어의 롱 피니언(long pinion)과 쇼트 피니언(short pinion) 기어의 샤프트를 고정하여 피니언 기어가 선 기어(sun gear) 위를 회전하지 못하도록 해 1속 주행 할 수 있도록 하는 역할을 하고 있다. 이에 비해 K/D 브레이크(kick down brake : 킥 다운 브레이크)는 그림 (5-14)와 같은 밴드(band)식 브레이크이다.

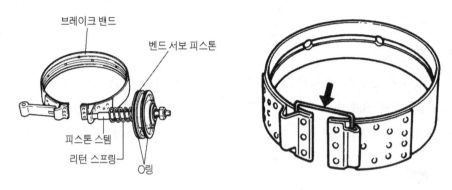

브레이크 밴드
벤드 서보 피스톤
피스톤 스템
리턴 스프링
O링

🔺 그림5-14 K/D 브레이크의 구조

K/D 브레이크의 구조는 K/D 브레이크 밴드를 피스톤 스템(또는 피스톤 로드)을 이용하여 조이도록 하는 구조를 가지고 있다. 이 브레이크는 변속 레버를 2, D-레인지로 전환하여 주행시 2속, 4속으로 변속하도록 하는 기능을 가지고 있다. 차량의 주행 조건에 의해 자동 변속기의 2속압이 작동하면 K/D 브레이크의 피스톤 스템(피스톤 로드)은 K/D 브레이크 밴드를 밀어 킥 다운 드럼(kick down drum)을 고정한다. 킥 다운 드럼이 고정되면 킥 다운 드럼(kick down drum)과 직결되어 있는 유성 기어의 리버스 선 기어(reverse sun gear)를 고정하여 2속, 및 4속을 변속 할 수 있도록 하고 있다.

브레이크 밴드

🔺 사진5-17 변속기 내부 기어 트레인

K/D서보 스위치

🔺 사진5-18 K/D 서보 스위치

그 밖에 A/T(자동 변속기)는 기계적인 브레이크(brake)를 가지고 있다. 이것은 변속 레버를 P-레인지로 절환하면 변속기의 구동측과 연결된 스프래그 기어(sprag gear)를 고정하여 출력측 구동 기어를 고정하는 파킹 기구이다. 파킹 기구의 구조는 그림 (5-15)와 같이 파킹 스프래그 기어(parking sprag gear)를 고정하는 파킹 스프래그(parking sprag)와 파킹 스프래그를 움직이는 스프래그 로드(sprag rod)와 디텐트 플레이트(detent plate)로 구성되어 있다. 따라서 변속 레버를 P-레인지로 절환하면 스프래그 로드와 디텐트 플레이트가 그림(b)의 → 표 방향으로 움직여 파킹 스프래그를 밀어 올린다. 이때 파킹 스프래그(parking sprag)가 위로 밀어 올려 파킹 스프래그 기어를 고정하면 출력 구동측과 연결된 파킹 스프래그 기어는 고정되어 차량이 이동하지 못하도록 하고 있다.

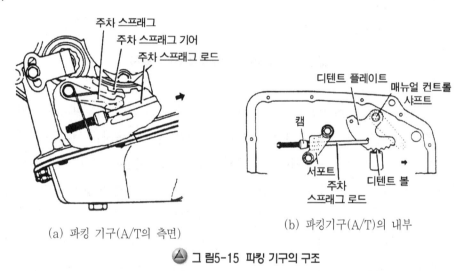

(a) 파킹 기구(A/T의 측면)　　　(b) 파킹기구(A/T)의 내부

△ 그림5-15 파킹 기구의 구조

(4) 유성 기어

자동 변속기에 사용되는 유성 기어 유닛(planetary gear unit)는 더블형으로 그 구조는 그림 (5-16)과 같다. 포워드 선 기어(forward sun gear) 위를 회전하는 쇼트 피니언(short pinion)과, 리버스 선 기어(reverse sun gear) 위를 회전하는 롱 피니언(log pinion), 그리고 링 기어(ring gear 또는 annulus gear) 및 피니언 기어를 고정하는 캐리어(carrier)로 구성되어 있다.

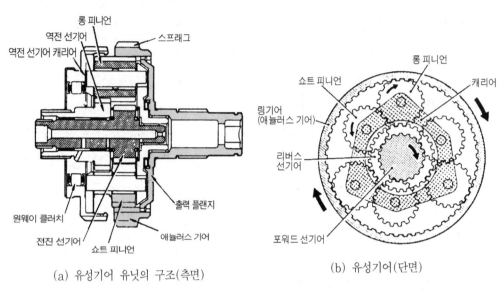

(a) 유성기어 유닛의 구조(측면)

(b) 유성기어(단면)

🔺 그림5-16 유성기어 유닛의 구조(더블형)

　　유성 기어(planetary gear)의 변속 원리는 선 기어 위를 굴러가는 피니언 기어의 속도 보다 피니언 기어(pinion gear) 위를 굴러가는 속도가 빨라 증속하게 된다는 기본 원리를 토대로 하고 있다. 더블형 유성 기어를 사용하는 라비뇨(ravigneax) 형식의 유성 기어는 입력측 선 기어(sun gear)와 출력측 링 기어(ring gear)의 회전 방향이 같다. 이에 반에 심프슨(simpson)형 기어를 사용하고 있는 유성 기어는 기어를 직결하여 종감속 하는 것이 다소 차이는 있지만 기본 원리는 같다. 보통 4단 A/T를 사용하고 있는 변속기는 입력은 포워드 선기어(forward sun gear)에 출력은 링 기어라고 하는 기본적인 동작 개념은 같다.

🔺 사진5-19 유성기어 유닛

🔺 사진5-20 로우 리버스 브레이크 탈거

이 곳에 사용하는 H사의 KM 계열의 기어 직결은 리버스 선 기어는 K/D 드럼과 함께 프런트 클러치 리테이너(front clutch retainer)에 결합되어 있다. 포워드 선 기어(forward sun gear)는 리어 클러치 허브(rear clutch hub)에 연결되어 있고, 캐리어(carrier)는 L/R 브레이크 허브 및 OWC 아웃 레이스(one way clutch out race)와 일체로 되어 있다. 또한 유성 기어의 캐리어는 엔드 클러치(end clutch)와 결합되어 있고, 링-기어는 출력 플랜지(flange)와 결합되어 있어 구동력을 바퀴에 전달하고 있다.

■2. 밸브 보디

A/T(자동 변속기)의 하부에 장착된 밸브 보디(valve body)는 변속기의 각 작동 요소의 유압을 제어하기 위한 밸브류의 유압 회로판이라 생각하면 좋다. 이 밸브 보디(valve body)에는 전기적으로 유압을 제어하기 위한 솔레노이드 밸브(solenoid valve)류와 기구적으로 유압을 제어하기 위한 스풀 밸브(spool valve)류가 여러 개 구성되어 변속기이 작동 요소의 라인압을 제어한다.

전기적 신호를 받아 작동하는 솔레노이드 밸브류는 변속 조절 밸브의 유압을 제어하기 위한 시프트 컨트롤 솔레노이드 밸브(shift control solenoid valve)가 2조, 록 업 제어(lock up control)를 하기 위한 록업 컨트롤 솔레노이드 밸브(lock up control : 또는 댐퍼 클러치 컨트롤 솔레노이드 밸브), 라인압을 제어하기 위한 프레셔 컨트롤 솔레노이드 밸브(pressure control solenoid valve) 각 1조가 사용되고 있다.

또한 기구적으로 작동하는 스풀 밸브(spool valve)류는 각 작동 요소의 압력을 제어하기 위한 매뉴얼 밸브(manual valve), 레귤레이터 밸브(regulator valve), 시프트 컨트롤 밸브(shift control valve), 토크 컨버터 컨트롤 밸브(torque converter control valve), 리듀싱 밸브(reducing valve), N-D 컨트롤 밸브(N-D control 밸브), N-R 컨트롤 밸브(N-R control 밸브), 댐퍼 클러치 컨트롤 밸브(damper clutch control valve) 등이 사용되고 있다.

이들 밸브류의 작동을 생각해 보면 그림 (5-17)과 같이 오일 펌프(oil pump)로부터 토출된 라인압은 PRV(압력 레귤레이터 밸브)와 매뉴얼 밸브를 통해 각 작동 요소의 밸브로 보내져 변속을 하기 위한 라인압으로 조절된다. PRV는 오일 펌프로부터 토출된 라인 압을 일정하게 만들기 위한 밸브로 오일 펌프의 회전수는 엔진 회전수와 같아 엔진의 회전수에 따라 라인압이 상승하는 것을 조절하여 주는 밸브가 PRV이다. 여기서 말하는 라인압(line

pressure)이란 오일 펌프에서 토출된 압력을 말한다.

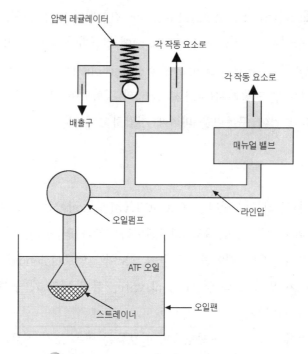

그림5-17 오일펌프로부터 토출된 유압회로

사진5-21 밸브보디의 하부

사진5-22 밸브보디의 유압 회로

　　매뉴얼 밸브(manual valve)는 그림 (5-18)과 같이 변속 레버와 연동하여 움직이는 밸브로 각 변속단에 필요한 라인압의 유로를 전환하여 유압을 공급하는 역할을 한다. SCV 밸브(shift control valve)는 변속을 하기 위해 라인압을 조절하는 밸브이다.

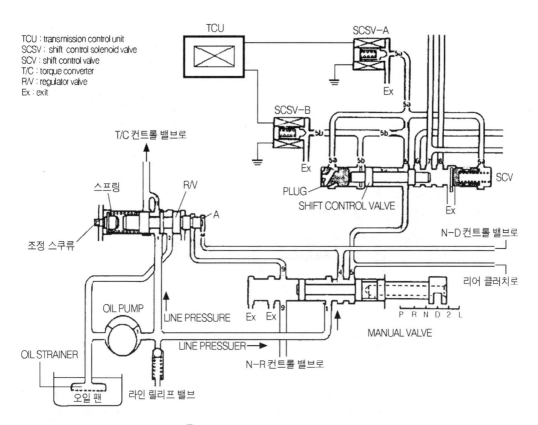

TCU : transmission control unit
SCSV : shift control solenoid valve
SCV : shift control valve
T/C : torque converter
R/V : regulator valve
Ex : exit

그림5-18 변속시 SCV밸브의 작동

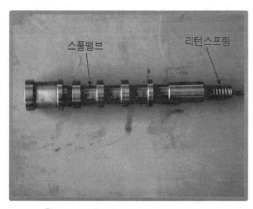

사진5-23 댐퍼 클러치 시프트 밸브

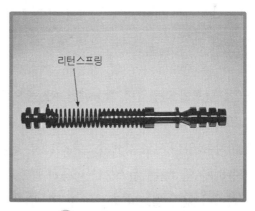

사진5-24 레귤레이터 밸브

이 밸브는 그림 (5-19)와 같이 2조의 SCSV(Shift Control Solenoid Valve)A, B
를 통해 SCV 밸브의 작용압을 제어한다.

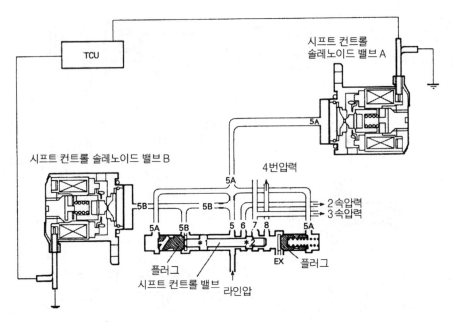

🔺 그림5-19 SCV(시프트 컨트롤 밸브)유압회로의 작동

SCSV(shift control solenoid valve)는 TCU로부터 ON/OFF 제어 하는 솔레노이드 밸브로 ON 상태일 때는 유로를 개방하고, OFF 상태일 때는 유로를 차단하도록 해 SCV 밸브에 작용하는 라인압을 제어한다. SCSV-A 밸브는 SCV 밸브의 작용하는 라인압을 제어하기 위해 SCV 밸브의 양측에 있는 플러그(plug)에 작용하는 유압을 제어하는 데 반해 SCSV-B 밸브는 SCV 밸브의 #1 랜드(land)의 좌측에 삭용하는 유압을 세어한다. 이들 밸브(valve)의 작동을 살펴보면 랜드(land)의 직경이 #1 > #2 되어 있어 SCV 밸브에 라인압이 작용하면 #1 측으로 이동하게 된다.

또한 랜드 #1의 좌측 b-포트로 유압이 작용하면, 랜드 #1의 라인압과 b-포트의 유압이 같아져 유압은 서로 상쇄되고 지금까지 작용하고 있던 라인압에 의해 랜드(land)의 #2에 작용하게 돼 #2는 우측으로 이동하게 된다.

따라서 SCV 밸브의 작동은 SCSV 밸브의 작동에 의해 랜드 #1과 #2의 이동이 결정 된다. 즉 SCSV 밸브는 TCU에 의해 ON/OFF 제어 하므로 (유로를 개방과 차단하므로) SCV 밸브의 작용하는 유압을 제어하게 되어 변속 할 수 있도록 하고 있다. 실제로 SCSV 밸브는 TCU의 전기 신호로부터 표 (5-4)의 SCSV 밸브 A, B의 작동 조건과 같이 작동되어 기어 변속이 이루어진다.

변속	솔레노이드 밸브		유성 기어			비고
	A	B	F/S	R/S	캐리어	
1속	ON	ON	○		●	OWC 작동
2속	OFF	ON	○	●		
3속	OFF	OFF	○	○		
4속	ON	OFF		●	○	

[표5-4] 변속제어 솔레노이드 밸브의 작동

※범례 ○ : 연결 ● : 고정

예를 들면 SCSV 밸브 A, B가 ON 되어 1속 상태인 경우 SCSV 밸브 A, B는 유로가 개방되어 라인압은 SCSV 밸브를 통해 배출하게 된다. 이때 라인압은 매뉴얼 밸브(manual valve)로부터 SCV 밸브의 랜드(land) 사이를 작용하게 돼 랜드 #1은 좌측으로 이동하게 된다. 따라서 SCV 밸브의 2속압(2nd pressure), 3속압(3th pressure)의 유로는 차단되고 리어 클러치(rear clutch)의 작동압은 매뉴얼 밸브(manual valve)의 5번 포트를 통해 유압이 작동하게 된다. 이 리어 클러치는 유성 기어의 포워드 선 기어(forward sun gear)와 직결되어 1속 감속비를 얻게 된다.

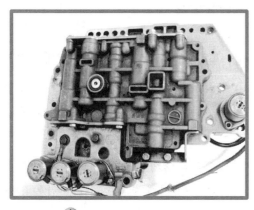

🔺 사진5-25 밸브보디 유닛

🔺 사진5-26 V/B의 솔레노이드 밸브

2속 상태가 되면 TCU는 표 (5-4)와 같이 SCSV-A를 OFF 시키고, SCSV-B를 ON 시키게 된다. SCSV-A가 OFF 되면 솔레노이드 밸브의 유로는 차단되어 그림 (5-20)의 SCV 밸브 작동과 같이 a 포트를 통해 SCV 밸브의 양측 플러그에 작용하게 된다. 이때 SCV 밸브의 좌측 플러그는 우측으로, 우측 플러그는 좌측으로 스톱퍼(stopper)까지 이동

하게 돼 6번 포트는 열리게 된다. 6번 포트가 열리게 되면 라인압은 매뉴얼 밸브를 통해 6번 포트로 작용하게 돼 2속 압력으로 작용하게 된다.

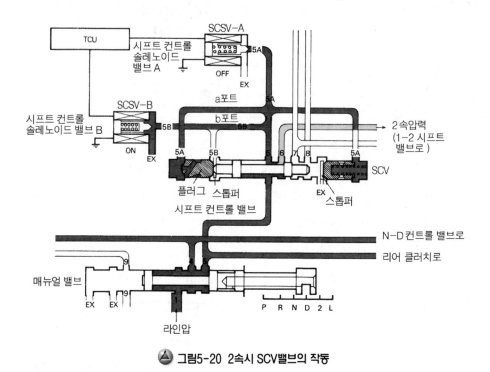

🔺 그림5-20 2속시 SCV밸브의 작동

6번 포트의 2속 라인압은 1-2 시프트 밸브(shift valve)를 통해 K/D 브레이크에 작용하게 되어 유성 기어의 리버스 선 기어(reverse sun gear)는 고정하게 된다. 한편 매뉴얼 밸브(manual valve)의 5번 포트를 통한 라인압은 리어 클러치(rear clutch)에 작용하게 돼 결국 유성 기어는 2속 변속비를 얻게 된다.

3속 상태가 되면 SCSV-A밸브 및 SCSV-B 밸브는 OFF 상태가 돼 SCSV-A, SCSV-B 밸브의 유로는 차단되고 SCV 밸브의 a 포트로 유압이 작용하게 돼 2속의 라인압을 얻게 된다. 이때 SCSV-B의 OFF 상태는 SCV 밸브를 2속 상태일 때 보다 더 우측으로 이동하게 돼 SCV 밸브의 7번 포트는 열리게 된다. SCV 밸브의 7번 포트가 열리면 이 라인압은 2-3 시프트 밸브를 통해 리어 클러치와 킥 다운 브레이크를 작동하게 돼 3속 변속비를 얻는다. 4속 상태가 되면 TCU로부터 SCSV-A밸브를 ON시켜 유로를 개방하고 SCSV-B 밸브는 OFF 시켜 유로를 차단하게 된다.

SCSV-A 밸브가 ON 상태가 되면 유로를 개방하여 a 포트의 라인압을 솔레노이드 밸브의 배출 포트를 통해 배출하게 된다. SCSV-A 밸브가 개방되어 라인압이 배출되면 지금까지 SCV 밸브의 a 포트를 통해 작용하고 있던 라인압도 배출이 되어 플러그는 원 위치된다. 그러나 SCSV-B가 OFF가 된 유로를 차단하고 있는 상태로 라인압은 SCV 밸브의 b 포트를 통해 작용하게 된다. b포트로 라인압이 작용하게 되면 SCV 밸브의 우측 플러그는 동시에 우측 스톱퍼(stopper) 까지 이동하게 되고 8번 포트를 통해 라인압이 작용하게 된다.

[표5-5] 변속제어 솔레노이드밸브의 작동(F5A5계열)									
변속 레버			클러치 1		브레이크			솔레노이드 밸브			
			UD	OD	2ND	L/R	REV	UD	OD	2ND	L/R
P						○					%
R						○	○				%
N						○					%
D	S	1	○			○		%			%
		2	○		○			%		%	
		3	○	○				%	%		
		4	○	○				%	%		
		5		○	○				%	%	

이 8번 포트의 라인압은 리어 클러치 배기 밸브(rear clutch exhaust valve)를 통해 4속 압을 얻게 된다.

차량의 정지시에는 2속압을 유지하여 리어 클러치(rear clutch)와 K/D 브레이크를 작동하지만 차량의 크립(creep)력을 얻기 위해 K/D 브레이크에 작용하는 유압을 보통 2속 주행시 보다 낮은 유압으로 제어 하고 있다. K/D 브레이크에 작용하는 유압을 낮게 제어하기 위해 KM 계열의 자동 변속기는 PCSV(Pressure Control Solenoid Valve) 밸브를 듀티(duty) 제어한다. TCU로부터 PCSV 밸브를 듀티 제어하기 위해 듀티 신호 전압을 출력하면 그림 (5-21)과 같이 PCSV 밸브는 듀티 신호분 만큼 유로를 개방하여 PCV 밸브의 23b의 포트는 유압이 낮아진다.

이때에는 포트압의 크기는 23번 >23b번이 되어 PCV 밸브의 랜드 #2와 #3는 면적차에 의해 PCV 밸브는 좌측으로 이동하게 된다. 리듀싱(reducing)압에 의해 좌측으로 이동한

PCV 밸브는 랜드(land) #2에 의해 5번 포트는 차단된다. 이에 따라 10번 포트의 유압은 PCV 밸브의 배출 포트에 의해 낮아지게 된다. 10번 포트의 유압이 낮아지면 PCV 밸브는 스프링 힘에 의해 우측으로 이동하게 되어 5번 포트를 개방한다. 다시 5번 포트가 개방되면 10번 포트로 유압이 작용하게 돼 K/D 브레이크에 작용하는 유압을 조절하여 크립(creep)력을 얻도록 하고 있다.

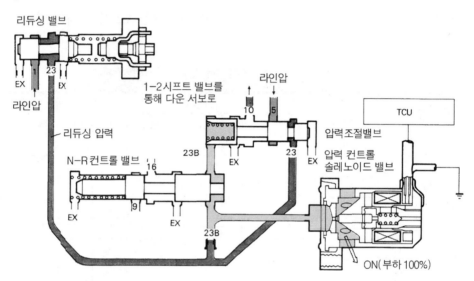

그림5-21 1속시 PCV 밸브의 작동

A/T(자동 변속기)는 토크 컨버터의 펌프 임펠러(pump impeller)와 터빈(turbine)의 회전수 차로 연비가 증가하는 것을 개선하기 위해 록 업 클러치(lock up clutch)를 설치 해두고 있는데 KM 계열의 변속기에서는 록 업 클러치 대신 댐퍼 클러치(damper clutch)를 설치하고 있다.

댐퍼 클러치의 작동은 그림 (5-22)와 같이 DCCSV(댐퍼 클러치 컨트롤 솔레노이드 밸브) 밸브를 통해 DCCV 밸브를 작동 유압을 제어하고 있다. DCCSV 밸브는 듀티 제어를 하지만 OFF 상태가 되면 유로를 차단하여 DCCV 밸브의 23번 포트와 23a번 포트 라인으로 리듀싱(reducing) 압이 작용하도록 한다. 리듀싱 압이 작용하면 DCCV 밸브의 랜드 #5와 #6의 면적차로 밸브는 우측으로 이동하게 된다. DCCV 밸브가 우측으로 이동하게 되면 3번 포트로부터 라인압은 25번 포트로 공급되어 토크 컨버터(torque converter)의 프런트 커버(front cover)와 댐퍼 클러치 플레이트(damper clutch plate) 사이로 작동 유압이 공급

하게 된다. 이 상태에서 2속 이상인 댐퍼 클러치 작동 조건이 되면 TCU는 듀티 신호를 출력하여 DCCSV 밸브를 듀티 신호분 만큼 작동시켜 유로를 듀티분 만큼 열게 한다. DCCSV 밸브는 듀티 신호에 의해 DCCV 밸브의 랜드 #1에 작용하는 유압을 23a번 포트를 통해 저하 시킨다.

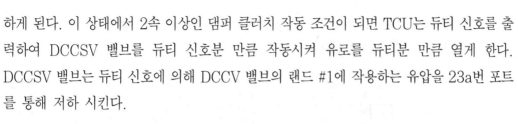
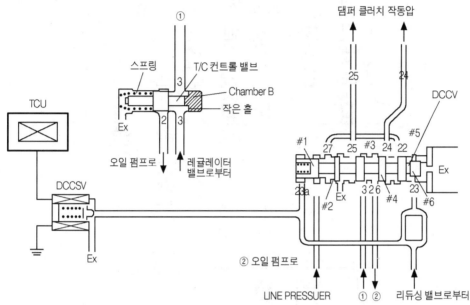

🔺 그림5-22 댐퍼클러치 작동시 DCCV밸브의 작동

이 유압이 저하 되면 랜드 #1에 작용하는 유압 보다 랜드 #5, #6에 작용하는 유압이 크게 되어 DCCV 밸브는 좌측으로 이동하게 된다. DCCV 밸브가 좌측으로 이동하게 되면 3번 포트의 유로는 26번 포트와 연결되어 3번 포트로 유입된 오일은 26번 포트를 통해 오일 펌프(oil pump)로 돌아가게 된다. 또한 1번 포트의 라인압은 27번 포트를 통해 24번 포트로 이동하여 토크 컨버터로 공급하게 된다. 이렇게 24번 포트를 통해 토크 컨버터로 공급된 유압은 댐퍼 클러치 플레이트(damper clutch plate)의 터빈 사이를 작용하게 돼 댐퍼 클러치 플레이트와 토크 컨버터의 프런트 커버(front cover)를 밀착시킨다.

프런트 커버(front cover)에 밀착된 댐퍼 클러치 플레이트는 엔진의 회전수와 동속이 되어 엔진 동력을 터빈(turbine)에 직접 전달하게 된다. 이와 같이 DCCSV 밸브의 듀티 신호를 통해 댐퍼 클러치를 제어하는 것을 댐퍼 클러치 제어라 한다.

그림 (5-23)은 지금까지 대표적인 제조사의 변속기를 중심으로 설명한 밸브 보디의 스풀 밸브의 위치를 나타낸 그림이다.

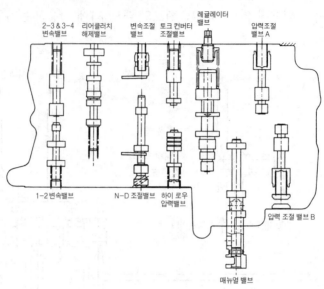

(a) 어퍼 밸브 보디

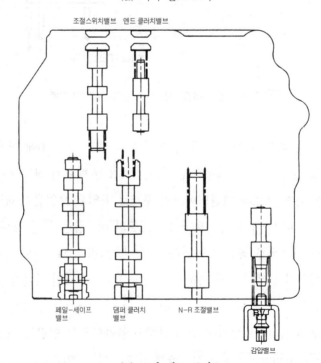

(b) 로어 밸브 보디

⚠ 그림5-23 밸브 보디의 각 조절밸브(KM175계열 예)

point

A/T의 구성부품

1 토크 컨버터

(1) 자동 변속기의 구성 부품

- 토크 컨버터 : 엔진 동력을 유체 동력으로 변환하는 기구
- 기어 트레인 : 기어의 단속 없이 변속하는 동력 전달 장치
- 밸브 보디 : A/T의 작동 요소를 제어하기 위한 유압 제어 기구

(2) 토크 컨버터의 구성 부품

- 펌프 임펠러 : 엔진 동력을 유체 동력으로 변환하기 위해 엔진과 동속으로 회전하는 회전 날개 모양의 유체 펌프
- 터빈 : 유체 동력을 기계적인 동력으로 변환하기 위한 회전 날개 모양의 터빈
- 스테이터 : 펌프 임펠러로부터 터빈으로 넘어 들어오는 오일의 방향을 바꾸어 다시 펌프 임펠러로 되돌려 토크를 증대하기 위한 팬(날개)
- ※ 유체의 이동 수순 : 펌프 임펠러 → 터빈 → 스테이터 → 펌프 임펠러

(3) 록 업 클러치

- 토크 컨버터의 슬립 현상 : 펌프 임펠러의 회전수 > 터빈 회전수 차로 연비 악화. 따라서 연비를 개선하기 위해 차량이 일정속 이상이 되면 엔진 동력이 터빈과 직결되어 펌프 회전수= 터빈 회전수가 되도록 하기 위한 클러치이다.
- 록 업 클러치 : 터빈측에 있는 습식 클러치판에 의해 토크 컨버터의 프런트 커버와 직결하도록 하는 클러치. KM 계열에서는 이 클러치를 댐퍼 클러치라 한다.

(4) 오일 펌프

- 트로코이드식 오일 펌프 : A/T에 사용되는 내접형 오일 펌프
- 트로코이드식의 특징 : - 양기어이 회전 방향이 동일하여 기어 간에 접촉이 작아 마모 및 소음에 유리하다.
  - 토출압의 변화에도 불구하고 오일의 토출량의 변화가 적다

2 기어 트레인

(1) KM 계열의 기어 트레인 구성 부품

- 2조의 유성 기어, 3조의 습식 다판 클러치, 2조의 습식 다판 브레이크
- 클러치류 : 프런트 클러치, 리어 클러치, 엔드 클러치
- 브레이크류 : K/D 브레이크, 로우 리버스 브레이크

(2) 구성 부품의 기능

- 더블형 유성 기어 : 포워드 선 기어 위를 회전하는 쇼트 피니언 기어와 리버스 선

기어 위를 회전하는 롱 피니언 기어, 그리고 피니언 기어를 고정하는 캐리어로 구성

- 습식 다판 클러치 : 유성 기어의 3개의 기어 중 입력 및 출력이 결정된 기어와 연결하기 위한 클러치(즉 변속을 하기 위한 클러치)
- 습식 다판 브레이크 : 유성 기어의 3개의 기어 중 입력 및 출력이 결정된 기어와 연결하기 위한 브레이크(즉 변속을 하기 위한 브레이크)

3 밸브 보디

(1) 밸브 보디의 기능과 종류

① 밸브 보디 : 자동 변속기 내에 있는 각 작동 요소의 유압을 제어하는 유압 회로판

② 솔레노이드 밸브 : 전기적인 신호에 의해 유로를 개방 또는 차단하는 밸브
- ON 시 : 유로 개방, OFF 시 : 유로 차단(H사의 KM 계열 예)

③ 기구적인 밸브 : 유압에 의해 유로를 개방 또는 차단하는 밸브

(2) 밸브의 종류와 기능

① 솔레노이드 밸브의 종류(제조사에 따라 호칭이 다소 차이가 있음)
- SCSV 밸브 : 유성 기어의 입, 출력을 결정하기 위한 변속 밸브
- PCSV 밸브 : 라인압 보다 낮은 일정한 유압을 만들어 PCV 밸브, DCCV 밸브를 제어하기 위한 밸브
- DCCSV 밸브 : 댐퍼 클러치를 작동하기 위한 솔레노이드 밸브

② 기구적인 밸브의 종류
- 매뉴얼 밸브 : 변속 레버와 연동되어 움직이며 오일 펌프로부터 토출된 라인압을 작동 요소에 공급하는 밸브
- 레귤레이터 밸브 : 오일 펌프로부터 토출된 라인압을 일정한 유압으로 변환하는 밸브
- 리듀싱 밸브 : PCV 밸브나 DCCV 밸브를 제어하기 위해 항상 라인압 보다 낮은 유압을 제어하기 위한 밸브
- SCV 밸브 : 각 변속단에 맞는 위치로 변속 유로를 절환하여 주는 밸브
- PCV 밸브 : 그립력을 얻기 위해 리듀싱 압을 제어하여 주는 밸브
- DCSV 밸브 : 댐퍼 클러치를 작동하기 위해 유로를 절환하여 주는 밸브
- 토크 컨버터 조절 밸브 : 댐퍼 클러치 해방시 유압을 일정하게 조절하여 주는 밸브

○ 라인압 : 오일 펌프로 토출된 유압을 말함

A/T의 전자 제어 시스템

1. 시스템의 구성

전자 제어 A/T는 기계식 A/T와 비교하여 변속해야 할 변속 시점을 모두 유압에 의해 이루어진다는 것은 기본 구조에 있어 크게 다르지 않다. 기계식 A/T는 차속에 따라 유압을 발생시키는 거버너(governor) 압과 엔진의 부하에 따라 발생시키는 스로틀(throttle)압을 이용 각 유압 클러치(clutch)나 브레이크(brake)를 작동시켜 자동 변속한다. 이에 비해 전자 제어식 A/T는 변속 시점을 결정하기 위해 여러 가지 주행 정보를 센서로부터 검출할 입력 정보와 검출된 정보를 종합 처리할 TCU(Transmission Control Unit : A/T의 컨트롤 유닛), 그리고 유압 회로의 밸브(valve)를 개폐 할 솔레노이드 밸브(solenoid valve)로 구성되어 있다.

따라서 전자 제어 A/T는 기계식 A/T와 달리 차량의 주행 정보를 TCU(A/T 컴퓨터)가 입력받아 변속 포인트(point)를 정확히 결정하고, 결정된 신호는 변속기의 밸브 보디(valve body)내에 있는 유압 솔레노이드 밸브(solenoid valve)를 제어한다. 이렇게 제어된 유압 솔레노이드 밸브는 스풀 밸브(spool valve)류를 개폐하여 유압 클러치와 브레이크를 작동시켜 자동 변속한다. 이와 같이 전자 제어 A/T는 주행 조건에 따라 전기적인 신호를 입력받아 TCU(A/T 컴퓨터)가 처리 하도록 한 것은 주행 조건을 보다 정확히 응답토록 해 효율이 좋은 변속비와 경제적인 연비 등을 실현하기 위함이다.

전자 제어 A/T의 구성은 크게 구분하여 보면 그림 (5-24)와 같이 엔진 동력을 전달하는 **(1) 자동 변속기와,** 유압 회로의 유압을 제어하는 **(2) 밸브 보디,** 밸브 보디 내의 솔레노이드 밸브를 제어하는 TCU(A/T 컴퓨터)로 구성되어 있다. 여기서 (1) 자동 변속기는 기계식 A/T와 같은 기능을 갖고 있는 유체 동력 전달 장치(토크 컨버터)와 동력을 전달하는 기어 트레인(유성 기어, 변속 클러치, 변속 브레이크)으로 구성되어 있다.

또한 (2)의 밸브 보디(valve body) 내에는 전기 신호에 의해 작동하는 유압 솔레노이드 밸브를 내장하고 있어 유압 회로의 밸브를 개폐 할 수 있도록 하고 있다. 솔레노이드 밸브의 작동은 그림 (5-25)와 같이 (3) TCU(A/T 컴퓨터)에 의해 변속에 필요한 입력 정보를 처리하여 제어한다.

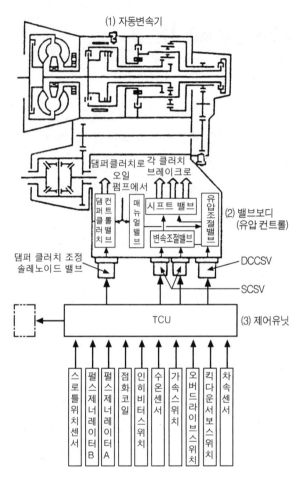

(1) 자동변속기

댐퍼클러치로 각 클러치
오일 브레이크로
펌프에서

댐퍼 컨트롤 클러치 밸브

매뉴얼 밸브

시프트 밸브

변속조절밸브

유압 조절 밸브

(2) 밸브보디
(유압 컨트롤)

댐퍼 클러치 조정
솔레노이드 밸브

DCCSV

SCSV

TCU

(3) 제어유닛

스로틀위치센서
펄스제너레이터B
펄스제너레이터A
점화코일
인히비터스위치
수온센서
가속스위치
오버드라이브스위치
킥다운서보스위치
차속센서

⚠ 그림5-24 4A/T시스템 구성도(KM170 계열)

⚠ 사진5-27 A/T 내부 기어 트레인

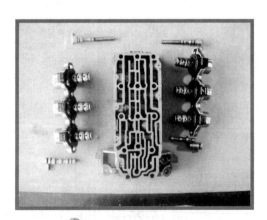

⚠ 사진5-28 상측 밸브 보디

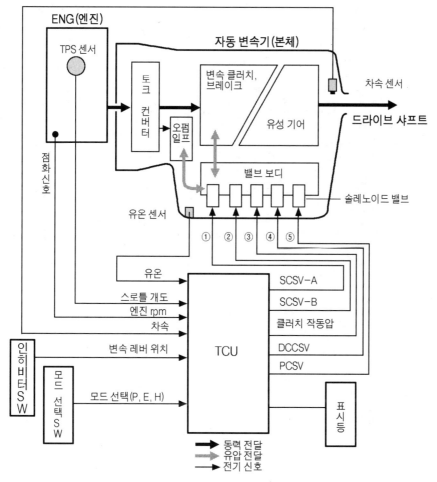

그림5-25 전자제어 A/T시스템

전자 제어 A/T라는 것은 결국 TCU를 이용 변속에 필요한 입력 정보를 입력받아 유압 솔레노이드 밸브(solenoid valve)를 작동하고, 이 밸브는 유압회로의 밸브를 개폐하여 변속 클러치와 브레이크를 작동하는 자동 변속 시스템이다.

보통 자동 변속에 필요한 입력 정보로는 그림 (5-26)과 그림 (5-27)과 같이 차량의 주행 상태를 검출하기 위한 엔진측 신호와 자동 변속기의 상태를 검출하는 A/T측 신호를 입력 으로 사용하고 있다. 엔진측 신호로는 차속과 엔진 회전수 신호, 운전자의 가감속 의지를 검출하는 TPS 센서(스로틀 개도 검출 센서) 신호, 브레이크 SW 등이 필요하다.

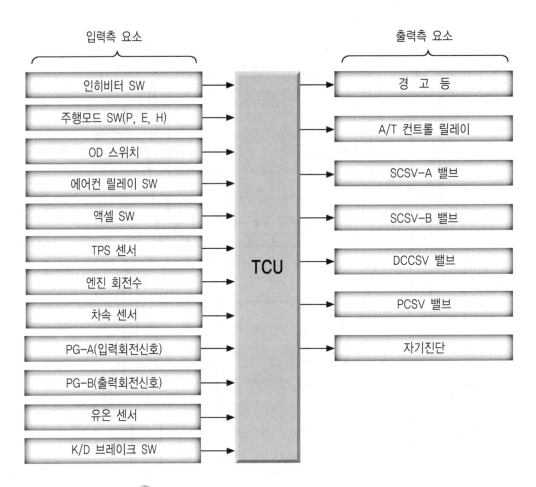

입력측 요소 / 출력측 요소

입력측 요소		출력측 요소
인히비터 SW	→ TCU →	경 고 등
주행모드 SW(P, E, H)		A/T 컨트롤 릴레이
OD 스위치		SCSV-A 밸브
에어컨 릴레이 SW		SCSV-B 밸브
액셀 SW		DCCSV 밸브
TPS 센서		PCSV 밸브
엔진 회전수		자기진단
차속 센서		
PG-A(입력회전신호)		
PG-B(출력회전신호)		
유온 센서		
K/D 브레이크 SW		

그림5-26 전자제어 A/T의 입출력 구성(KM 170계열)

사진5-29 A/T 시프트 레버

사진5-30 인히비터 스위치

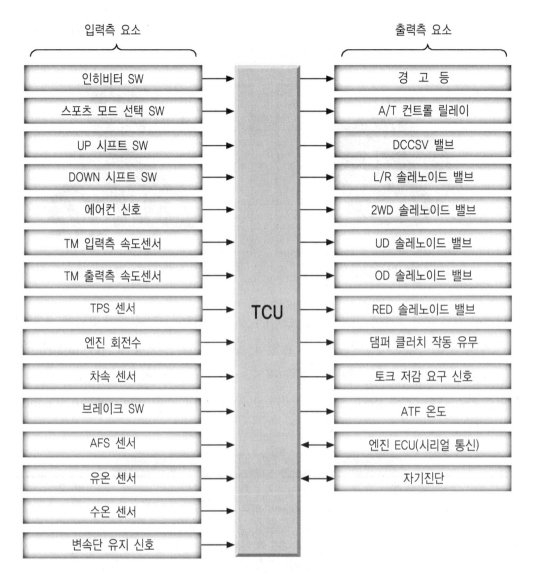

입력측 요소   출력측 요소

입력측 요소	TCU	출력측 요소
인히비터 SW		경 고 등
스포츠 모드 선택 SW		A/T 컨트롤 릴레이
UP 시프트 SW		DCCSV 밸브
DOWN 시프트 SW		L/R 솔레노이드 밸브
에어컨 신호		2WD 솔레노이드 밸브
TM 입력측 속도센서		UD 솔레노이드 밸브
TM 출력측 속도센서		OD 솔레노이드 밸브
TPS 센서		RED 솔레노이드 밸브
엔진 회전수		댐퍼 클러치 작동 유무
차속 센서		토크 저감 요구 신호
브레이크 SW		ATF 온도
AFS 센서		엔진 ECU(시리얼 통신)
유온 센서		자기진단
수온 센서		
변속단 유지 신호		

그림5-27 전자제어 A/T의 입출력 구성(F5A5)

    A/T(자동 변속기)측 신호로는 터빈 회전수를 검출하는 PG-A(pulse generator-A), 드리븐 기어의 회전수를 검출하는 PG-B(pulse generator-B)와 변속 레버의 위치를 검출하는 인히비터 스위치(inhibitor switch), 도로의 상황에 따라 주행 모드를 선택하기 위한 주행 모드 스위치, 그리고 ATF 오일의 온도를 검출하는 유온 센서 신호 등이 사용되고 있다. TCU는 이러한 입력 신호를 토대로 미리 설정된 변속 패턴(shift pattern)을 결정하여

주행할 수 있도록 출력 신호를 보낸다. 이 출력 신호는 적절한 변속을 하기 위해 유압 솔레노이드 밸브를 구동하여 변속을 실행하게 된다.

▲ 사진5-31 차속센서

▲ 사진5-32 솔레노이드 밸브

따라서 전자 제어 A/T의 출력 측에는 그림(5-26)과 그림(5-27)과 같이 유압을 제어하는 여러 개의 유압 솔레노이드 밸브를 가지고 있다. 보통 변속에 필요한 SCSV(shift control solenoid valve)와 라인압을 제어하기 위한 PCSV(pressure control solenoid valve), 록 업 제어를 하기 위한 LCSV(lock up solenoid valve) 또는 DCCSV(damper clutch control solenoid valve) 등을 두고 있다.

NO	입력 센서	기 능	비 고
1	인히비터 SW	변속 레버의 위치 검출	
2	주행 모드 SW	파워, 이코노미, 홀드 모드의 검출	
3	TPS 센서	스로틀 개도의 위치 검출	
4	브레이크 SW	액셀 페달의 위치 검출	APS 신호
5	에어컨 릴레이	에어컨 작동의 신호 검출	
6	O/D SW	오버 드라이버 선택 SW의 위치 검출	
7	킥 다운 서보 SW	킥 다운 피스톤의 위치 검출	
8	차속 센서	차속 검출	
9	엔진 회전 신호	엔진 회전수 검출	
10	PG-A 신호	K/D 드럼의 회전수 검출	KM 170 계열 A/T
	(터빈 회전 신호)	E/C 리테이너의 회전수 검출	대형 A/T
11	PG-B 신호	트랜스퍼 드리븐 기어의 회전수 검출	KM 170 계열 A/T
	(출력 회전 신호)	트랜스퍼 드리븐 기어의 회전수 검출	대형 A/T
12	유온 센서	AFT 오일의 온도 검출	저, 고온 제어
13	아이들 SW	아이들 상태 검출	

[표5-6] 전자제어 A/T의 입력 신호 기능

또한 최근에는 운전자의 습성과 주행 조건에 따라 최적의 변속을 실행하기 위해 그림 (5-27)과 같이 자동 변속기 내의 유압 클러치와 브레이크(clutch & brake)에 각기 해당하는 솔레노이드 밸브를 두고 있다. 이렇게 각기의 유압 클러치와 브레이크에 해당하는 전용 솔레노이드 밸브를 두는 것은 변속시 느끼는 변속성과 변속기 내의 내구성을 크게 향상시키기 위해서이다.

2. 전자 제어 기능

전자 제어 A/T의 기본 목적은 종래의 기계식 A/T에서 느낄 수 없는 운전자의 의지에 의한 주행성 향상, 연비 향상과 배출 가스에 대응한 변속 패턴, 그리고 변속시 발생하는 충격을 최소화하기 위해 TCU(A/T 컴퓨터)를 접목하고 있는 시스템(system)이라 할 수 있다. 이러한 목적을 실행하기 위해 TCU의 ROM(read only memory) 내에는 여러 가지의 변속 패턴(shift pattern)과 제어 기능을 실행하기 위한 프로그램이 내장되어 있다.

보통 전자 제어 A/T의 제어 기능은 차속에 대응한 변속 패턴 제어 기능과 록업 제어 기능(댐퍼 클러치 제어 기능), 변속시 발생하는 라인압을 제어하기 위한 압력 제어 기능, 엔진이나 주변 장치의 상태를 판단할 수 있는 통신 제어 기능 및 자기 진단 기능 등이 있다. 또한 최근에는 인간의 감각이나 습관을 과학화한 퍼지(fuzzy) 이론을 도입하여 자동 변속성을 한층 높인 퍼지 제어 기능을 도입한 전자 제어 A/T 시스템도 도입되고 있다.

(1) 변속 패턴 제어

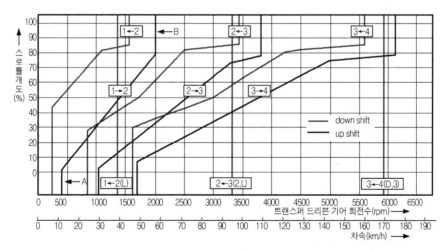

그림5-28 변속패턴(1.8 DOHC 예)

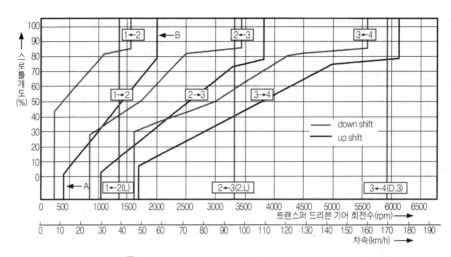

그림5-29 변속패턴(일본 M사 1.8DOHC)

사진5-33 변속레버(a형)

사진5-34 변속레버(b형)

변속 패턴(shift pattern) 제어는 그림 (5-28)과 그림 (5-29)와 같이 A/T의 출력측 기어인 트랜스퍼 드리븐 기어(transfer driven gear)의 회전수와 차속, 그리고 스로틀 개도에 따라 변속이 이루어지도록 한 제어 기능이다. 이들 변속 패턴을 살펴보면 실선은 업 시프트(1속 → 4속) 변속선을 나타낸 것이며, 점선은 다운 시스트(1속 ← 4속) 변속선을 나타낸 것이다.

또한 그림 (5-29)에서 A는 업 시프트(up shift) 하기 위한 최소 지점을 나타내며, B는 업 시프트(up shift) 하기 위한 최대점을 나타낸다. 여기서 말하는 업 시프트하기 위한 최소 지점이란 엔진 동력으로 변속하기 위한 최소한의 필요한 엔진 회전수를 가리키는 점을 말한다. 이들 변속점을 결정하기 위한 요인 들은 차량에 미치는 충격이나 진동을 고려하여 엔진의 최소 회전수와 최대 회전수시의 변속점을 결정한다. 또한 차량의 주행 상황에 따라 연비를 고려할 것인지, 출력을 고려할 것인지를 결정하여 변속 패턴을 결정한다. 이러한 변속 패턴 제어에는 변속 모드 전환 기능에 따라 파워 모드(power mode), 이코노미 모드 (economy mode), 홀드 모드(hold mode), 스포츠 모드(sport mode) 등으로 구분된다.

그림 (5-30) 및 (5-31)은 국내 H사 차량의 5단 A/T의 공회전시 주행 데이터를 나타낸 것으로 이 상태에서 시프트 레버를 D-레인지에 위치하고 변속 패턴을 확인하여 보면 쉽게 이해 할 수 있다. 스캐너를 걸고 주행 데이터로 변속 패턴을 확인 할 때 주의해야 할 점은 차량을 리프트 하여 바퀴가 공전 상태인 것을 확인하지 않으면 안된다.

주행데이터		0%
엔진회전수	899	RPM
스로틀포지션센서	14.5	%
차속센서	0	Km/h
유온센서	65	℃
입력축속도센서	877	RPM
출력축속도센서	0	RPM
LR 솔레노이드듀티	0.0	%
UD 솔레노이드듀티	100.0	%
2ND 솔레노이드듀티	100.0	%
OD 솔레노이드듀티	100.0	%
파형	◀ ■ ▶	시점

▲ 그림5-30 공회전시 주행 데이터

주행데이터		0%
변속레버스위치	P,N	
기어변속단	P,N,R	
HOLD/STD 스위치	STD	
에어컨스위치	ON	
공회전상태	ON	
브레이크스위치	OFF	
스포츠모드선택스위치	NOT SUPP.	
스포츠모드업스위치	NOT SUPP.	
스포츠모드다운스위치	NOT SUPP.	
HIVEC 모드	MODE F	
파형	◀ ■ ▶	시점

▲ 그림5-31 공회전시 주행 데이터

리프트가 완전히 바퀴를 들어 올려 바퀴가 공전 상태인 것을 확인하고 변속 레버를 N-렌지에서 D-렌지로 절환한다. 이때 바퀴가 서서히 회전을 시작하면 액셀 페달을 서서히 밟아 자동차 제조사가 제공하는 변속 패턴과 주행 데이터를 비교하여 변속 모드를 확인하여 본다. 이렇게 변속 패턴과 주행 데이터의 입·출력 신호의 변화를 확인하여 보면 자동 변속기에 대한 변속 패턴의 흐름을 쉽게 이해할 수 있다.

차종에 따라 스포츠 모드 절환 기능이 있는 경우에는 그림 (5-28)과 같이 매뉴얼 레버 다운 시프트 보호(manual lever down shift protection) 제어 기능을 가지고 있다. 이것은 엔진 및 변속기를 보호하기 위해 허용 rpm 이하가 되면 다운 시프트(down shift)가 되지만 설정된 rpm 이상이 되면 다운 시프트(down shift)가 되지 못하도록 하고 있다.

예를 들어 현재 출력측 회전수가 6000rpm 이라면 매뉴얼 레버로 4속→3속으로 다운 시프트하여도 5800rpm 이하가 되지 않으면 다운 시프트 되지 않는 제어 기능이다. 또한 변속시 불필요한 진동으로 느끼지 못하도록 하기 위해 가능한 변속시 걸리는 시간을 일정하게 조절될 수 있도록 변속 패턴을 설정하고 있다.

이와 같은 시프트 패턴(shift pattern)을 제어하기 위하여는 그림 (5-32)와 같은 논리적 인 변속 패턴 제어의 컨트롤 로직(control logic)을 통해 이루어진다. 인히비터 스위치(inhibitor switch)나 OD SW(over driver switch)의 위치가 선택되면 TCU는 내부 CPU의 변속 레버 위치 판정 로직(logic)에 의해 운전자가 선택한 변속 레버의 위치를 판정하게 된다.

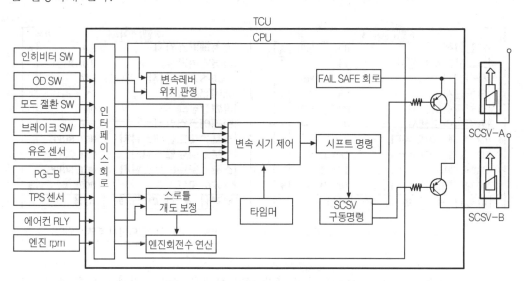

그림5-32 변속패턴 제어의 블록 다이어그램

이때 운전자가 주행 중이라면 엔진으로부터 출력되는 엔진 회전수 신호와 액셀 개도 신호(TPS 센서 신호)를 통해 변속 시기를 결정할 스로틀 개도를 보정한다. 여기서 말하는 스로틀 개도 보정이란 스로틀 개도에 대해 실제 차량의 주행 차속과 엔진 출력의 차이를 연산하여 수정하여 주는 데이터 값을 말한다.

에어컨 릴레이(aircon relay)의 작동 상태를 검출하기 위한 입력 신호는 차량의 아이들시 에어컨 부하에 의한 엔진 rpm과 실제 스로틀 개도에 의한 변속 시기를 보정하기 위한 신호로 사용되고 있다. 이와 같이 변속을 하기위한 입력 신호와 보정된 입력 신호는 변속

시기 제어 로직(logic)을 통해 연산되어 미리 설정된 시프트 패턴 값으로 시프트 명령을 지시하게 된다. 여기서 나타낸 페일 세이프(fail safe) 회로는 전자 제어 A/T 시스템의 고장을 검출하면 SCSV 밸브로 공급되는 전원을 차단도록 하여 3속 홀드(hold)상태를 하기 위한 제어 기능이다.

▲ 사진5-35 변속레버 ASS'Y

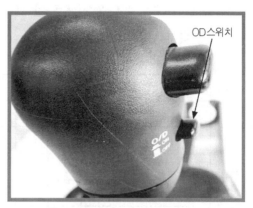

▲ 사진5-36 오버 드라이브 스위치

▲ 사진5-37 입출력 스피드 센서의 측정

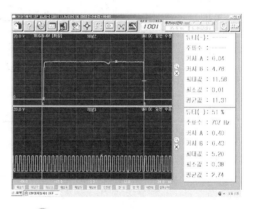

▲ 사진5-38 입출력 스피드센서의 파형

(2) 유온 가변 변속 패턴 제어

등판길과 같은 험로에서 장시간 주행하면 토크 컨버터(torque converter)의 슬립율이 증가하여 ATF 오일의 온도가 상승하는 원인이 된다. ATF 오일은 온도가 상승하면 급격히 노화되는 특성을 가지고 있어 ATF 오일의 온도가 125℃ 이상이 되면 강제로 4속에서 3속으로 다운 시프트(down shift)시켜 슬립율을 감소하는 기능이 유온 가변 변속 패턴 제어

(고온 제어 패턴) 기능이다.

유온 가변 변속 패턴의 특성은 그림 (5-33)과 같이 ATF 오일이 고온에 의해 4속에서 3속으로 다운 시프트되면 그림 (5-29)와 같은 일반 주행시 패턴보다 출력측 회전수(트랜스퍼 드리븐 기어의 회전수)가 크게 상승되어 변화하는 변속 특성으로 절환하게 된다. 이것은 4속에서 3속으로 다운 시프트 된 상태에서 출력측 회전수에 따라 변속이 자주 일어나지 않게 하기 위함이다.

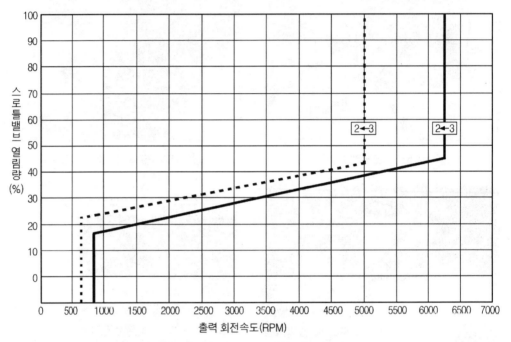

△ 그림5-33 유온 가변 변속 패턴

보통 유온 가변 제어 조건은 변속 레버의 위치가 D 또는 3단에서 ATF 오일의 온도가 125℃ 이상이고, 출력측 회전수(600rpm < 출력측 회전수 < 2010rpm)가 조건을 갖추면 TCU는 유온 가변 제어 패턴으로 제어하게 된다. 여기서 출력측 회전수의 조건은 자동차 제조사의 차종에 따라 다름으로 정확한 사양은 제조사가 제공하는 정비 매뉴얼을 참고하면 좋다. 반대로 유온 가변 제어의 해제 조건은 변속 레버의 위치를 P, R, N, 2, L의 위치로 절환하거나 ATF 오일이 110℃ 이하 또는 3속 상태에서 약 3초 이상 유지한 상태로 주행하면 유온 가변 제어의 기능은 해제 된다.

(3) 록업 제어

록 업(lock up) 기능은 토크 컨버터(torque converter) 내에 록업 장치나 댐퍼 클러치(damper clutch)를 설치하여 토크 컨버터에 의한 슬립율을 방지하고 유체에 의한 마찰열의 감소와 연비 향상을 하기 위한 기능이다.

그러나 록 업(lock up) 기능은 엔진 동력을 변속기에 전달 할 때 충격이 발생하는 결점이 있어 TCU를 적용하여 록 업 제어 또는 제조사에 따라 댐퍼 클러치 제어를 하고 있다. 또한 A/T 차량은 감속시에 연료를 커트(cut) 해 HC(탄화수소)가 증가하는 것을 방지하면 시동이 꺼지는 경우가 발생 할 수 있어 록 업 제어를 하게 되면 M/T 차량과 같이 저속 영역에서도 연료 커트가 가능하다. 댐퍼 클러치(damper clutch) 제어는 일본 미쓰비시에 적용한 방식으로 록 업(lock up) 제어와 달리 작동시 ATF 오일이 충격을 흡수하여 변속감을 확보되게 하고 있다.

댐퍼 클러치의 작동 영역을 살펴보면 그림 (5-34)와 같이 저속 영역에서 작동하는 파셜 록업(partial lock up) 구간과 고속 영역에서 작동하는 완전 록 업(full lock up) 구간, 배출 가스를 고려하여 제어하는 감속 직결 구간으로 구분되어 제어하고 있다. 여기서 말하는 미소 슬립 구간이란 저속 영역에서 작동하

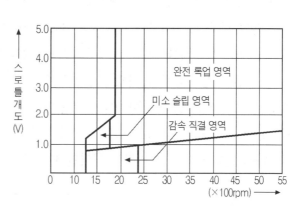

그림5-34 댐퍼 클러치 작동 영역

는 파셜 록업 구간을 가리키며, 댐퍼 클러치의 작동 영역은 그림 (5-34)의 특성과 같이 스로틀 개도와 엔진 회전수에 의해 결정되는 것을 알 수가 있다.

[표5-7] 댐퍼 클러치의 작동 조건

제어항목	완전 직결 조건	감속 직결 조건
변속 레버	D, 2속	D, 2속
ATF 오일 온도	70℃ 이상	70℃ 이상
엔진 회전수	1800rpm 이상	1050rpm 이상
TPS 센서	1980mV 이상	980mV 이상
※ 차종에 따라 다소 차이가 있음		

▲ 사진5-39 인히비터 스위치 단품

▲ 사진5-40 인히비터 스위치

 실제 댐퍼 클러치 제어는 그림 (5-35)의 블록 다이어그램과 같이 엔진 회전수와 터빈
회전수(입력측 회전수), 액셀 페달의 개도량을 검출하는 TPS 센서의 개도 보정에 의해
작동 영역 및 목표 슬립율을 결정한다. TPS 센서로부터 입력된 신호는 엔진 회전수와 연
산하여 댐퍼 클러치를 작동 할 것인지 판단 ROM 내에 미리 설정된 데이터 값에 의해
DCCSV를 구동 할 듀티 신호를 출력하게 된다. 여기서 말하는 스로틀 개도 보정이란
TPS 센서 신호를 토대로 아이들시 보정 및 에어컨 작동시 부하 보정을 말한다. 이렇게
보정된 신호는 펄스 제너레이터의 신호를 통해 현재 자동 변속기가 어느 변속 상태인가를
판정하여 댐퍼 클러치가 비작동 영역인지를 판정하게 된다.

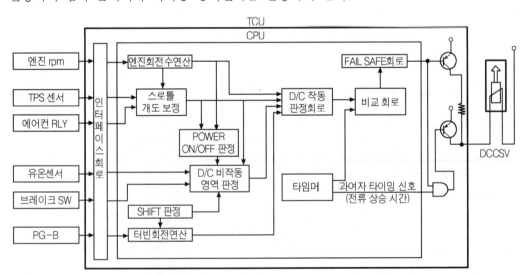

▲ 그림5-35 댐퍼 클러치 제어의 블록 다이어그램

댐퍼 클러치의 비작동 영역 판정은 스로틀 개도가 급격히 감소(TPS 개도가 8ms 내에서 개도 변화가 4.5% 이상일 때) 할 때, 또는 파워 오프(power off)영역 일 때, ATF 오일의 온도가 70℃ 이하 일 때 비작동 영역으로 판정하여 출력하게 된다. 여기서 말하는 파워 오프(power off)란 엔진 회전수와 스로틀 개도 상태를 TCU 내의 맵(map) 화된 데이터와 비교하여 엔진이 정지 상태인지, 구동 상태인지를 확인하는 단계를 말한다.

🔺 사진5-41 펄스 제너레이터

🔺 사진5-42 K/D 서보 스위치

댐퍼 클러치의 목표 슬립율 제어는 TCU 내의 목표 슬립량이 맵(map)화 되어 있어 엔진 회전수와 스로틀 개도량에 의해 목표 슬립량에 근접하도록 제어하게 된다. 이때 댐퍼 클러치 작동 회로로부터 출력된 구동 신호와 타이머(timer) 회로로부터 계수된 출력 신호는 비교 회로를 거쳐 듀티 신호를 출력하게 된다. DCCSV 밸브를 구동하기 위한 듀티 값이 클 때에는 DCCV 밸브의 좌측에 작용하는 유압이 저하하며, 이 유압이 저하하면 댐퍼 클러치를 작동하는 유로를 크게 열어 댐퍼 클러치의 밀착도는 높아지고 토크 컨버터의 슬립율은 낮아지게 된다.

이에 반해 듀티 값이 작을 때에는 DCCV 밸브 좌측에 작용하는 유압이 상승하여 댐퍼 클러치를 작동하는 유로는 좁아지고 댐퍼 클러치의 밀착도는 떨어져 슬립율은 증가하게 된다. 그림 (5-36)은 TCU로부터 출력된 DCCSV 밸브의 출력 듀티 제어 파형을 나타낸 것이다.

여기서 CH1(채널1)의 듀티 파형은 이상적인 듀티 파형 나타낸 것이며, CH2(채널2)는 전류 파형을, CH3(채널3)의 실제 TCU의 출력측에서 측정한 DCCSV 밸브의 전압 파형이다. CH3(채널3)의 출력 전압 파형에서 반주기 구간 연속해서 펄스 신호를 출력하는 것은

DCCSV 솔레노이드 밸브가 여자 된 후 솔레노이드 밸브에 흐르는 전류를 제어하기 위한 것으로 이러한 모양의 형태를 띤 파형을 전류 제어 파형이라 부르기도 한다.

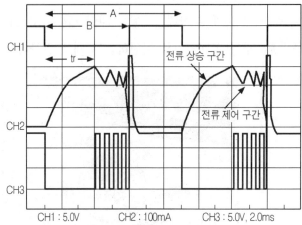

CH1 : port 출력 파형
CH2 : 출력 전류 파형
CH3 : 출력 전압 파형
 tr : 솔레노이드 밸브의 전류 상승시간
   (여자전류시간)
 D : 듀티비(%)

$D = \dfrac{B}{A} \times 100\%$

※ 전류 제어구간 : 솔레노이드 코일의 과열
  방지 및 상세제어구간

CH1 : 5.0V   CH2 : 100mA   CH3 : 5.0V, 2.0ms

🔺 그림5-36 DCCSV의 듀티 제어 파형

🔺 사진5-43 스로틀 밸브의 개도

🔺 사진5-44 설치된 차속센서

(4) 변속시 유압 제어

변속시 유압 제어는 TCU(A/T 컴퓨터)의 입력 정보에 따라 변속시 여러 가지 시프트 패턴(shift pattern)의 유압 특성을 판단 그림 (5-37)의 블록 다이어그램과 같이 PCSV 밸브를 듀티 제어하여 유압을 제어하는 기능이다. 이것은 변속시 작동하는 작동 요소(유압 클러치, 브레이크)를 변속 충격 없이 제어하여 차체의 충격이 전달되는 것을 억제하기 위

함이다. 그림 (5-37)의 입력 정보를 살펴보면 변속기의 입력측 회전수 (K/D의 회전수)를 검출하는 PG-A(펄스 제네레이터-A)와 변속 패턴의 모드 절환 SW(파워, 이코노미, 홀드), K/D 드럼 브레이크가 작동하기 시작하는 시점을 검출하는 K/D 서보 SW, 스로틀 개도 보정을 하기 위한 에어컨 릴레이 신호등을 입력 받아 변속시 각 작동 요소를 유압 제어하도록 PCSV 밸브를 듀티 제어한다. 입력 정보 중 TPS 센서와 에어컨 릴레이의 입력 정보는 아이들시나 주행시 엔진의 부하 상태를 검출하여 보정하는 보정용 신호이다. 이 신호는 변속 시기 제어와 함께 스로틀 개도 보정을 거쳐 변속 유압 제어로 보내지게 된다.

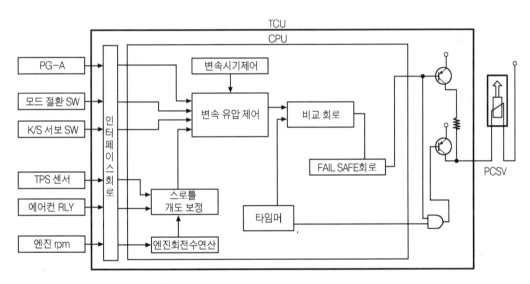

그림5-37 변속시 유압제어의 블록 다이어그램

변속 시기 제어는 차량의 현재 어떤 변속 패턴 상태 인가를 검출해 정보를 보내 준다. 예를 들면 현재 ATF 오일의 온도가 90℃ 이고, 일반 시프트 모드 패턴에 D-레인지 4속에서 3속으로 다운 시프트(down shift)되고 있는 정보이다 라는 것을 알려주는 정보이다. 이 정보는 입력측의 TPS 센서 신호등과 함께 변속시 유압 제어 블록으로 보내진다. 변속시 유압 제어의 논리 블록은 최적의 시프트 필링(shift feeling)을 얻기 위해 PCSV 밸브를 구동 할 듀티율(duty rate)을 결정하게 된다. 이렇게 결정된 신호는 타이머(timer)의 카운트 신호와 함께 비교 회로를 거쳐 듀티 신호를 출력하게 된다.

이 신호는 그림 (5-38)과 같이 PCSV 밸브의 제어에 의해 PCV 밸브를 제어해 변속기의 각 작동 요소의 유압을 공급 및 조절하게 된다. 한편 입력 정보로 TCU는 페일 세이프(fail

safe) 상태로 판단하면 페일 세이프 논리 블록은 PCSV 밸브의 듀티율을 50%로 고정하게 된다. 그림 (5-39)는 터빈 회전수에 따라 변속시 개방 클러치와 결합 클러치가 동시에 제어되는 변속시 유압 특성을 나타낸 것이다.

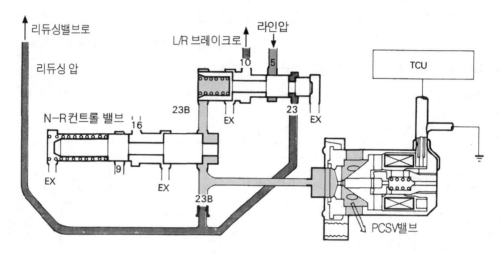

(a) 1속시 PCSV밸브의 작동(F4계열 A/T)

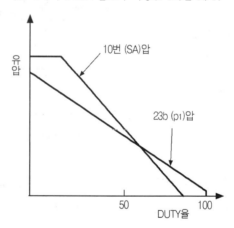

(b) 듀티율에 대한 23b번 제어압

🔺 그림5-38 PCSV 밸브의 작동과 제어압

이 특성은 H사의 F4 계열과 F5 계열의 변속시 유압 특성으로 개방측 클러치와 결합측 클러치를 동시에 제어하는 것은 변속시 벨런스(balance)를 맞추어 변속감을 향상하기 위해 터빈의 회전수에 대해 클러치 절환 제어와 시프트 제어를 한다.

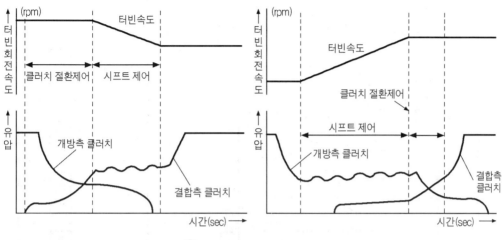

그림5-39 유압 제어 특성

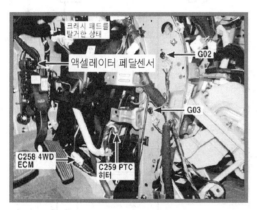

사진5-45 설치된 액셀 페달 센서

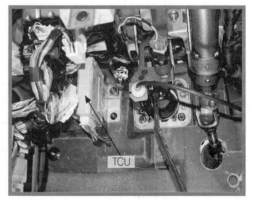

사진5-46 설치된 TCU

(5) 그밖에 제어

그 밖에 자동 변속기의 제어 기능에는 차종에 따라 변속 중에 발생하는 토크(torque) 변화나 엔진의 주행중에 나타나는 토크 변화에 대응하여 자동으로 보정하는 학습 제어 기능이나, 토크 리타드(torque retard : 토크 저감) 제어 기능, 인간의 사고와 유사한 퍼지(fuzzy) 제어 기능 등을 가지고 있다. 이러한 제어 기능의 목적은 변속감을 향상하기 위해 미세 부분까지 제어하기 위한 한 방법이라 할 수 있다.

243

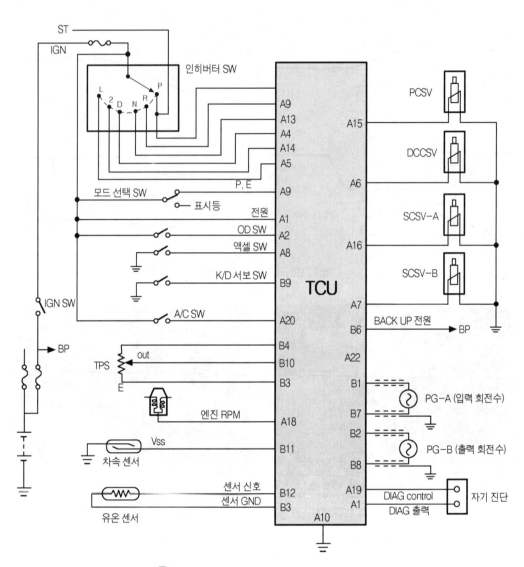

⚠ 그림5-40 전자제어A/T 회로도(KM170계열)

　여기서 말하는 학습 제어 기능은 변속감을 향상하기 위해 주행 중에 나타나는 엔진의 성능 변화나 변속기의 성능 변화에 대해 일정 부분 자동으로 보정하여 주는 제어 기능을 말한다. 또한 토크 리타드 제어 기능은 엔진 회전수, 엔진 토크, 기타 엔진 정보를 TCU(자동 변속기 ECU)가 입력받아 엔진 토크(engine torque)의 변화를 줄 필요가 있다고 판단될 때 TCU는 엔진 ECU에 토크 리타드(torque retard) 명령을 요구할 수 있는 기능으로 F5 계열의 변속기에 적용되고 있는 제어 기능 중에 하나이다.

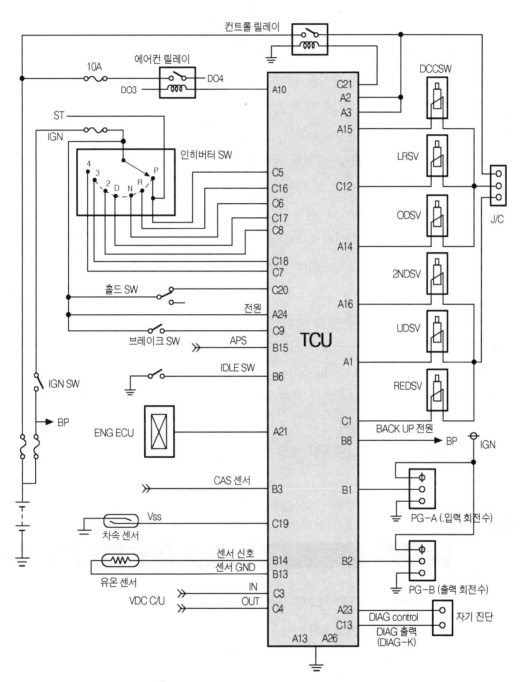

🔺 그림5-41 전자제어A/T 회로도(F5A5계열)

퍼지(fuzzy) 제어 기능은 일반 도로 주행시 자동 변속은 차속과 스로틀 개도 신호에 의해 주로 결정되는 것은 일반 A/T과 동일하지만 굴곡로나 등판로, 내리막 길에서는 인간의 사고를 감이해 주행 안정성을 향상한 제어 기능이다. 따라서 이 퍼지 기능에는 굴곡 등판로 모드 기능과 고속 등판로 모드 기능, 중저속 등판로 모드 기능, 내리막길 모드 기능을 두고 있다.

굴곡 등판로 제어 모드 기능은 오르막 굴곡이 있는 도로를 주행 할 때 차속이 높은 쪽으로 업 시프트 선(up shift line)을 이동하여 2속과 3속의 사용 빈도를 높인 제어 기능이다. 이것은 쓸데없는 변속이 빈번히 일어나는 것을 방지해 변속시 발생하는 헌팅(hunting) 현상을 방지하기 위한 것이다. 등판로 제어 모드 기능은 스로틀 개도에 따라 가속을 할 수 없을 때 스로틀 개도에 따라 변속 패턴을 다운 시프트(down shift)하는 기능이다. 이것은 등판에 의한 구동력이 떨어질 때 변속 패턴을 시프트 다운하여 가속 페달 조작의 빈도를 감소하기 위한 제어 기능이다.

내리막길 제어 모드 기능은 스로틀 개도와 브레이크(brake), 차속, 가속도 등을 종합적으로 판단 3속, 2속으로 시프트 다운(shift down) 하는 제어 기능이다. 이 제어 기능은 엔진 브레이크를 효과적으로 작용하기 위한 제어 기능으로 가속 페달을 전개한 상태에서도 3속, 2속으로 시프트 다운 시켜 엔진 브레이크를 작동하게 하는 기능이다. 그 밖에도 차량 제조사의 적용되는 변속기의 종류와 특성에 따라 여러 가지 제어 기능을 적용해 보정해 주고 있다.

point ○

○ **전자제어시스템**

1 전자제어 A/T의 시스템 구성

(1) 자동 변속기의 동작
- 기계식 A/T : 차속에 의한 거버너 압과 스로틀 압→변속기의 클러치, 브레이크 작동
- 전자 제어 A/T : 전기적인 입력 신호 → TCU → 솔레노이드 밸브에 의한 변속압 → 변속기의 유압 클러치, 브레이크 작동

(2) 전자 제어 A/T의 시스템 구성
- 자동 변속기 : 엔진의 동력을 유체에 의해 자동 변속하여 구동륜에 전달하는 변속기

- 밸브 보디 : 변속에 필요한 유압을 절환하는 여러 가지의 밸브 모듈
- TCU : 전기적 입력 신호에 따라 변속에 필요한 솔레노이드 밸브를 제어하는 A/T 컴퓨터

(3) 전자 제어 A/T의 입·출력

- 차속 센서 : 차속 검출
- 엔진 회전수 : 스로틀 개도 보정을 위한 엔진 회전수 입력 신호
- TPS 센서 : 운전자의 가감속 의지 검출 신호(스로틀 개도 검출)
- 펄스 제너레이터 : PG-A → 변속기의 입력측 회전수 검출
  PG-B → 변속기의 출력측 회전수 검출
  * 펄스 제너레이터의 장착 위치와 검출은 자동차 제조사의 차종에 따라 다름
- 인히비터 SW : 변속 레버의 위치 검출
- 킥 다운 서버 SW : 킥 다운 피스톤의 위치 검출(킥 다운 작동 상태 검출)
- 주행 모드 SW : power, economy, hold 모드의 위치 검출
- SCSV 밸브 : F4 계열의 변속 제어(ON/OFF 제어)
- PCSV 밸브 : 변속시 유압 라인의 유압 제어(듀티 제어)
- DCCSV 밸브 : 스로틀 개도와 터빈 회전수에 의한 댐퍼 클러치 제어

2 전자 제어 기능

(1) 변속 패턴 제어

① 변속 패턴 제어 : 변속기의 출력측 회전수와 차속, 스로틀 개도에 따라 ROM 내에 미리 기억된 변속 패턴을 제어하는 기능

※ 변속점을 결정하기 위한 요인 : 엔진 출력 및 연비, 차량의 충격 및 진동, 배출 가스 등

② 변속 모드 절환 : 파워 모드, 이코노미 모드, 홀드 모드, 스포츠 모드

- 파워 모드 : 연비는 떨어지나 강력한 힘이 필요한 등판로나 험로에 적합한 모드
- 이코노미 모드 : 일반 도로 주행시 적합한 모드
- 홀드 모드 : 차속에 의해서만 변속되며, 2속 출발이 가능하여 빙판길에 유용한 모드
- 스포츠 모드 : 매뉴얼 변속기와 같이 운전자의 의지에 따라 변속 할 수 있는 모드

※ 매뉴얼 레버 다운 시프트 보호 기능 : 엔진 및 변속기를 보호하기 위해 일정 RPM 이상이 되면 다운 시프트를 금지하는 제어 기능

(2) 유온 가변 변속 패턴 제어

① 유온 가변 변속 패턴 제어 : ATF 오일의 온도가 125℃ 이상이 되면 강제로 4속 → 3속으로 다운 시프트 시켜 슬립율을 감소하는 기능

- ATF 오일의 온도 상승으로 급격한 오일 특성 변화를 방지하기 위한 기능

② 유온 가변 변속 패턴 조건 :
- 변속 레버의 위치가 D-레인지에서 ATF 오일의 온도가 125℃ 이상일 때
- 변속기의 출력측 회전수 : 600rpm < 출력측 회전수 < 2010rpm 일 때

(3) 록 업 제어

① 록 업 제어 : 터빈측에 설치되어 있는 마찰 클러치를 차속과 스로틀 개도에 의해 라인압을 제어하여 터빈측과 임펠러 펌프측을 직결하도록 제어하는 기능
- 록업 클러치 : 터빈과 펌프의 슬립율을 방지하기 위해 펌프측과 직결하도록 한 클러치

② 댐퍼 클러치 제어 : 터빈측에 댐퍼 클러치를 설치하여 터빈의 회전수와 스로틀 개도에 의해 목표 슬립율을 제어하도록 DCCSV 밸브를 듀티 제어하는 기능
- 파샬 록업 제어 : 저속 영역에서 제어
- 풀 록업 제어 : 고속 영역에서 제어

③ 댐퍼 클러치 제어의 조건(D, 2속 레인지) :
- ATF 오일의 온도 : 70℃ 이상
- 엔진 회전수 : 1800 rpm 이상
- 스로틀 개도 : 1980mV 이상

위 3가지 조건이 모두 만족시 댐퍼 클러치 제어(차종에 따라 다소 차이가 있음)

(4) 유압 제어

① 변속시 유압 제어 : 변속시 작동하는 유압 클러치나 브레이크를 충격 없이 작동하기 위해 ROM 내에 미리 설정된 유압 특성에 따라 PCSV 밸브를 듀티 제어하는 기능
- 변속시 유압을 제어하기 위한 입력 정보로는 엔진 회전수, 변속기의 입력 회전수, 모드 절환 SW, TPS 센서 신호를 주요 입력 신호로 하고 있다.
- 변속 시기 제어 : 차량이 현재 어떤 변속 상태인가를 검출하여 제어하는 기능

② 페일 세이프시 듀티율 : 50%로 고정하여 제어

(5) 그 밖에 제어

① 피드백 제어 : 변속시 토크 변화를 이상적으로 제어하기 위해 변속기의 입력축 토크 변화를 미리 목표값을 설정하여 현재의 변속 상태를 제어

② 학습 제어 : 엔진 및 변속기의 성능 변화를 학습하여 변속 시점을 보정하는 제어 기능

③ 퍼지 컨트롤 제어 : 인간의 사고를 감안해 주행 안정성을 향상한 제어 기능
- 굴곡 등판로 제어 모드 : 오르막 굴곡이 있는 도로를 주행 할 때 차속이 높은 쪽으로 업 시프트 선을 이동하여 2속, 3속의 사용 빈도를 높인 제어 기능
- 등판로 제어 모드 : 스로틀 개도에 따라 가속 할 수 없을 때 변속 패턴을 다운 시프트하여 제어하는 기능
- 내리막 길 제어 모드 : 차속, 스로틀 개도, 브레이크 신호를 종합 판단해 엔진 브레이크가 작동하도록 다운 시프트 제어하는 기능

CVT

1. 무단 변속기

자동차의 기어 변속은 일반적으로 엔진의 회전수에 따라 기어의 비를 변환하여야 가능하다. 전술한 자동 변속기는 자동으로 기어비를 변환하기 위해 차속 신호와 액셀 개도 신호를 기준으로 위성 기어(planetary gear)의 기어비를 이용하였다. 그러나 기존의 자동 변속기는 토크 컨버터의 동력 전달 손실과 변속 절환시 유압에 의한 충격이 아직도 해결해야 할 문제로 존재하고 있다.

이러한 문제로 지금 설명하고자 하는 CVT(무단 변속기)는 위성 기어를 사용하지 않고 차속에 따라 연속적으로 변속되는 무단 변속기에 대해 알아보도록 하겠다.

CVT는 continuously variable transmission의 약어로 우리말로 표현하면 연속적으로 변속이 가능한 변속기 란 의미로 보통 무단 변속기라 표현한다.

CVT(무단 변속기)의 기본 구조는 자동 변속기의 토크 컨버터와 그림 (5-42)와 같이 프라이머리 풀리(입력측 풀리) 세컨더리 풀리(출력측 풀리)에 금속 벨트를 걸어 회전력을 전달하는 구조를 가지고 있다. CVT의 무단 변속 기본 원리는 2개의 풀리

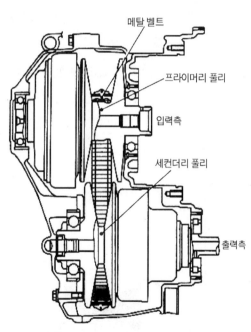

▲ 그림5-42 일반적인 CVT의 구조

(pulley) 지름을 유압으로 변화하여 변속하도록 하는 구조를 가지고 있어 연속적으로 변속이 가능하다. 이 CVT(무단 변속기)의 최대의 장점은 엔진 회전수에 따라 연속으로 변속이 가능하고, 변속시 충격이 없다는 것이 큰 특징이다. 또한 CVT(무단 변속기)는 토크 컨버터에 의한 슬립 손실이 적고, 가속시에 변속 패턴에 의한 회전수가 저하하는 일이 반복해서 일어나지 않는다는 특징이 있다.

▲ 사진5-47 CVT의 절개품

▲ 사진5-48 CVT의 내부 구조

실제 CVT(무단 변속기)는 그림 (5-43)의 변속 특성과 같이 가속시 일시적인 엔진 회전수 저하에 대한 회전 상승분의 로스(loss)를 없앨 수 있을 뿐만 아니라, 저속 기어에서는 엔진 출력을 향상 할 수 있는 특징을 가지고 있다. 구동력이 필요한 가속시에는 CVT의 변속 특성과 같이 엔진이 고출력 상태에서 회전이 가능하도록 유지함으로 동력 성능을 향상하고 있다.

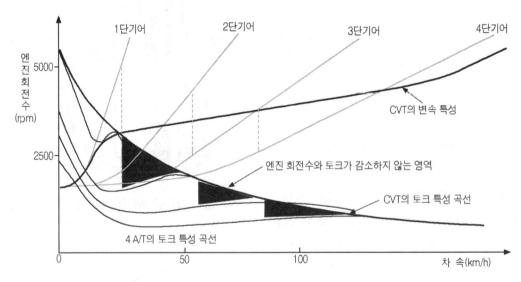

▲ 그림5-43 4단 변속기와 비교한 CVT 변속기의 변속 특성

또한 CVT 변속기는 주로 토크 컨버터를 많이 사용하는데 이것은 그림 (5-44)의 록업 제어 영역 특성과 같이 저속 영역에서도 록업 제어를 하고 있어 무엇보다 큰 감속비를 얻을 수 있다. 기존의 4 A/T(4단 변속기)의 경우에는 록업 제어를 하기 위해 토크 컨버터의 터빈 회전수가 최소한 1,800(rpm) 이상이 되어야 록업 제어 영역에 진입하게 되어 있어 연비가 다소 떨어지게 된다. 이에 반해 CVT 변속기의 장점은 상당한 저속까지도 연료 커트(fuel cut) 제어가 가능하여 연비 향상을 가져온다. 기존의 4 A/T의 경우에는 고속 상태에서 록업(lock up) 제어를 해제하면 엔진의 회전 속도가 차속의 속도에 비해 점점 빨리 저하하게 돼 연료 커트 제어 기능을 빨리 해제하게 된다. CVT 변속기라 하여 좋은 점만 있는 것은 아니다.

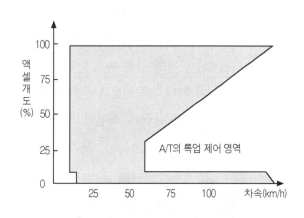

▲ 그림5-44 CVT의 록업 제어 영역

CVT 변속기의 가장 큰 단점은 풀리와 메탈 벨트라고 하는 구성품이 마찰력에 의해 동력을 전달하는 구조를 가지고 있어 기어 치합에 의한 동력 전달에 비해 동력 전달이 떨어진다는 것이 큰 단점이다. 금속 벨트의 경우에는 마찰에 의해 마모 때문에 윤활 작용이 대단히 중요한데, 실제로 윤활에 의해 마찰력이 약 1/10 정도 저하하게 된다.

▲ 사진5-49 CVT의 토크 컨버터

▲ 사진5-50 CVT의 내부(1차 풀리)

따라서 이것을 개선하기 위한 것이 토로이덜(toroidal) 방식이다. 토로이덜(toroidal) 이라는 것은 그림 (5-45)와 같이 입력과 출력측 디스크에 롤러(roller)를 두고 하중을 작용시켜 회전시키면 접촉 유효 반경이 변화에 의해 변속비를 얻는 방식을 말한다. 이 방식은 전달 효율이 좋고, 변속 응답성이 우수하지만 롤러의 정밀 제어가 요구되고, 과도한 회전 관성이 발생하는 등의 단점을 가지고 있다.

토로이덜 방식의 종류에는 롤러(roller)의 접촉 유효 반경이 큰 풀 토로이덜 방식(full toroidal type)과 롤러의 접촉 유효 반경이 그림 (5-45)와 같은 하프 토로이덜 방식(half toroidal type)이 있다. 하프 토로이덜 방식의 동작 원리도 입력 디스크와 출력 디스크에 롤러를 위치하여 놓고 롤러의 회전에 의한 유효 접촉 반경이 변화로 변속된다.

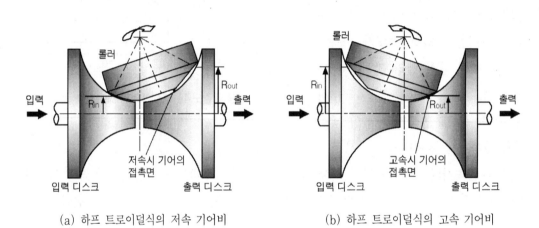

(a) 하프 트로이덜식의 저속 기어비   (b) 하프 트로이덜식의 고속 기어비

그림5-45 하프 트로이덜식의 기어비

저속시에는 그림 (a)와 같이 입력측 디스크의 반경이 작은 부분과 출력측 디스크의 반경이 큰 부분이 접촉되게 해 롤러를 회전 시키면 출력측 디스크는 롤러의 회전에 따른 회전 속도가 낮아져 저속으로 회전하게 된다.

반면 고속시에는 그림 (b)와 같이 입력측 디스크의 반경이 큰 부분과 출력측 디스크의 반경이 작은 부분이 접촉되게 해 롤러를 회전시키면 출력 디스크는 회전 속도가 빨라져 고속으로 회전하게 된다.

2. CVT의 동작 원리

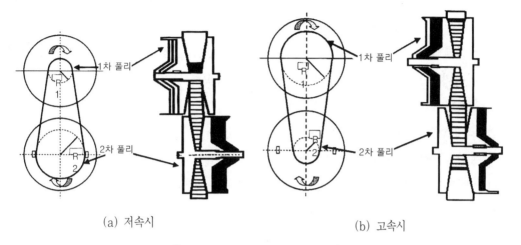

(a) 저속시   (b) 고속시

🔺 그림5-46 벨트식 CVT의 변속 원리

벨트식 CVT의 동작 원리 기본 개념은 그림 (5-46)과 같이 2개의 풀리(pulley)의 폭을 유압으로 조절하여 기어비가 변화하도록 하는 것이다. 저속시에는 1차 풀리(프라이머리 풀리)의 폭을 넓게 하여 벨트의 유효 반경을 작게 하고, 2차 풀리(세컨더리 풀리)는 폭을 좁게 해 벨트의 유효 반경을 크게 하여 변속비를 크게 얻도록 한다. 이에 반에 고속시는 1차 풀리의 폭을 좁게 해 벨트의 유효 반경을 크게 하고, 2차 풀리는 폭을 넓게 해 벨트의 유효 반경을 좁게 해 변속비를 작게 얻도록 하는 것이다.

🔺 사진5-51 CVT의 주요 구성부품

🔺 사진5-52 1, 2차 풀리

이때 풀리(pulley)의 폭을 조절하는 유압은 서로 반대로 작용하게 풀리의 폭이 조절된다. 즉 1차 풀리와 2차 풀리가 조절되는 측은 서로 반대의 위치에 있어 변속을 할 때에는 벨트는 평행 이동하는 셈이 된다.

결국 벨트식 CVT의 동작 원리는 풀리 폭을 유압으로 조절하여 변속비를 얻도록 되어 있다. 변속비는 보통 최고 속도일 때 0.5 : 1 정도 증속하고, 최저 속도 일 때는 2.5 : 1 정도 감속한다.

벨트식 CVT에 사용되는 벨트에는 러버 벨트(rubber belt)와 메탈 벨트(metal belt), 그 밖에 복합식 벨트가 사용되고 있지만 대부분 메탈 벨트가 사용되고 있다.

메탈 벨트의 구조는 그림 (5-47)과 같이 풀리와 마찰력을 받고 있는 엘리먼트와 엘리먼트를 묶어 놓은 스틸 밴드로 구성되어 있다. 이 메탈 벨트는 강한 토크 전달과 유연한 장력을 갖기 위한 것으로 초기 장력에도 풀리와 엘리먼트 사이에 마찰에 의해 미는 힘이 잘 전달되도록 구조를 가지고 있다.

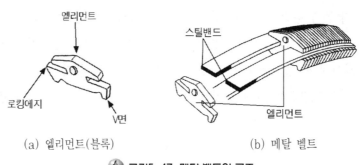

(a) 엘리먼트(블록)　　　　　　(b) 메탈 벨트

🔺 그림5-47 메탈 벨트의 구조

🔺 사진5-53 벨트의 엘리먼트

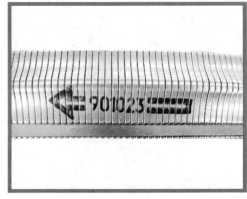

🔺 사진5-54 메탈 벨트

엘리먼트는 그림 (5-47)의 (b)와 같이 2개의 스틸 밴드 사이에 끼워져 자유로이 움직일 수 있는 구조를 갖고 있다. 따라서 풀리가 좁혀져 회전하면 바로 엘리먼트는 연속적으로 눌러지는 작용을 하게 돼 동력을 전달한다. 메탈 벨트의 기본적인 동력 전달 원리는 스틸 밴트에 묶어진 엘리먼트와 엘리먼트 사이의 미는 힘에 1차 풀리에서 2차 풀리로 토크 전달이 이루어진다. 이때 엘리먼트 사이에 미는 힘을 푸시 포스(push force)라 하며 푸시 포스를 전달하는 벨트를 푸시 벨트(push belt)라 표현하기도 한다. 벨트식 CVT의 기어비와 동력 전달에 관계는 그림 (5-48)의 특성과 같다.

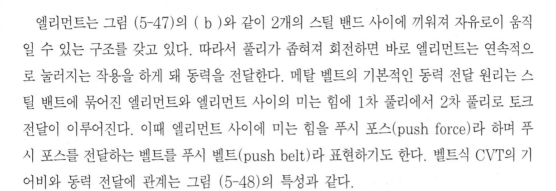
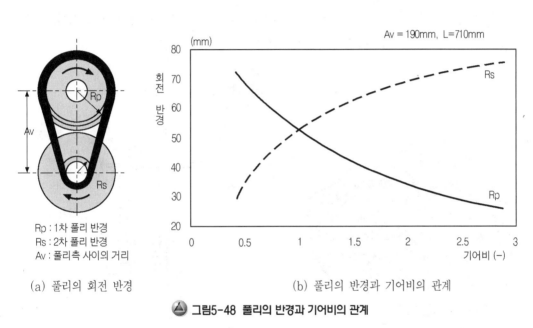

(a) 풀리의 회전 반경   (b) 풀리의 반경과 기어비의 관계

🔺 그림5-48 풀리의 반경과 기어비의 관계

여기 나타낸 그래프는 벨트 길이가 710(mm)이고, 풀리의 축간 거리(Av)가 190(mm) 일 때 기어비와 풀리의 반경을 나타낸 것이다. 여기 나타낸 기어비는 일반 기어비와 마찬가지로 구동 풀리와 피구동 풀리의 비로 정의 된다.

CVT의 내부 구성은 일반적으로 그림 (5-49)의 (b)와 같이 토크 컨버터를 경유해 1차 풀리(프라이머리 풀리)로 이어지는 구조에 전후진을 할 수 있도록 위성 기어를 설치하여 두고 있다. 메탈 벨트에 의해 회전하는 2차 풀리(세컨더리 풀리) → 감속 기어를 경유해 디퍼렌셜 기어(differential gear)로 이어지는 구조를 가지고 있다.

따라서 동력 전달은 토크 컨버터의 터빈으로부터 회전 토크는 1차 풀리를 축으로 그 중

앙에 인풋 샤프트(input shaft)를 통해 위성 기어에 전달 된다. 입력측이 되는 인풋 샤프트는 위성 기어와 일체로 되어 있어 항상 터빈과 같이 회전한다. 한편 1차측 풀리는 위성 기어의 선 기어(sun gear)와 접속되어 있어서 포워드 클러치(foreward clutch)를 작동하면 선 기어와 일체가 된 1차 풀리는 터빈과 같이 회전하게 돼 차량은 전진하게 된다. 반면 후진시에는 포워드 클러치를 해제하고 리버스 브레이크(reverse brake)를 작동하면 링 기어(ring gear)는 고정되어, 이 상태에서 선 기어는 역회전하게 된다.

이와 같이 CVT의 위성 기어는 전진과 후진을 절환하기 위해 설치하여 두고 있다.

이렇게 전달된 1차 풀리의 동력은 메탈 벨트를 통해 2차 풀리로 전달되고, 2차 풀리로 전달 동력은 감속 기어를 통해 출력측에 전달되게 된다.

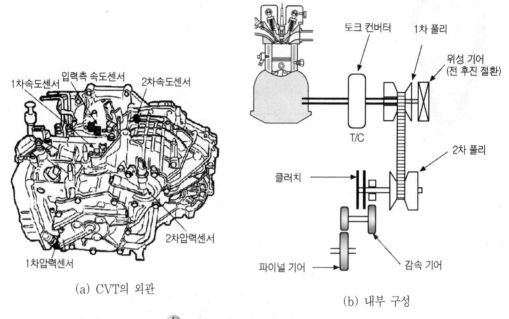

(a) CVT의 외관

(b) 내부 구성

그림5-49 CVT의 외관과 내부 구성

3. CVT의 시스템 구성

벨트식 CVT의 시스템 구성은 그림 (5-50)과 같이 변속을 하기 위한 풀리 세트(pulley set)와 전후진을 절환하기 위한 위성 기어, 그리고 토크를 증대하기 위한 토크 컨버터로 구성되어 있다. 또한 풀리의 유효 반경을 제어하기 위한 유압 제어용 솔레노이드 밸브와

이들 솔레노이드 밸브를 제어하기 위한 ECU(컴퓨터)로 구성되어 있다. 풀리의 유효 반경을 조절하는 제어 압력은 유압에 의한 것으로, 이 유압을 제어하기 위한 모듈 이 밸브 보디(하이드롤릭 모듈)이다.

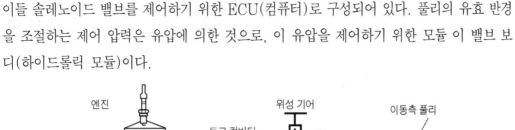

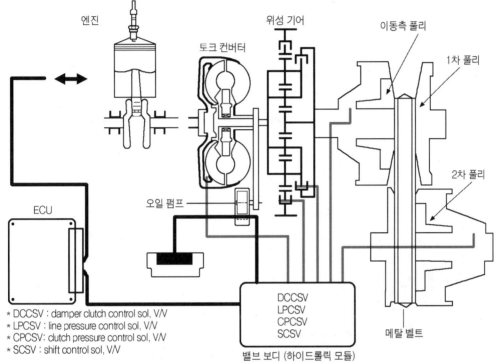

* DCCSV : damper clutch control sol, V/V
* LPCSV : line pressure control sol, V/V
* CPCSV : clutch pressure control sol, V/V
* SCSV : shift control sol, V/V

그림5-50 벨트식 CVT의 시스템 구성

즉 오일 펌프로부터 발생된 유압을 하이드롤릭 모듈의 전자반인 솔레노이드 밸브를 통해 제어 유압을 조절하게 된다. ECU(컴퓨터)는 액셀 개도 신호의 차속 신호를 기준으로 적정 변속압을 연산하여 표 (5-8)과 같은 유압 솔레노이드 밸브 에 유압 조절을 명령한다. 이 유압 솔레노이드 밸브는 변속기의 라인 압과 풀리에 작용하는 유압을 제어해 적정 변속비를 얻게 된다.

1차 풀리(프라이머리 풀리)의 회전수는 발진 이외에는 엔진 회전수와 같아 1차 풀리의 회전수를 기준으로 변속압이 작용하게 된다. 전자 제어식 CVT도 결국은 풀리의 유압을 제어하는 것으로 자동 변속기의 유압 제어를 한다는 측면에서는 동일하다.

밸브명	기 능
DCCSV	DCCSV(Damper Clutch Control Solenoid Valve)는 록업 컨트롤 솔레노이드 밸브와 같은 기능으로 DCCSV의 작동에 의한 댐퍼 클러치의 제어 역할을 한다.
LPCSV	LPCSV(Line Pressure Control Solenoid Valve)는 오일펌프로부터 토출된 라인압을 제어하기 위한 밸브이다.
CPCSV	CPCSV(Clutch Pressure Control Solenoid Valve)는 2차측 풀리의 발진 클러치 압을 제어하기 위한 밸브이다.
SCSV	SCSV(Shift Control Solenoid Valve)는 1차측 풀리와 2차 풀리의 압력을 제어해 변속비를 얻기 위한 밸브이다.

[표5-8] 유압 솔레노이드 밸브의 기능

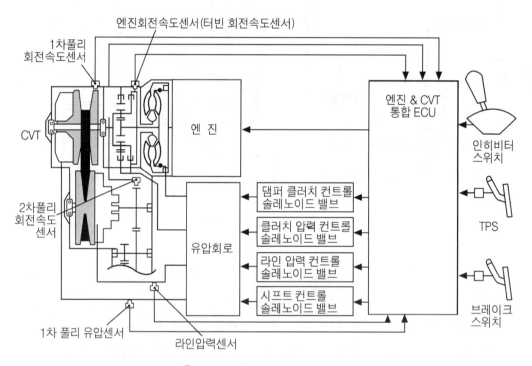

그림5-51 CVT의 전자제어시스템

변속 제어 필요한 기본 신호는 액셀 개도 신호와 차속 신호로 액셀 개도량이 작을 때는 1차측 풀리의 유압을 낮게 제어하여 저속으로 주행하고, 액셀 개도량이 클 때에는 1차측 풀리의 유압을 높게 제어해 고속으로 주행한다. 이때 차속은 출력측 풀리(세컨더리 풀리)

에 있는 속도 센서로 산출하고 변속비는 1차측 속도 센서와 2차측 속도 센서의 회전수를 산출하여 ECU(컴퓨터)는 현재의 변속비를 얻게 된다.

사진5-55 CVT의 내부 구조

사진5-56 유압 솔레노이드 밸브

4. CVT의 제어 기능

전자 제어식 CVT의 자동 변속은 액셀 개도 신호와 차속 신호에 따라 무단으로 변속을 하기 위해 그림 (5-52)와 같이 입력출 구성 요소를 가지고 있다. 입력측 주요 요소로는 터빈 회전수를 검출하는 터빈 속도 센서와 2차측 풀리의 회전수를 검출하는 출력 속도 센서, 그리고 1차측 풀리의 변속압을 검출하는 1차측 압력 센서와 2차측 풀리의 변속압을 검출하는 2차측 압력 센서가 있다.

사진5-57 CVT용 변속표시 램프

사진5-58 CVT의 변속레버

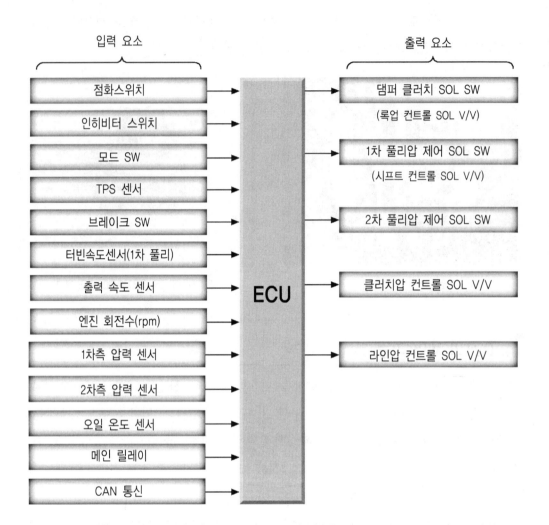

입력 요소

출력 요소

점화스위치

인히비터 스위치

모드 SW

TPS 센서

브레이크 SW

터빈속도센서(1차 풀리)

출력 속도 센서

엔진 회전수(rpm)

1차측 압력 센서

2차측 압력 센서

오일 온도 센서

메인 릴레이

CAN 통신

ECU

댐퍼 클러치 SOL SW

(록업 컨트롤 SOL V/V)

1차 풀리압 제어 SOL SW

(시프트 컨트롤 SOL V/V)

2차 풀리압 제어 SOL SW

클러치압 컨트롤 SOL V/V

라인압 컨트롤 SOL V/V

그림5-52 CVT 변속기의 입출력 구성

출력측 주요 요소로는 토크 컨버터의 댐퍼 클러치의 작동 유압을 제어하는 댐퍼 클러치 컨트롤 솔레노이드 밸브와 1차와 2차측 풀리압을 제어하기 위한 시프트 컨트롤 솔레노이드 밸브가 있다.

또한 위성 기어의 클러치 압을 제어하기 위한 클러치압 컨트롤 솔레노이드 밸브와 라인압을 제어하기 위한 라인압 컨트롤 솔레노이드 밸브를 두고 있다.

CVT의 변속 모드는 액셀의 개도에 따라 선형적으로 변화하는 특성을 가지고 있어 그림(5-53)과 같이 이코노미 모드(economy mode)와 파워 모드(power mode)의 변속 패턴을

가지고 있다. 여기서 이코노미 모드는 글자의 의미대로 연비 효율을 감안한 변속 패턴 모드이며, 파워 모드는 최대 동력 성능을 얻기 위한 변속 패턴 모드이다.

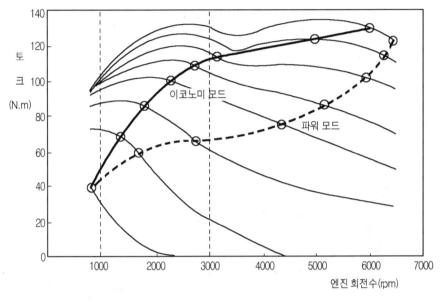

⏷ 그림5-53 CVT의 변속 모드

변속 모드 특성에서 등선은 액셀 개도량에 따른 엔진 회전수와 토크를 나타낸 그래프로 이코노미 모드의 경우에는 액셀 개도량에 따라 토크가 큰 위치를 가지고 있어 연비가 좋다. 반면 파워 모드의 경우에는 엔진 회전수에 따라 토크가 증가하는 것을 나타내었다.

CVT의 제어 기능에는 변속비 제어와 라인압 제어, 그리고 발진 장치 제어 기능 등이 있다. 변속비 제어 기능은 변속 패턴에 따라 변속비를 제어하는 기능을 말하며, 변속에 필요한 풀리의 적정 유압을 제어하기 위한 라인압 제어 기능이 있다. 또한 CVT는 저속 영역에서도 록업 제어 기능이 가능하도록 록업 제어 기능 또는 댐퍼 클러치 제어 기능을 가지고 있다.

변속비 제어 기능은 최저속에서 최고속에 이루기까지 액셀 개도와 차속에 따라 최대 연비 및 최대 동력 성능을 얻기 위해 제어하는 기능을 말한다. 스포츠 모드의 경우에는 변속 시 증속측의 변속비를 제한하는 것으로 변속비를 전반적으로 크게 해 큰 구동력과 엔진 브레이크를 얻는 모드이다. 라인압 제어 기능은 위성 기어의 클러치에 작용하는 라인압 및 2차 풀리(세컨더리 풀리)에 작용하는 라인압 제어하기 위한 기능이다.

또한 라인압 기능은 풀리와 풀리 사이에 과도한 장력은 메탈 벨트의 수명을 단축 할 뿐만 아니라 전달 토크에 필요한 필요 이상의 유압 공급으로 인해 유압 손실을 야기하게 된다. 따라서 적절한 라인압 제어 기능은 쓸데없는 유압 손실을 방지하기 위한 CVT의 주요 제어 기능 중에 하나이다.

록업 제어 기능(댐퍼 클러치 제어 기능)은 일반 자동 변속기와 달리 저속 영역에서도 록업 제어가 가능 해 저속시 록업 클러치를 직결하여도 미션 충격없이 제어가 가능하도록 하는 기능이다. 그 밖에도 CVT의 제어 기능에는 등판시 변속비를 제한해 재가속시 가속성을 향상하기 위한 등판 제어 기능이나 내리막시 변속비를 크게해 엔진 브레이크가 걸리도록 하는 내리막 제어 기능이 있다.

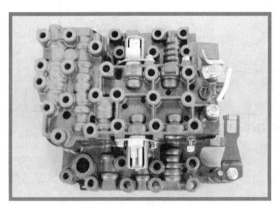

△ 사진5-59 CVT 밸브 보디

△ 사진5-60 터빈 속도 센서

(a) CVT의 서비스 데이터   (b) CVT의 서비스 데이터

△ 그림5-55 CVT의 변속 특성

그림 (5-54)는 일본 미쓰비시(사)의 CVT의 서비스 데이터를 나타낸 것으로 1차, 2차 압력 센서에 대해 유압 솔레노이드의 듀티값을 비교하거나, 엔진 회전수에 따라 유압 솔레노이드의 듀티값을 비교하여 볼 수 있다.

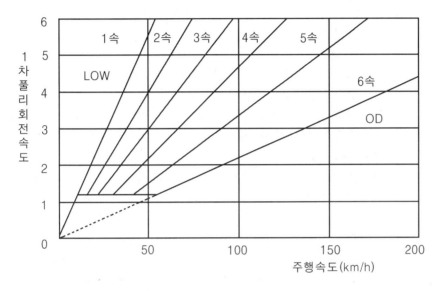

🔺 그림5-55 CVT의 변속 특성

CVT(무단 변속기)

1 CVT (무단 변속기)

(1) 자동 변속기와 CVT의 차이점

- 자동 변속기 : 위성 기어의 기어비를 이용하여 단계적으로 변속하므로 변속시 충격 및 회전수 저하 현상이 발생한다. 따라서 최근에는 6단 및 7단 변속기가 등장하고 있다.
- CVT(무단 변속기) : 풀리의 폭을 변화하여 연속적으로 증감속이 가능하므로 변속시 충격 및 회전수 저하 현상이 발생하지 않는다.

(2) CVT의 장점과 단점

① 장점 : – 엔진 회전수에 따라 연속 변속이 가능하다
- 미션 충격이 없다.
- 토크 컨버터에 의한 슬립 손실이 적어 연비가 좋다.

– 저속 영역에서도 록업 제어(댐퍼 클러치 제어)가 가능 하다

② 단점) : – 동력 전달시 메탈 벨트에 의한 마찰 손실로 동력 전달이 기어 치합에 의한 A/T 보다 떨어진다.

(3) CVT의 동작 원리

① 기본 개념 : 1차 풀리와 2차 풀리의 폭을 유압으로 조절하여 풀리의 유효 반경이 변화하도록 한 변속기이다.

② 동작 원리
  - 저속시) 1차 풀리의 폭을 넓게, 2차 풀리의 폭을 좁게 해 유효 반경을 크게 하여 감속의 변속비를 얻는다.
  - 고속시) 1차 풀리의 폭을 좁게, 2차 풀리의 폭을 넓게 해 유효 반경 을 작게하여 증속의 변속비를 얻는다.

(4) 시스템 구성

① CVT : 토크 컨버터 → 위성 기어 → 풀리 세트 → 출력 구동 기어 및 유압 회로
② 전자 제어 장치 : 입력측 검출 센서, ECU(컴퓨터), 출력측 유압 솔레노이드 밸브
③ 유압 솔레노이드 밸브
  - DCCSV(damper clutch control solenoid valve) : 댐퍼 클러치 유압 제어용
  - LPCSV(line pressure control solenoid valve) : 라인압 제어용
  - CPCSV(clutch pressure control solenoid valve) : 위성 기어의 클러치압 제어용
  - SCSV(shift control solenoid valve) : 풀리의 변속압 제어용

2 CVT의 제어 기능

(1) 전자 제어 기능
  - 변속비 제어 기능 : 액셀 개두와 차속에 따라 최대 연비 및 동력 성능을 얻기 위한 변속 제어 기능
  - 라인압 제어 기능 : 포워드 클러치, 리버스 브레이크, 2차 풀리의 라인압을 제어하기 변속 제어 기능
  - 록업 제어 기능 : 록업 클러치나 댐퍼 클러치를 제어하기 위한 기능
  - 등판 제어 기능 : 등판시 변속비를 제한해 재 가속성을 향상하기 위한 제어 기능

06

ABS 시스템

6 CHAPTER

ABS 시스템

ABS의 기본 이론

1. 차량의 정지

(1) 차량의 정지

물리적인 관점에서 주행중인 차량이 브레이크를 페달을 밟아 차량이 감속하여 정지하는 것을 보면 그림 (6-1)의 (a)와 같이 차량이 진행 방향과 반대되는 방향으로 힘이 작용하여 차량이 서행하며 결국에는 정지하는 것과 같다.

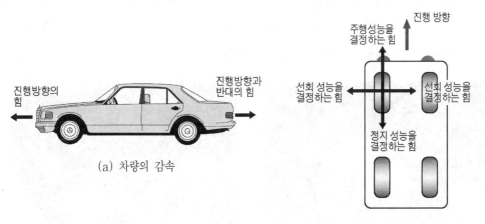

(a) 차량의 감속

(b) 타이어에 의해 얻어지는 기본성능

🔺 그림6-1 차량의 정지

주행중인 차량을 정지한다는 것은 차량의 진행 방향과 반대 방향으로 작용하는 힘을 지속적으로 작용하여 감속한다는 것을 의미하는 것이므로, 차량이 감속 작용하는 것은 결국 타이어의 접지면과 노면간에 발생하는 마찰력(힘)에 의해 결정되어 진다. 따라서 타이어의 진행 방향으로 작용하려는 힘을 구동력이라 하면 이에 반해 반대 방향으로 작용하는 힘을 제동력이라 한다.

차량이 주행하는 기본 동작 기능에는 **주행**, **선회**, **정지**라는 3가지 요소를 말할 수 있는데 이들 3가지 기본 동작에 작용하는 힘은 구동력, 선회력, 제동력이다. 이들 3가지 기본 동작에 작용하는 힘은 모두 타이어의 작용에 의해 이루어진다. 차량이 주행한다는 것은 그림 (6-1)의 (b)와 같이 차량이 진행 방향의 힘에 의한 구동력에 의한 것이며, 선회한다는 것은 진행 방향에 횡 방향으로 발생하는 힘에 의한 선회력에 의한 것이다. 또한 차량이 정지한다는 것은 차량의 진행 방향과 반대 방향으로 힘이 작용하는 제동력에 기인하는 것이다.

이와 같이 차량이 주행하는 기본 동작 성능을 결정하는 것은 차량의 진행하는 방향에 따라 모두 타이어에 작용하는 힘에 의해 결정되어 지기 때문에 아무리 좋은 엔진과 브레이크 장치를 장착한다 하여도 타이어의 상태가 좋지 않으면 차량의 주행, 선회, 정지 기능은 충분히 발휘하지 못하게 된다.

이러한 관점에서 생각하면 ABS(Anti lock Brake System) 시스템이나, TRC(Traction Control system) 또는 TCS(traction control system), ECS(Electronic Control Suspension system) 등과 같이 제동력이나 구동력, 선회력 등을 제어하는 첨단 전자 제어 장치는 결국 타이어에 미치는 힘의 성능을 최대한 발휘하는데 주안점을 두고 있는 것이라 생각할 수 있다.

🔺 사진6-1 디스크 & 캘리퍼

🔺 사진6-2 브레이크 캘리퍼

(2) 타이어의 슬립

차량이 정지 상태에서 구르기 시작 할 초기에는 구동력이 큰 힘이 필요하지만 한 번 구르기 시작한 차량은 작은 힘으로도 쉽게 차량이 굴러 갈 수 있는 것은 타이어와 노면간에 마찰력이 점점 작아지기 때문이다. 만일 차량의 주행하는 속도와 타이어의 회전하는 속도가 같다고 가정하면 타이어에는 슬립(slip)이 존재하지 않는다. 이에 반해 타이어와 노면간 슬립(slip)이 일어난다는 것은 차량의 주행하는 속도와 타이어의 회전하는 속도가 다르다는 것을 말하는 것이다. 차량이 정지하기 위한 제동력이라는 힘을 얻기 위해서는 타이어와 노면간 마찰력이 필요하다.

즉 차량이 정지하기 위한 마찰력을 얻기 위해서는 차량의 주행 속도 보다 타이어의 회전하는 속도를 지연시켜 가며 차량이 회전하는 것이 좋다. 차량의 주행하는 속도 보다 타이어 회전 속도가 갑자기 0로 상태(lock)가 되면 차량의 제동 거리는 짧아지지만 차량의 조향 안전성은 크게 떨어지고, 탑승한 사람은 차량의 진행 방향으로 관성에 의해 힘이 작용하게 돼 심하면 신체에 부상을 일으킬 수도 있게 된다.

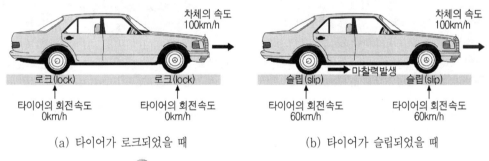

(a) 타이어가 로크되었을 때　　(b) 타이어가 슬립되었을 때

🔺 그림6-2 제동력을 걸었을 때 차량의 슬립 형태

여기서 말하는 무엇 보다 강력한 슬립은 타이어가 로크(lock : 잠김)되는 상태를 말하며 차량이 주행하는데 타이어가 로크(lock : 잠김)되는 정도를 우리는 슬립(slip)율로 표시하고 있다. 슬립율이라는 것은 그림 (6-2)의 (a)와 같이 차체의 속도가 100(㎞/h)로 달릴 때 갑자기 제동력에 의해 타이어가 로크(lock) 되어 차량의 주행 속도는 100(㎞/h)가 되고, 타이어 회전 속도는 0 상태가 때의 슬립율을 100% 기준으로 하고 있다. 즉 슬립율은 (차량의 속도 － 타이어의 속도)/차량의 속도 × 100%로 나타내고 있다. 타이어가 로크(lock)된 상태는 타이어의 속도가 0 (㎞/h)가 되지만 결과적으로는 차량의 주행 속도가 얼마가 되던

지 슬립율은 100%가 된다.

　실제 차량이 정지하기 위해서는 타이어가 로크(lock) 되더라도 차량의 주행 속도는 0(㎞/h)가 되어 슬립율이 0 %, 즉 차량이 정지상태가 되어야 한다. 또한 차량이 이상적인 정지상태는 제동력에 의해 타이어의 회전 속도가 점점 감속되어 차량의 주행 속도가 점점 감속되어 결과적으로 슬립율도 점점 감소되어 차량이 정지되는 것이 이상적이라 할 수 있다.

　이와 같이 브레이크(brake) 장치라는 것은 주행하는 차량의 제동력을 얻기 위해 타이어의 마찰력을 이용하여 감속하는 기구인 셈이다. 결국 차량을 감속하기 위해서는 차량의 주행 속도 보다 타이어의 회전 속도를 지연 시켜(슬립율을 올려) 타이어와 노면간 마찰력을 얻는 기구이다.

△ 사진6-5 마스터 실린더 ASS'Y

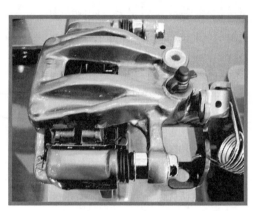

△ 사진6-6 브레이크 캘리퍼 ASS'Y

2. 차량의 선회

(1) 발진 가속시

　차량이 급출발할 때 스타트(start)하는 순간을 우리는 스크린이나 TV에서 차륜이 공전(wheel spin : 헛바퀴)하는 것을 크로즈-업하여 실감나게 보여 주는 것을 종종 볼 수 있다.

　급가속시 차륜이 공전을 하는 모습을 눈으로 볼 때에는 아주 짧은 시간에 진행이 되어 육안으로는 크게 문제가 되지 않는 것처럼 보이지만 경기용 자동차의 경우에는 출발점으로부터 스타트 시간이 지연으로 경기의 승패를 좌우하게 되는 중요한 결과를 가져 올 수도 있다. 실제로 차륜이 공회전은 마찰력을 저하시켜 큰 타임 로스(time loss)를 가져오게 돼 차량의 출력으로만 생각하는 경향이 있다. 차량이 구동력을 얻기 위한 것은 엔진 출력이 무엇보다 중요하지만 차량이 급출발 할 때 차륜의 공회전이 크면 그림(6-3)의 (a)와 같이 타이어와 노면간 마찰력을 저하시켜 출발 지연을 야기하게 된다.

이와 같이 발진 가속시에는 차륜의 공회전으로 타임 래그(time lag)는 물론 차체의 뒤측이 내려 앉는 (squat) 현상이 발생하게 된다.

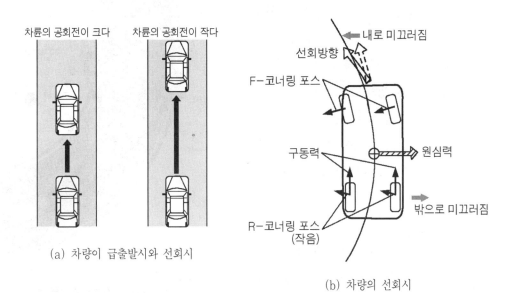

(a) 차량이 급출발시와 선회시

(b) 차량의 선회시

그림6-3 차량이 급출발시와 선회시

사진6-7 차량의 운행장치

사진6-8 차량의 엔진 룸

(2) 선회시(cornering 시)

차량이 선회 할 때 차량은 그림 (6-4)와 같이 선회하는 바깥방향으로 언제나 원심력이 작용하게 된다. 이와 같은 작용은 원심력의 관점에서 보면 차량이 선회하기 위한 밸런스(balance)를 유지하기 위해 차량의 안쪽 방향으로 작용하는 힘이 발생하게 돼 차량의 바깥으로 작용하는 원심력과 차량의 안쪽 방향으로 유지하려는 구심력이 밸런스를 유지 할 때 차량의 선회 방향으로 안전하게 코너링(cornering)이 가능하게 된다.

이와 같이 원심력에 대해 차량의 안쪽으로 작용하는 힘을 우리는 코너링 포스(cornering force)라 한다.

그림 (6-5)의 (b)와 같이 가속 페달을 밟아 선회하는 경우를 생각하여 보자. 먼저 가속 페달을 가볍게 밟을 때에는 타이어의 그립력(grip 력 : 타이어를 정지시켜 노면과 타이

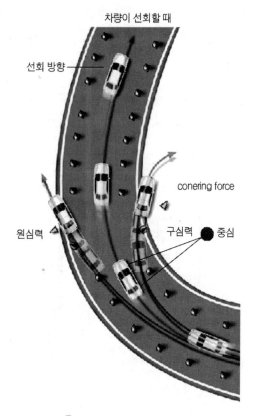

▲ 그림6-4 차량이 선회할 때

어의 마찰력을 일으키는 힘)의 대부분을 코너링 포스로 이용 할 수가 있지만 가속 페달을 많이 밟아 구동력을 크게 하면 그립(grip)력의 대부분은 구동력이 되어 코너링 포스(cornering force : 구심력)는 오히려 감소하게 된다. 이때 차량의 구동축은 구심력에 걸려 밖으로 슬립(slip)되는 현상이 일어나게 된다.

예를 들면 전륜 구동형(FR형) 자동차는 구동축이 앞에 있어 전륜측 보다 후륜측에 의한 슬립비(미끄러짐 비)가 크게 되어, 이러한 문제로 전륜 구동형 차량의 경우에는 언더 스티어(under steer)가 강하게 되어 있다. 언더 스티어(under steer)라는 것은 차량의 선회 속도를 올릴 수록 선회 반경이 커지는 특성을 말하며 반대로 오버 스티어(over steer)는 선회 속도를 올릴수록 선회 반경이 작아지는 특성을 말한다.

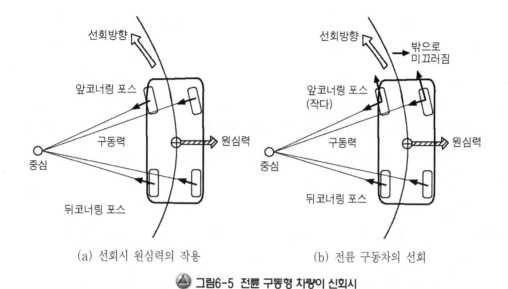

(a) 선회시 원심력의 작용　　(b) 전륜 구동차의 선회

🔺 그림6-5　전륜 구동형 차량이 신회시

그림 (6-6)은 차량의 선회하는 경우 코너링 포스가 작용하는 것을 나타낸 것으로 FR 차량(후륜 구동형 차량)의 경우는 구동축이 뒤쪽에 있어 구동력(traction)을 크게 하는 만큼 뒤쪽이 앞쪽 보다 크게 밖으로 미끌림이 발생하게 된다. 그 결과 차량 뒤측이 밖으로 흐르게 돼 차체는 오히려 선회하는 반경 내측을 향하게 돼 결국 오버 스티어(over steer)가 발생하게 된다. 오버 스티어가 크게 발생하면 타이어는 공전 현상(스핀 현상)이 발생하여 결국 조향 불능 상태가 되어 버리고 만다.

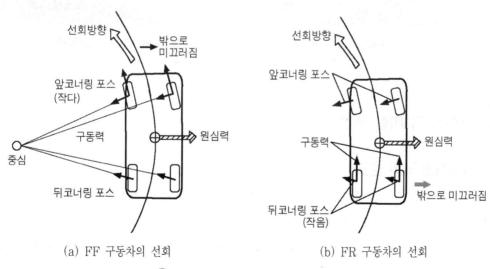

(a) FF 구동차의 선회　　　　(b) FR 구동차의 선회

🔺 그림6-6　차량의 선회시 코너링 포스

주행중 타이어의 슬립(slip)과 공전 현상(spin 현상)이 발생하게 되면 조향 안전성 및 구동성에 악영향을 주게되므로 안전상 좋지 않은 결과를 가져오게 된다. 이와 같은 현상은 노면의 마찰 계수(μ)가 낮은 도로 일수록, 즉 미끄러지기 쉬운 도로 일수록 현저하게 발생하게 된다. 지금 까지 학술적으로 설명한 현상은 실제 차량을 운전을 하면서도 느낄 수 있는 것으로 차량 선회시 가속 페달을 밟으면 오히려 조향을 쉽게 조작 할 수 있고, 가속 페달을 가볍게 밟으면 오히려 차량이 바깥으로 끌려 조향이 불안정 한 경우를 느낄 수가 있는 경우와 같다.

즉 FF형(전륜 구동형) 차량의 경우 가속 페달을 밟을 때에는 그림 (6-6)의 (a)와 같이 구동력은 증가하고 앞측 코너링 포스(구심력)는 작아져 차량의 외측으로 미끌림 현상이 발생하게 되며, 이와는 반대로 FR형(후륜 구동형) 차량의 경우는 그림 (6-6)의 (b)와 같이 뒤측 코너링 포스가 작아져 차량이 외측으로 미끌림 현상이 발생하기 때문이다.

🔺 사진6-9 뒤휠과 CV조인트(ABS)

🔺 사진6-10 하이드롤릭 유닛

3. 타이어의 마찰 특성

(1) 제동력과 제동 토크

차량의 주행하는 기본 동작 기능에는 주행, 선회, 정지라는 3가지 요소를 가지고 있다는 것은 앞서 언급하였다. 이 3가지 요소의 성능을 결정하는 것은 타이어에 미치는 힘에 의해 결정지게 되므로 여기서는 차량의 주행, 선회, 정지의 성능에 영향을 주는 타이어 관점에서 타이어에 미치는 힘에 대에 알아보도록 하겠다.

먼저 차량의 정지라는 동작은 차량의 주행 속도를 감속하여 결국에는 정지라는 결과를 얻게 된다. 이것을 제동장치의 작동 흐름으로 보면 운전자가 브레이크 페달을 밟으면 마스터 실린더(master cylinder)로부터 유압을 발생시켜, 발생된 유압은 유압 라인을 통해 브레이크 캘리퍼(brake caliper)의 피스톤을 작용하게 한다. 브레이크 캘리퍼의 피스톤이 작용하면 브레이크 캘리퍼는 브레이크 디스크(brake disk)를 정지시켜 차륜이 회전을 정지하도록 하는 힘이 발생시키게 된다.

이와 같이 차륜이 회전을 정지하도록 작용하는 힘을 제동 토크(torque)라 하며, 이 힘은 그림 (6-7)의 (a)와 같이 자동차의 주행에 대해 힘이 반대로 작용하여 감속하는 힘을 말한다. 이해를 쉽게 하기 위해 그림 (6-7)의 (b)에서 주행 저항이 거의 없는 0(제로) 상태로 가정하면 차량이 일정 속도로 주행하고 있을 때 타이어의 회전각 속도 (ω)는 차륜의 속도(Vω)로 환산하면 차량의 속도(V)와 일치하게 된다.

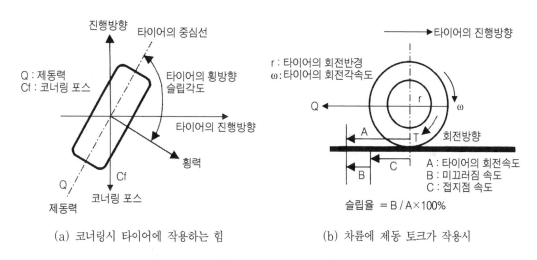

(a) 코너링시 타이어에 작용하는 힘 　　　　 (b) 차륜에 제동 토크가 작용시

🔺 그림6-7 타이어에 작용하는 힘

$$차륜의\ 속도\ (Vω) = r \times ω$$

r : 타이어의 회전 반경 　　　 ω : 타이어의 회전 각속도

즉 주행 저항이 없다고 가정하면 차량의 속도 (V) = 차륜의 속도(Vω)로 일치하게 되어 차륜의 슬립율은 0(제로) 상태가 되는 것을 의미하게 된다.

운전자가 차량을 감속하기 위해 브레이크 페달을 밟으면 캘리퍼(caliper)의 피스톤 압력은 증가하게 돼 차륜의 제동 토크는 증가하게 된다. 제동 토크(T)가 증가하면 타이어와 노면간 마찰력은 증가하여 타이어의 회전 각속도(ω)는 감소하게 된다.

이 경우 차륜의 속도(Vω)는 차량의 속도 (V)보다 작아져 타이어와 노면 사이에는 슬립(slip)현상이 발생하게 된다. 이때 발생되는 타이어와 노면간의 발생되는 힘은 제동력으로 제동력(Q)와 슬립율(S)의 관계를 나타낸 특성은 그림 (6-8)의 (a)와 같다.

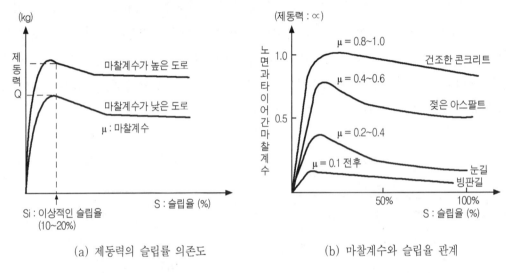

(a) 제동력의 슬립률 의존도   (b) 마찰계수와 슬립율 관계

🔺 그림6-8 제동력의 슬립율 의존 특성

이 특성에서 볼 수 있는 것과 같이 제동력은 초기에 슬립율이 증가하면 제동력도 증가하게 되나 어느 이상 슬립율이 상승하면 오히려 제동력은 감소하게 되는 것을 알 수 있다. 이때 제동력(Q)는 차륜의 회전 상태로 보았을 때 차륜을 돌리려는 힘은 차륜의 회전 반경(r) × 제동력(Q)로 나타내며, 차륜의 속도(Vω)는 회전 반경(r) × 각속도(ω)로 표시한다.

제동력(Q)는 차량의 진행 방향에 대해 반대되는 방향으로 차량을 감속 시키려는 힘을 말한다. 제동력을 일반적인 마찰 개념으로 생각하면 제동력은 다음과 같은 식으로 변환하여 표현 할 수 있다.

제동력(Q) = 마찰 계수 (μ) × 타이어에 실리는 하중(W)으로 나타낼 수 있다.

이 식에서 표현한 것과 같이 타이어에 실리는 하중이 크면 클수록 제동력은 증가하게 되고 마찰 계수가 클수록 제동력은 증가하게 된다. 또한 마찰 계수가 작은 빙판길에 타이어에 실리는 하중이 크면 타이어와 노면의 마찰 계수에 대해 타이어에 실리는 하중 만큼 제동력(Q)은 증가하게 된다. 타이어의 마찰 계수와 슬립율의 관계는 그림 (6-8)의 (b)에 나타낸 특성과 같이 마찰 계수가 낮은 도로 일수록 슬립율은 증가하는 것을 볼 수가 있다.

(2) 제동력과 슬립율의 관계

주행중 운전자가 브레이크 페달을 밟으면 라이닝과 디스크간 마찰로 인해 제동 토크가 발생하게 되고, 이 제동 토크는 타이어와 노면간 마찰로 인해 차륜의 회전 속도를 감소 시킨다. 이때 타이어의 회전 속도가 차체의 속도보다 작아지게 되는데, 이 현상을 슬립(slip) 현상이라 하며, 타이어의 회전 속도와 차체의 속도비를 슬립율이라 한다. 타이어의 슬립율 은 차체 속도-차륜의 속도 / 차체 속도 × 100%로 나타낸다.

이 슬립율과 제동력의 관계는 그림(6-9)와 같이 가로측은 슬립율(%)을, 세로측은 마찰 계수와 제동력 및 코너링 포스를 나타낸 것이다. 이 특성에서 볼 수 있는 것과 같이 제동력은 슬립율이 증가하면 초기에는 제동력도 증가하게 되나 어느 이상 슬립율이 상승하면 오히려 제동력은 감소하게 된다.

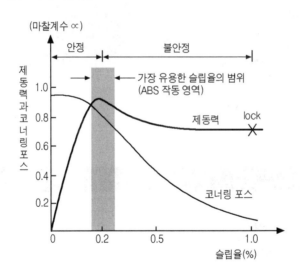

🔺 그림6-9 제동력과 슬립율의 관계

슬립율이 증가하여 100%에 이르게 되면 타이어는 로크(lock) 상태가 되어 코너링 포스는 거의 0(제로) 상태로 급격히 감소하게 돼 조향 안전성은 대단히 불안정 상태에 놓이게 된다. 실제로 차륜이 로크(lock) 되어 정지되어도 차체는 바로 정지되지 않고 차량의 진행 방향으로 진행을 계속하는 상태가 돼 차체는 불안정한 상태에 놓이게 된다. 따라서 슬립율이 20% 전후에서는 제동력이 가장 높게 나타나고, 코너링 포스(cornering force)도 높게 나타나는 범위에서 슬립율을 제어 할 수만 있다면 운전자는 조향 안전성 및 방향 안전성을 유지 할 수가 있다는 결론을 이루게 된다.

코너링 포스는 슬립율이 0%에서는 최대가 되지만, 슬립율이 증가하면 급격히 감소하여 슬립율이 100% 가 되면 코너링 포스는 거의 0(제로) 상태가 되기 때문에 결국 ABS 시스템은 급제동시 차륜이 로크(lock)되지 않도록 유압을 제어하여 슬립율이 20% 범주내로 유지 할 수 있도록 제어하고 있다.

🔺 사진6-11 브레이크 디스크

🔺 사진6-12 캘리퍼 ASS'Y

point 🔘

제동장치의 기본 이론

1 차량의 정지

(1) 차량의 정지
- 차량의 정지 수순 : 주행 → 제동 → 노면과 마찰 → 감속 → 정지
- 구동력 : 차륜이 전진하려는 힘
- 제동력 : 구동력과 반대로 작용하는 힘
- 제동 토크 : 브레이크의 캘리퍼를 통해 차륜을 정지하도록 하는 힘

※ 차량 정지의 원리 : 타이어와 노면간 마찰력을 이용 제동력을 증가 시켜 차량이 감속하도록 하는 것

(2) 타이어의 슬립

- 타이어의 슬립 : 차체의 속도와 차륜의 회전 속도가 다른 상태
- 슬립율 = (차량의 속도 − 타이어의 회전 속도)/ 차량의 속도 × 100%

2 차량의 선회

(1) 급발진 시

* 타이어의 공전 상태로 인한 타이어의 슬립율이 크게 증가하게 된다.

(2) 선회 시

① 원심력 : 회전 운동시 물체가 중심으로부터 멀어지려는 힘

② 코너링 포스(선회력) : 원심력과 반대로 물체의 중심으로 작용하는 힘을 말하며 이 힘은 원심력과 코너링 포스(선회력 : 선회 구심력)가 밸런스되어 차량이 선회하도록 하는 힘이다.

③ FR차(전륜 구동형 차)의 경우

- 선회시 가속 페달을 가볍게 밟는 경우 : 구동력이 증가하면 코너링 포스가 감소하게 되어 차량이 앞측이 바깥쪽으로 슬립하게 된다.
- 언더 스티어(선회 속도의 증가에 따라 선회 반경이 증가하는 특성)가 발생

④ RR차(후륜 구동형 차)의 경우

- 선회시 가속 페달을 가볍게 밟는 경우 : 구동력이 증가하면 코너링 포스가 감소하게 되어 차량이 뒤측이 바깥쪽으로 슬립하게 된다.
- 결과로 차량의 앞측은 선회 반경 안쪽으로, 뒤측은 선회 반경 바깥쪽으로 발생하는 오버 스티어가 발생한다.
- 오버 스티어(선회 속도의 증가에 따라 선회 반경이 감소하는 특성)가 발생

3 차륜의 속도

(1) 차륜의 속도 : $V\omega = r \times \omega$ 여기서 r : 타이어의 회전 반경, ω : 타이어의 회전각 속도

(2) 슬립율

- $V = V\omega$ 일 때 --- 슬립율 : S = 0, 여기서 V : 는 차량의 속도를 말함
- $V > V\omega$ 일 때 --- 슬립율 : S ≠ 0

※ 슬립율 : $S = (V - V\omega)/ V \times 100\%$

 **2** ## ABS의 시스템 구성과 종류

1. ABS의 개요

(1) ABS의 적용 개요

ABS 시스템은 ABS(anti lock brake system)의 약어로 글의 뜻을 풀이하면 운전자가 브레이크를 밟아도 차륜이 로크(잠김)되지 않고 앤티 록(anti lock : 브레이크 디스크 휠이 잠기지 않는) 브레이크 시스템을 뜻한다. 그러면 왜 이와 같이 차륜이 로크(lock)되지 않는 브레이크 시스템을 도입하느냐 하는 문제는 앞서 언급하였지만 주행중 차륜이 로크(lock)되어 타이어의 회전 속도가 0(제로)이 되면 코너링 포스가 크게 감소하여 최후에는 코너링 포스는 사라지게 되고 타이어의 진행 방향과 코너링 포스가 언제나 일치되지 않도록 하게 하는 횡방향으로 작용하는 그립력이 없어지게 된다.

그립(grip)력이란 타이어의 회전을 정지 시켜 노면과 타이어간 마찰력을 일으키는 힘으로 그립력이 없어지면 차체는 불안정한 상태에 놓이게 된다. 코너링 포스가 크게 감소하거나, 횡방향으로 작용하는 그립력이 감소하면 차량은 선회 안전성을 잃어 스핀(spin) 현상이 발생하게 되고 운전자는 스티어링 휠(조향 휠)을 돌려 차량을 똑바로 정지하려 하여도 조향은 운전자의 의지대로 되지 않게 되는 결과를 가져와 조향 안전성이 크게 떨어지게 된다. 따라서 ABS(anti lock brake system)는 차륜을 로크(잠김) 되지 않도록 하므로서 차량이 진행 방향과 코너링 포스가 언제나 일치되지 않도록 운전자의 조향 안전성을 확보하기 위한 전자 제어식 브레이크 시스템(brake system)이 ABS 시스템이다.

결국 ABS 시스템은 차륜을 로크(lock) 되지 않도록 하여 노면에 따라서는 제동 거리는 오히려 길어 질 수도 있어 ABS 시스템을 너무 과신해서는 안된다.

● ABS 시스템의 적용 목적
- steerability : 운전자의 조향 의지를 유지 하도록 하는 조향 안전성 확보
- **방향 안전성** : 차량의 스핀(자전) 방지
- **정지 거리** : 마찰 계수가 작은 노면에서는 제동 거리를 단축 할 수 있다.

(2) ABS의 효과

ABS 시스템은 조향 안전성을 목적으로 빗길이나 빙판길과 같은 마찰계수가 낮은 노면에서 타이어가 로크(lock) 되는 것을 방지 해 슬립율을 제어하는 차량안전 전자제어 제동 시스템이다. 그러나 이러한 ABS 시스템을 장착한 차량이라도 제동 거리는 노면의 상태에 따라 크게 차이가 나므로 ABS를 너무 과신해 주행해서는 안된다.

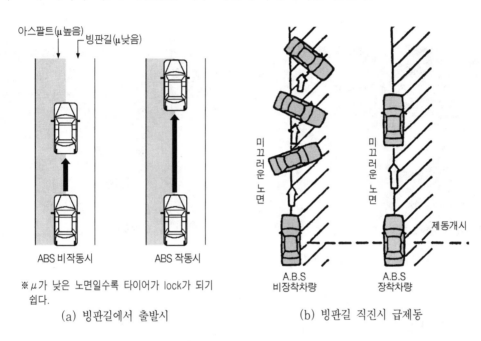

(a) 빙판길에서 출발시 (b) 빙판길 직진시 급제동

🔺 그림6-10 ABS의 효과

그림 (6-10)은 서로 다른 마찰 계수를 가진 노면에서 주행중인 차량에 급제동을 걸었을 때을 ABS 비장착와 장착차 간에 발생되는 상황을 그림으로 나타낸 것으로 차량의 타이어가 접지한 좌측 타이어의 노면은 마찰 계수(μ)가 낮은 미끄러운 노면에 접촉된 상태이고, 타이어의 우측과 접지한 노면은 마찰 계수(μ)가 높은 미끄러지기가 쉽지 않은 노면에 접촉한 상태에서 그림 (6-10)의 (b)와 같이 직진 주행중 급제동을 걸었을 때 마찰 계수가 낮은 노면측에 접촉한 타이어가 쉽게 로크(lock)되어 차체는 마찰 계수가 높은 노면측으로 스핀(spin)하게 된다. 그러나 ABS가 장착된 차량의 경우에는 타이어의 좌측과 접지한 노면에 마찰 계수로 타이어가 로크(lock) 되는 것을 순간적으로 방지하여 차량의 스핀하는 것을 방지하고 차량의 직진성을 확보할 수가 있다.

또한 차량이 선회 주행중 급제동을 걸었을 때에도 마찬가지로 마찰 계수가 낮은 노면과 접촉한 타이어가 쉽게 로크(lock) 되어 차량은 마찰 계수가 큰 우측 타이어측으로 스핀(spin)하게 되고 차량의 원심력에 의해 선회 방향을 탈선하여 흐르게 된다. 이에 반해 ABS 장착 차량은 선회중 급제동을 걸어도 타이어가 로크(lock) 되는 것을 방지하여 운전자는 선회 방향으로 주행할 수 있도록 조향 안전성을 확보 할 수가 있어 운전자는 안전 주행이 가능하게 된다.

⚠ 사진6-13 드럼식 휠 실린더(1)

⚠ 사진6-14 드럼식 휠 실린더(2)

2. ABS 시스템 구성

ABS(anti lock brake system) 시스템은 빗길과 빙판길과 같이 노면의 마찰 계수가 낮은 도로에서 급제동시 타이어가 로크(lock) 되는 것을 방지하여 차체의 진행 방향을 확보하는 액티브 세프티 시스템(active safety system)으로 시스템 구성은 (6-11)과 같다.

ABS 시스템의 구성을 살펴보면 차륜의 4개에 각각 타이어의 회전 속도를 검출하기 위해 휠 스피드 센서(wheel speed sensor× 4)가 각 차륜의 휠 허브측에 장착되어 있으며 이 센서의 기능은 주행중 운전자가 전방 장애물로 인해 급제동시 타이어의 회전수를 검출하여 타이어가 로크(lock)되는 것을 검출하기 위한 역할을 한다. 또한 ABS ECU(컴퓨터)는 휠 스피드 센서의 신호를 받아 타이어의 슬립율을 연산하여 브레이크 유압을 제어하도록 하이드롤릭 유닛(hydraulic unit) 또는 액추에이터(actuator)를 두고 있다.

하이드롤릭 유닛은 그림 (6-12)와 같이 마스터 실린더와 휠 실린더 사이에 브레이크 오일의 유압을 제어 할 수 있도록 하이드롤릭 유닛 내에는 유압 전동 펌프를 갖고 있다. 이 유압 펌프는 브레이크 라인에 유압을 제어 할 수 있도록 유압을 펌핑해 각 차륜의 휠 실린더(wheel cylinder)로 압송하는 기능을 가지고 있다. 유압 펌프로부터 압송된 유압 은 휠 실린더의 유압을 제어하기 위해 브레이크 유압 라인에는 유압 제어 솔레노이드 밸 브를 설치하고 있다.

따라서 주행중 운전자가 급제동시 휠 스피드 센서는 타이어의 슬립율을 검출하여 브레 이크 라인에 설치된 유압 제어 솔레노이드 밸브를 제어함으로써 타이어의 슬립율을 20% 전후의 범위로 제어 하도록 하고 있다. 이밖에도 ABS 시스템은 하이드롤릭 유닛과 ECU (컴퓨터)에 전원을 공급하기 위한 파워 릴레이와 시스템 이상시 계기판에 알려주는 경고 등이 설치되어 있다.

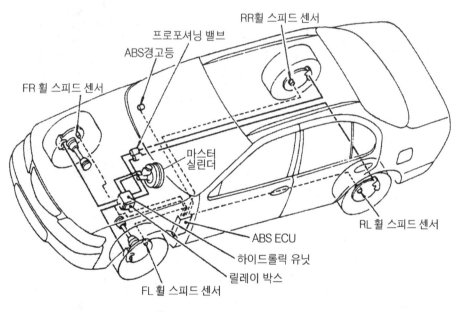

🔺 그림6-11 ABS시스템의 구성

ABS 시스템의 종류에는 전륜과 후륜의 휠 실린더(wheel cylinder)의 유압을 제어하는 방식에 따라 2채널 방식, 3채널 방식, 4채널 방식으로 구분하고 있다. 2채널 방식은 전륜 또는 후륜의 유압을 제어하는 방식으로 3채널 방식이나 4채널 방식에 비해 제동 거리가 길고 조향 안전성이 떨어져 현재에는 주로 3채널 방식이나 4채널 방식을 주로 사용하고 있다. 3채널 방식의 경우는 후륜 구동형 차량에 적합한 방식으로 후륜측 차륜 속도는 디퍼

렌셜 기어 박스측으로부터 검출하여 후륜측의 유압을 동시 제어하도록 한 방식이다. 이에 반해 전륜 구동형 4채널 방식의 경우는 4개의 차륜을 독립하여 제어 할 수 있도록 4개의 휠 스피드 센서를 사용하고 있는 방식이다.

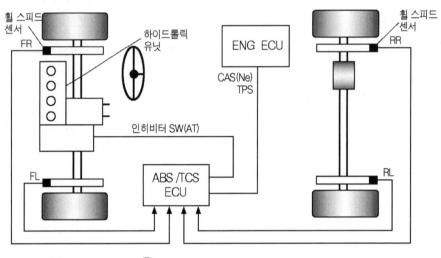

🔺 그림6-12 FF차량의 ABS시스템

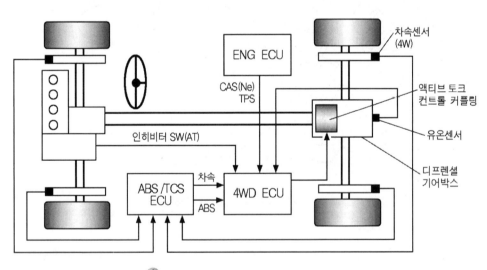

🔺 그림6-13 4WD의 ABS 시스템

또한 ABS 시스템은 유압 회로의 하이드롤릭 유닛(hydraulic unit)에 따라 순환식과 압력실 확장형 하이드롤릭 유닛가 적용되고 있다. 하이드롤릭 유닛의 내부에는 보통 리턴 펌프와 어큐뮬레이터, 유압 회로를 개폐(開閉)하는 전자식 솔레노이드 밸브로 구성 되어 휠 실린더의 유압을 제어하고 있다. 이 하이드롤릭 유닛의 기본적인 기능은 브레이크 마스터 실린더로부터 발생된 유압을 솔레노이드 밸브를 통해 휠 실린더에 가압하도록 하는 기능을 가지고 있어 내부 유압 회로에 따라 순환식과 압력실 확장형으로 구분하고 있다.

순환식 하이드롤릭 유닛의 방식은 운전자가 급제동에 의해 ABS 시스템이 ABS 기능을 수행하고 있는 경우 모터 펌프는 브레이크 오일을 휠 실린더로부터 펌핑하여 일부는 마스터 실린더로 송유하고 일부는 다시 솔레노이드 밸브로 송유하여 휠 실린더로 순환시킨다 하여 순환식이라 표현하고 있다. 이에 반해 압력실 확장형 하이드롤릭 유닛의 유압 회로는 ABS 시스템이 작동중에는 마스터 실린더의 유로를 차단하여 휠 실린더로 흘러들어가지 않도록 프레셔 컨트롤 솔레노이드 밸브(pressure control solenoide valve)를 차단하고 있는 방식이다.

이 방식은 ABS 작동중에 프레셔 컨트롤 솔레노이드 밸브를 차단하고 휠 실린더로부터 브레이크 오일을 메인 솔레노이드 밸브를 거쳐 모터 펌프는 펌핑을 한다. 펌핑된 오일은 메인 솔레노이드 밸브와 서브 솔레노이드 밸브를 통해 감압 피스톤을 작동시켜 휠 실린더를 가압하는 구조를 가지고 있다. 즉 이 방식은 감압 피스톤의 압력실 용적을 변화시켜 휠 실린더를 제어한다 하여 압력실 확장형으로 분류하고 있다. 하이드롤릭 유닛의 내부에는 전술한 바와 같이 리턴 펌프와 어큐뮬레이터, 솔레노이드 밸브로 구성되어 있는 것은 유사하다. 따라서 하이드롤릭 유닛은 내부의 유압 회로의 구성에 따라 순환식과 압력실 확장형 하이드롤릭 유닛으로 구분한다.

사진6-15 ABS시스템의 전개품

사진6-16 하이드롤릭 유닛

△ 사진6-17 4WD 절환스위치

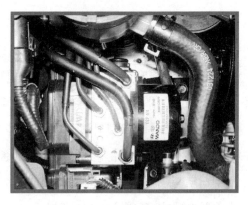

△ 사진6-18 4WD 하이드롤릭 유닛

3. TCS 시스템

　TCS는 트랙션 컨트롤 시스템(traction control system)의 약어로 표기된 문자의 내용으로는 견인력(트랙션 : traction)을 제어하는 시스템이라 표현 할 수 있지만 여기서 사용되는 트랙션(traction)이란 의미는 차량의 구동력을 표현 한 것으로 구동력을 제어하는 시스템을 말한다. 여기서 말하는 구동력 제어 시스템이란 그림 (6-14)와 같이 순간 출발시 타이어의 슬립율을 제어하여 초기 도달 시간을 현저히 감소하고, 선회시 구동력을 제어하여 코너링 포스를 감소하고 조향 안전성을 현저히 개선하여 차량의 주행 능력을 향상하는 시스템이다.

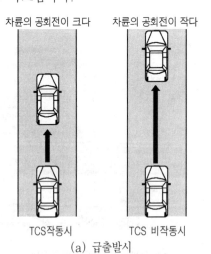

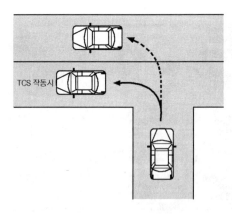

(a) 급출발시　　　(b) 낮은 마찰 노면의 교차점 출발시

△ 그림6-14 차량이 급출발시와 선회시

TCS 시스템(traction control system)의 구성은 그림 (6-15)와 같이 제동 슬립율 제어를 위한 ABS와 구동 슬립율 제어를 위한 TCS 가 복합된 대표적인 구성도를 나타낸 것이다. TCS 시스템의 구성은 차륜의 회전 속도를 검출하기 위한 4개의 휠 스피드 센서(전륜 또는 후륜의 회전 속도를 검출하기 위한 2개의 휠 스피드 센서와 트랜스-미션의 드리븐 기어의 회전수를 검출하는 차속 센서)를 사용하고 있다. 또한 스티어링의 조향 회전각을 검출하기 위한 조향각 센서, 횡 가속도를 검출하기 위한 G-센서, 제동 슬립율을 제어하기 위한 하이드롤릭 유닛으로 구성되어 있다.

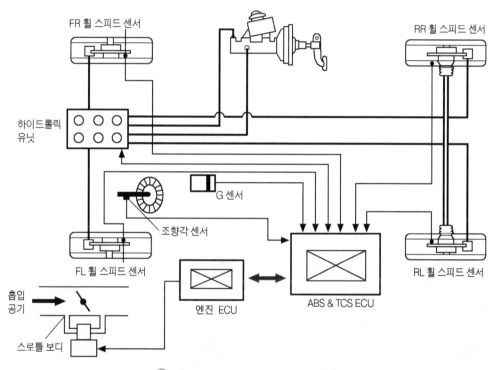

🔺 그림6-15 ABS & TCS 시스템 구성도

TCS 시스템은 구동 슬립율을 제어하는 방식에 따라 브레이크 제어 TCS, 동력 전달 장치 제어 TCS, 엔진 제어 TCS가 이용되고 있지만 최근에는 ECU(컴퓨터)의 통신 기술 발달로 엔진 제어 TCS 시스템을 많이 적용하고 있다.

엔진 제어 TCS 방식은 구동 슬립율 제어 및 트레이스 제어를 하기 위해 TCS ECU 또는 ABS & TCS ECU는 휠 스피드 센서로부터 구동륜의 속도를 검출하고 TCS ECU 또는 ABS & TCS ECU는 이 신호를 받아 목표 구동력 제어를 하기 위해 엔진 ECU로 정보를

전송하고, 엔진 ECU는 구동 슬립율 및 트레이스 제어를 하기 위해 스로틀 밸브의 개도(또는 연료 분사 및 점화 시기)를 제어도록 하여 목표 구동 슬립율을 제어하고 있다.

TCS시스템은 구동력과 횡력을 제어하기 위한 방법으로는 자동차 메이커의 차종에 따라 동력을 전달하는 클러치 및 기어비를 제어하는 동력 전달 제어 TCS 방식, 엔진의 출력을 제어하는 엔진 제어 TCS 방식 등이 사용되고 있다.

동력 전달 제어 TCS 방식은 구동력과 횡력을 제어하는 범위가 한정되어 있어 그다지 많이 사용되지 않고 있는 방식이다. 이에 반해 구동력과 횡력을 제어하는 범위를 크게 개선하기 위해 최근에는 엔진의 출력을 제어하는 엔진 제어 TCS 방식을 많이 사용하고 있다. 엔진 제어 TCS 방식의 경우라도 자동차의 제조사에 따라 제어하는 방식이 다르다.

미쓰비시 자동차의 경우에는 스로틀 밸브를 제어하여 엔진 토크를 제어하는 방식을 채택하고 있는가 하면 혼다의 자동차의 경우에는 연료 분사량과 점화시기를 제어하여 엔진 출력을 제어하고 있는 방식을 채택하고 있다.

또한 TCS 시스템은 ABS 시스템과 별도로 TCS 시스템을 적용하는 경우와 하나의 ECU(컴퓨터)에 ABS 시스템을 포함하고 있는 혼합 시스템을 적용하는 경우도 있다. 이와 같은 시스템은 최근에는 CAN 통신을 통해 정보를 주고 받는 통합 제어 시스템으로 보편화 되고 있는 추세에 있다.

사진6-19 장착된 스로틀밸브

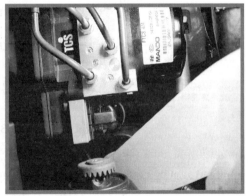

사진6-20 TCS ECU & HIU

point

시스템 구성과 종류

1 ABS의 개요

(1) ABS의 적용 목적

- 조향 안정성 확보 • 차량의 스핀 현상 방지 • 제동 거리 단축

※ 급제동시 타이어가 로크(lock) 되어 코너링 포스가 급격히 감소하게 되면 차량의 방향, 조향 안정성은 감소하게 돼 차량은 불안정 상태에 놓이게 되는 것을 방지하기 위해 타이어가 로크 되지 않도록 슬립율을 20% 전후로 제어하는 전자 제어 제동 시스템이다.

(2) ABS의 효과

- 마찰 계수가 작은 빗길 또는 눈길에 조향, 방향 안전성 우수
- 마찰 계수가 작은 빗길 또는 눈길에 제동 거리 단축

2 ABS의 시스템 구성

(1) ABS의 시스템 구성

- 마스터 실린더 : 브레이크 페달의 답력을 유압으로 전환 하는 실린더
- 하이드롤릭 유닛 : 휠 실린더의 유압 제어 유닛
- ABS ECU : 휠 스피드 센서의 신호를 받아 하이드롤릭 유닛의 유압 제어
- 휠 실린더 : 브레이크 슈를 가압하는 실린더
- 휠 스피드 센서 : 차륜 속도 검출 센서(차륜의 슬립율 검출 센서)

(2) ABS의 종류

- 전륜 2채널 방식, 후륜 3채널 방식, 4채널 방식

○ 하이드롤릭 유닛의 유압 회로 구성에 따라 순환식, 압력실 확장식이 있다

- 순환식 : ABS 제어중 휠 스피드의 오일은 펌프에 마스터 실린더 및 하이드롤릭 유닛로 순환시키는 방식
- 압력실 확장식 : ABS 제어중 마스터 실린더의 압력은 차단하고 휠 실린더의 압력을 압력 피스톤에 의해 압력실 용적을 변화시켜 제어하는 방식

3 TCS의 개요

(1) TCS의 적용 목적

※ 선회시 구동력이 증가하면 횡력은 감소하여 구동륜의 축이 원심력에 걸려 타이어는 차량의 외측으로 슬립하게 돼 조안성이 저하하는 것을 방지하는 안전 시스템이다.

(2) TCS의 기능

- 구동 슬립율 제어 : 급가속시 타이어의 공전 현상을 방지하기 위한 제어
- 트레이스 제어 : 선회시 구동력과 횡력에 의해 타이어가 선회 외측으로 슬립하는 현상을 방지하기 위한 제어

3 ABS 구성 부품의 기능

1. ABS의 구성 부품

(1) 마스터 실린더

마스터 실린더(유압식)의 기능은 파스칼의 원리를 이용, 피스톤 힘이 차륜측에 부착된 캘리퍼(caliper)의 브레이크 실린더에 유압을 전달 해 차륜이 로크(lock)되도록 하는 구성 부품이다. 그러나 ABS ECU(컴퓨터)는 ABS 기능이 작동중에는 마스터 실린더의 유압이 하이드롤릭 유닛을 통해 제어 하도록 한다.

마스터 실린더의 구조는 그림(6-16)과 같이 브레이크 오일을 보급하는 리저브 탱크 (reserve tank), 엔진의 진공압을 이용한 브레이크 부스터(배력 장치), 브레이크 패달의 답력을 유압으로 전환하는 마스터 실린더로 구성되어 있다.

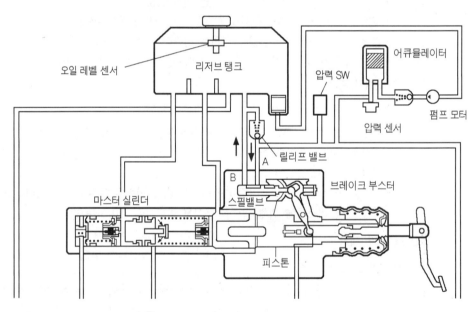

🔺 그림6-16 마스터 실린더의 구조(유압식)

마스터 실린더의 동작은 브레이크 패달을 밟으면 푸시로드와 연결된 피스톤은 앞으로 전진하고 스필 밸브(spill valve)는 스프링 힘에 의해 앞으로 전진하게 돼 부스터의 포트 A

는 열리고 포트 B는 닫히게 된다. 이때 포트 A는 어큐뮬레이터(accumulator)에 축적된 높은 압력의 브레이크 오일이 부스터로 유입하게 돼 마스터 실린더의 피스톤을 좌측으로 강하게 압력을 가하게 된다. 이렇게 전달된 브레이크 오일은 하이드롤릭 유닛을 거쳐 캘리퍼의 실린더에 전달하게 된다. 이와 같이 ABS 용으로 사용되는 마스터 실린더도 ABS 미장착 차량용 마스터 실린더와 마찬가지로 브레이크의 답력을 유압으로 전환, 캘리퍼의 실린더에 유압을 전달하는 기능을 한다.

🔺 사진6-21 브레이크 부스터 절개품

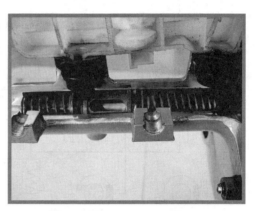

🔺 사진6-22 마스터실린더 절개품

(2) 하이드롤릭 유닛(HU)

하이드롤릭 유닛(hydraulic unit)는 마스터 실린더와 휠 실린더 사이에 위치하여 브레이크 오일의 류량을 제어하는 전자 밸브반으로 자동차 메이커에 따라서는 액추에이터(actuator)라고 표현하기도 한다. 이 책에서는 표현을 통일하기 위해 액추에이터 대신 하이드롤릭 유닛 또는 약자로 HU(Hydraulic Unit)로 표현하고자 한다. 하이드롤릭 유닛의 내부에는 브레이크 오일을 마스터 실린더 및 휠 실린더로 펌핑하기 위해 리턴 펌프 모터와 브레이크 오일을 축압하기 위한 어큐뮬레이터, 그리고 브레이크 오일의 유량을 제어하기 위한 솔레노이드 밸브로 구성되어 있다. 그림 (6-17)은 하이드롤릭 유닛의 대표적인 유압 회로를 나타낸 것으로 유압 회로에 흐름을 볼 수가 있다.

브레이크 페달을 밟으면 마스터 실린더로부터 유압은 TC(트랙션 컨트롤) 밸브 거쳐 NO(노말 오픈) 밸브를 통해 휠 실린더로 유압이 전달되는 것을 그림을 통해 알 수 있다.

여기서 TC(트랙션 컨트롤 밸브)는 TCS(트랙션 컨트롤 시스템) 기능이 있는 경우에

해당한다. 마스터 실린더의 유압은 하이드롤릭 유닛 내부의 솔레노이드 밸브를 통해 휠실린더로 전달되도록 구성되어 있어 ECU는 휠 스피드 센서(wheel speed sensor)의 신호를 받아 타이어의 슬립 상태를 검출하게 된다.

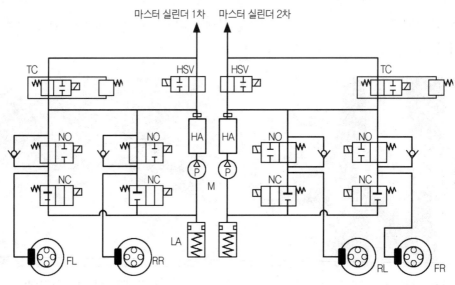

마스터 실린더 1차   마스터 실린더 2차

※TC : traction control   NC : normal closed
  NO : normal open   LA : low pressure accumulator
  HA : high pressure accumulator

그림6-17 하이드롤릭 유닛 유압회로(예)

이렇게 검출된 타이어의 회전 속도는 슬립율을 산출하여 휠 실린더의 적정 유압을 제어하기 위해 ABS ECU는 유압 솔레이드 밸브를 제어한다. 솔레노이드 밸브에 의해 제어된 유압은 휠 실린더로 가해지는 유압을 감압, 유지, 증압하도록 하는 것이 하이드롤릭 유닛의 기능이다. 즉 하이드롤릭 유닛은 ABS ECU로부터 산출된 슬립율을 통해 유압 솔레노이드 밸브를 제어하는 유닛이다.

하이드롤릭 유닛의 내부에는 그림(6-18)과 같이 리저브 탱크로부터 브레이크 오일을 펌핑(pumping)하기 위한 모터 펌프와 라인압을 축압하기 위한 어큐뮬레이터, 그리고 모터 펌프로부터 토출된 오일량을 규정압으로 제어하기 위한 레귤레이터 밸브와 휠 실린더의 라인압을 제어하기 위한 서브와 메인 솔레노이드 밸브로 구성된 모듈 부품이다. 하이드롤릭 유닛 내의 솔레노이드 밸브 제어는 자동차 메이커에 따라 ON, OFF 제어를 하는 방식

과 ABS ECU로부터 전류의 량을 0A, 2A, 5A정도의 전류를 제어하여 증압, 유지, 감압하
도록 하는 전류제어 방식이 사용되고 있다. 참고로 최근에는 자동차 부품 모듈화 작업 일
환으로 하이드롤릭 유닛에는 유압 솔레노이드 밸브뿐만 아니라 ABS ECU가 일체화되어
제조 공정의 생산성을 향상하고 있기도 하다.

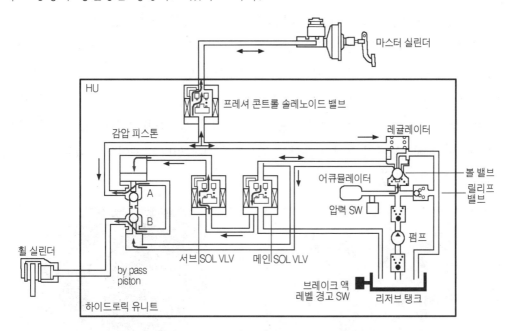

🔺 그림6-18 압력실 확장형 하이드롤릭 유닛

🔺 사진6-23 하이드롤릭 유닛(HU)

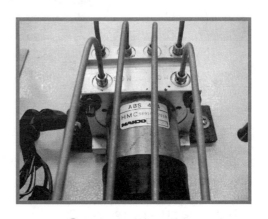

🔺 사진6-24 HU의 유압 라인

(3) 프로포셔닝 밸브

프로포셔닝 밸브(proportioning valve)는 급제동시 후륜이 전륜보다 조기에 로크 (lock) 되어 차체가 옆으로 스키드(skid : 차체가 미끄러지는 현상) 현상이 발생되는 것을 방지하기 위해 제동시 후륜측에 걸리는 브레이크 압력을 제어하는 밸브이다.

그러나 프로포셔닝 밸브를 이용한 방법만으로는 급제동시 차체를 안전하게 제동을 확보하는 것은 불충분 하므로 현재에는 전륜과 후륜을 정밀하게 제어 할 수 있는 전자 제어식 ABS 가 주류를 이루고 있다. 전자 제어식 프로포셔닝 밸브는 하이드롤릭 유닛 또는 모듈레이터 내에 내장되어 마스터 실린더의 유압을 솔레노이드 밸브를 이용하여 제어하고 있다. 이 방식은 ABS가 작동 중에는 마스터 실린더와 휠 실린더 간에 유로를 차단하여 ABS ECU가 하이드롤릭 유닛의 유압을 조절하여 휠 실린더를 제어하고 있는 방식에 적용하고 있는 밸브이다.

🔺 사진6-25 프로포셔닝 밸브

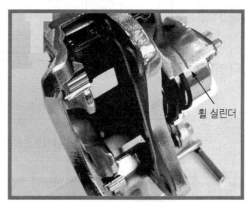

휠 실린더

🔺 사진6-26 브레이크 캘리퍼

(4) 휠 스피드 센서

휠 스피드 센서는 차륜의 회전 속도를 검출하는 센서로 ABS 구성 부품 중 가장 중요한 센서 중 하나라 할 수 있다. 회전수를 검출하는 휠 스피드 센서의 구성에는 휠(wheel)과 일체로 된 로터(rotor)와 신호를 검출하는 센서로 구성되어 있어 휠과 일체로 된 로터의 장착 위치에 따라 구분하고 있기도 하다. 허브(hub)와 일체로 된 로터는 허브 일체형이라 하며 드라이브 샤프트(drive shaft)와 일체로 된 로터는 드라이브 샤프트 일체형이라고 한다. 회전수를 검출하기 위한 로터(rotor)의 잇(tooth) 수는 차종에 따라 다소 차이는 있지만 회전수를 검출하는 원리는 동일하다.

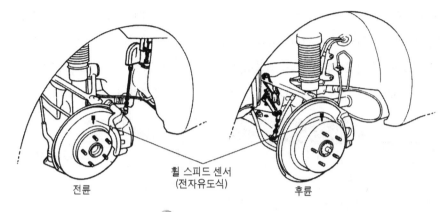

휠 스피드 센서
(전자유도식)

전륜   후륜

🔺 그림6-19 휠 스피드 센서

🔺 사진6-27 허브 일체형 WSS

🔺 사진6-28 휠 스피드 센서(WSS)

휠 스피드 센서의 내부에는 영구 자석에 철심을 붙여 코어(core)에 코일을 감아 놓은 것으로 동작 원리는 전자 유도 작용을 이용하여 휠이 회전수를 검출하는 방식으로 이 방식을 펄스 제너레이터 방식 또는 마그네틱 픽업 방식이라고도 한다.

로터의 회전수를 검출하는 원리는 휠 허브

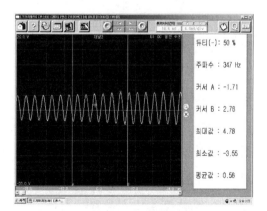

🔺 사진6-29 휠 스피드 센서 파형

에 부착된 로터가 회전을 하면 철심에 자력선은 변화를 받아 코일에는 교류 유도 기전력이 발생하여 출력되는 파형은 교류 전압 파형이 출력하게 된다. 이 전압은 로터의 회전 속도가 빠르면 빠를수록 자속의 변화량 증가하여 휠 스피드 센서로부터 출력되는 전압의 크기는 커지고 파형의 주기는 짧아지게 된다. 따라서 ABS ECU는 이 신호를 입력받아 타이어의 슬립율을 연산하여 슬립율 제어량을 출력하게 된다. 참고로 표 (6-1)은 휠 스피드 센서의 출력전압을 차속이 7km/h에서 A사와 B사의 사양을 비교하여 놓은 것이다.

[표6-1] 로터의 사양 (예)			
항목	A사	B사	비고
톤 휠(잇수)	46개	47개	
코일 저항	1200 ± 50Ω	1100 ± 50Ω	
출력전압(Vpp)	150mV	150mV	7km/h에서
에어 갭	0.2~0.9mm	0.2~0.7mm	

※ 코일저항은 대개 0.8kΩ~2.0kΩ범위 내에 있다.

(5) G-센서

ABS 시스템에 적용되는 G(gravity) 센서는 차량의 가속도를 검출하는 센서로 4륜 구동형 차량에만 적용하고 있는 센서이다. 4륜 구동형 차량은 2륜 구동형 차량과 달리 4개의 휠(wheel)에 모두 동력이 전달되기 때문에 주행중 제동시에는 4개의 휠에 작용하는 구동력이 차이가 발생하게 되며 이로 인한 타이어의 슬립 정도가 다르게 나타날 수 있다. 이러한 이유로 차량의 감속도에 따른 브레이크 유

△ 사진6-30 장착된 G센서

압을 제어하기 위한 보정용 신호로 G 센서를 사용하고 있다.

G 센서는 자동차의 메이커 마다 트랜스퍼머(transformer)의 원리를 이용한 차동 트랜스식 G 센서, 수은을 이용한 수은식 G 센서, 압전 세라믹을 이용한 반도체 압전 세라믹식 G 센서가 이용되고 있다. 이들 센서의 기능은 차량의 전후 방향의 가속도를 검출하여 ABS ECU의 보정 신호로 사용되는 것은 동일하다.

여기서는 트랜스식 G 센서에 대해 소개하고자 한다. 차동 트랜스식 G센서는 그림 (6-20)의 (a)와 같이 1차 코일과 2차 코일로 이루진 일종의 트랜스퍼머(transformer)로 1차 코일과 2차 코일 중앙에는 움직이는 코어가 놓여 있는 구조로 되어 있다. 보통 코어는 코일의 중앙에 위치해 있다가 G 센서에 감속도를 받으면 코어가 이동하여 1차 코일에 공급하고 있던 교류 신호의 전압은 상호 유도 작용에 의해 2차 코일에도 코어의 변위량과 코일의 권수비에 따라 유도 기전력이 발생하게 된다. 이렇게 발생된 유도 기전력은 신호가 대단히 작아 신호를 증폭하기 위해 OP AMP(연산 증폭기)를 통해 증폭하여 출력하도록 하고 있다. 이와 같이 출력된 G 센서의 신호는 차량의 가속도에 따라 표 (2-3)과 같이 출력 전압이 중심점을 중심으로 선형적으로 출력하게 된다.

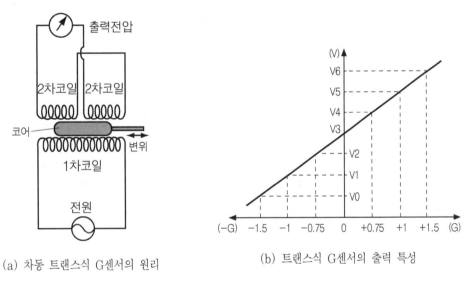

(a) 차동 트랜스식 G센서의 원리   (b) 트랜스식 G센서의 출력 특성

그림6-20 G센서의 원리와 특성

(6) 조향각 센서

ABS 시스템은 간단히 표현하면 차륜의 제동 슬립율을 제어하여 주행 안전성을 확보하는 시스템이라 하면, 이에 반에 TCS 시스템은 구동 슬립율을 제어하여 선회 안전성을 확보하는 안전 시스템이라 생각하면 쉽게 이해 할 수 있다. TCS 시스템은 선회시 구동 슬립율 제어를 하기 위해 휠 스피드 센서는 물론 차속과 조향각 센서의 신호를 받아 운전자가 안정적인 자세로 선회 할 수 있는 범위로 선회하도록 엔진 가속력을 제어하는 시스템이다.

 TCS 시스템에 사용되는 조향각 센서는 스티어링의 축에 부착하여 스티어링의 회전각을 검출하는 센서로는 보통 포토 커플러(photo coupler)를 이용하고 있다. 이 센서는 발광 다이오드로부터 발광 된 빛을 슬릿판을 통해 포토 TR(트랜지스터)이 수광하여 신호를 증폭하고 증폭기를 통해 신호를 출력하도록 한 것이다. 이와 같은 광전식 조향각 센서는 3쌍의 포토 커플러로 이루어져 있어 그림(6-21)의 (a)와 같은 구형파가 출력된다.

 여기서 발생되는 ST1과 ST2의 출력 신호는 스티어링의 좌회전과 우회전의 회전각을 검출하기 위한 신호이며 STN 포터 커플러로부터 출력되는 신호는 LOW 상태(중립 신호)에서만 ST1과 ST2를 판정하도록 하는 기준 신호용이다. 광전식 포토 커플러 센서는 자동차 메이커가 적용하는 슬릿판의 구멍수에 따라 8°/pulse, 12°/pulse 등 다양하게 적용되고 있다.

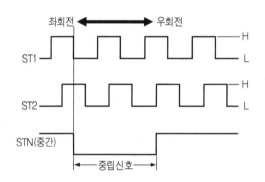

판정	센서	전	후
우회전	ST1	L	L
	ST2	H	L
좌회전	ST1	L	L
	ST2	L	H

※ 중립신호는 LOW상태일 때

(a) 조향각센서 신호의 파형(포토 TR식)

(b) 조향 휠의 판정 신호(예)

🔺 그림6-21 조향각 센서 신호의 판정

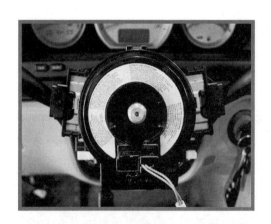

🔺 사진6-31 조향휠의 클럭 스프링

🔺 사진6-32 조향각 센서의 위치

point ●

ABS의 구성부품과 기능

1 ABS의 구성 부품의 기능

(1) 마스터 실린더 : 운전자의 답력을 파스칼의 원리를 이용하여 마스터 실린더의 유압으로 전환하는 실린더

(2) 하이드롤릭 유닛

① 기능 : ABS ECU의 명령에 의해 유압 솔레노이드 밸브를 통해 휠 실린더로 가는 유량 및 유압을 제어하는 유닛

② 구성 부품

- 모터 : 직류 모터로 모터의 축에 압입되어 있는 편심 캠의 회전으로 피스톤 펌프를 작동하는 기능을 한다.
  ※ 모터의 소비 전류 : 약 35 A 정도(배기량에 따라 다름)
- 펌프 : 2개의 (FL/RR용, FR/RL용) 방사형 유압 발생 피스톤으로 구성되어 ABS 작동시 유압을 발생시켜 브레이크 액을 압송하는 역할을 한다.
  ※ ABS 작동중에만 동작한다.
- 어큐뮬레이터 : ABS 작동시 펌프로부터 토출된 고압의 브레이크 액을 일시적으로 저장하여 유압에 의해 발생하는 맥동 현상을 완충하는 기능을 가지고 있다.
- 솔레노이드 밸브 : ABS ECU의 명령에 의해 휠 실린더로 흘러가는 유량 및 유압을 제어하기 위한 밸브로 주로 ON, OFF 제어 하도록 되어 있다.
- 리저버 탱크 : 급제동시 타이어가 로크(lock) 직전 솔레노이드 밸브는 작동하여 휠 실린더의 유압은 감압되며 이때 리턴된 브레이크 오일은 리저버 탱크에 들어가 저장하게 되는 기능을 가지고 있다.

(3) 프로포셔닝 밸브 : 급제동시 후륜이 조기에 로크(lock) 되는 것을 방지하기 위한 밸브

(4) 휠 스피드 센서

① 기능 : ABS의 기본 기능은 타이어의 슬립율 제어이다. 따라서 휠 스피드 센서는 타이어의 회전 속도를 검출, 타이어의 슬립 정보를 산출하는 센서로 활용하고 있다.

② 종류 : 마그네틱 픽업 방식, 홀 효과 방식 등이 사용되고 있다.

- 마그네틱 픽업 방식의 출력 파형 : 정현파 교류 신호 파형
- 홀 효과 방식의 출력 파형 : 구형파 디지털 신호 파형

(5) G 센서 : 차량의 가속도를 검출하기 위한 센서로 4륜 구동형 차량의 구동력 제어를 하기 위해 보정용 신호로 사용하고 있다.

(6) 조향각 센서 : 스티어링의 회전각을 검출하는 센서로 선회시 주행 안전성을 확보하기 위해 구동력 제어의 신호로 사용되고 있는 센서이다.

4 ABS 시스템의 제어 기능

1. 제동 슬립율 제어

ABS ECU는 각기 차륜의 휠 스피드 센서로부터 차륜의 회전 속도를 검출하여 회전 속도를 연산하고, 이 값을 토대로 의사 차속 신호를 산출한다. 이렇게 산출한 의사 차속 값을 기준으로 ABS ECU는 제동 슬립율을 20% 전후로 제어 할 수 있도록 하이드롤릭 유닛의 유압 솔레노이드 밸브를 제어한다. 유압 솔레노이드 밸브는 이 명령을 받아 타이어의 슬립율이 20% 전후로 제어 될 수 있도록 휠 실린더의 압력을 제어하게 된다. 이때 휠 실린더를 통해 브레이크의 압력을 제어하는 압력 모드는 보통 3가지 제어 모드(증압, 감압, 유지 제어)로 제동 슬립율을 제어한다. 즉 ABS ECU(컴퓨터)는 각 차륜에 장착되어 있는 4개의 휠 스피드 센서로부터 차륜의 회전 속도를 검출하고 차륜의 가감 속도를 연산하여 차륜의 슬립 상태를 판단한다.

차륜의 슬립 상태를 판단한 ABS ECU는 제동시 슬립율을 20% 전후로 제어하도록 하이드롤릭 유닛의 유압 솔레노이드 밸브를 제어하여 그림 (6-22)와 같이 제동시 조향 안전성을 확보하는 장치이다. 또한 TCS(tarction control system)가 내장되어 있는 경우에도 선회시 차륜의 회전 속도를 검출하여 차체의 스키드 현상을 방지하기 위해 차륜의 구동력을 제어하여 운전자의 선회 안전성을 확보하고 있다.

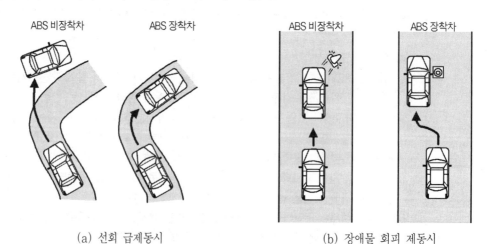

(a) 선회 급제동시   (b) 장애물 회피 제동시

그림6-22 ABS 시스템의 효과

사진6-33 브레이크 디스크 ASS'Y

사진6-34 휠 스피드 센서의 위치

(1) ABS 시스템의 비작동시

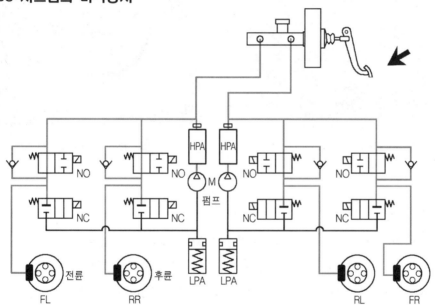

※ NO : normal open solenoid valve   NC : normal closed solenoid valve
HPA : high pressure accumulator   LPA : low pressure accumulator
MCP : master cylinder primary   MCS : master cylinder secondary

그림6-23 ABS 비작동시

ABS 시스템에 이상이 발생되면 ECU(컴퓨터)는 페일 세이프 모드(fail safe mode)로 들어가 ABS 유압 라인은 ABS가 비장착된 일반 브레이크 상태로 작동하게 된다. 이때에는

301

유압 라인은 그림 (6-23)과 같이 2개의 입·출력 솔레노이드 밸브(NO : 상시 오픈, NC : 상시 열림 SOL V/V)가 작동하게 되는데 입력 솔레노이드 밸브는 NO(노말 오픈) 형식의 밸브로 전원이 차단되면 밸브는 스프링 힘에 열리게 되어 있어 브레이크를 밟으면 브레이크 오일은 마스터 실린더의 유압에 의해 입력 솔레노이드 밸브를 통해 휠 실린더로 가압하게 돼 브레이크는 작동하게 된다. 브레이크 페달을 놓으면 마스터 실린더의 유압은 저하되어 휠 실린더에 가해졌던 유압은 체크 밸브(check valve)와 입력 솔레노이드 밸브를 통해 마스터 실린더로 리턴(return)되어 브레이크는 해제된다.

따라서 ABS 시스템이 작동되지 않더라도 일반 브레이크 장치로 작동 할 수 있게 된다.

⚠ 사진6-35 ABS ECU의 내부

⚠ 사진6-36 HU의 모터 펌프

(2) 감압 제어

급제동시 차륜이 로크(lock) 상태에 이루면 ABS ECU는 슬립율을 판단하여 휠 실린더에 가해진 압력을 감압하도록 하이드롤릭 유닛에 명령을 하게 된다. 하이드롤릭 유닛 내에 장착된 솔레노이드 밸브는 이 명령을 받아 입력측 솔레노이드 밸브 및 출력측을 솔레노이드 밸브를 통전한다.

입력측 솔레노이드 밸브는 NO(노말 오픈) 형식으로 전원이 공급되면 밸브는 닫히고, 출력측 솔레노이드 밸브는 NC(노말 클로즈) 형식으로 전원을 공급하면 밸브는 열리게 돼 유압은 그림 (6-24)와 같이 마스터 실린더로부터 브레이크 오일은 차단되고 휠 실린더에 가해진 압력은 출력측 솔레노이드 밸브를 통해 LPA(저압 어큐뮬레이터)로 도달하게 된다. 따라서 휠 실린더에 가해지는 압력은 LPA 리턴되는 차압 만큼 감압하게 돼 차륜이 로크(lock) 되는 것을 방지하게 된다.

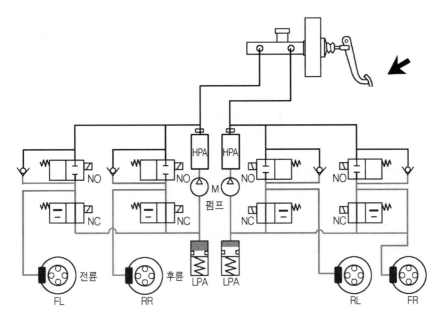

※ NO : normal open solenoid valve   NC : normal closed solenoid valve
HPA : high pressure accumulator   LPA : low pressure accumulator
MCP : master cylinder primary   MCS : master cylinder secondary

▲ 그림6-24 ABS 감압 제어시

(3) 유지 제어

휠 실린더의 유압이 어느 상태까지 감압하게 되면 ABS ECU는 슬립율을 산출한 데이터 값에 따라 유압을 유지 시키는 명령을 하이드롤릭 유닛에 하게 된다. 하이드롤릭 유닛은 이 신호를 받아 입력측 솔레노이드 밸브(NO SOL V/V)은 ON시키고, 출력측 솔레노이드 밸브(NC SOL V/V)는 OFF 시킨다.

따라서 그림 (6-25)와 같이 입력측 솔레노이드 밸브(NO SOL V/V)가 통전되면 밸브는 닫히게 되고, 출력측 솔레노이드 밸브(NC SOL V/V)가 차단되어도 밸브는 닫히게 돼 휠 실린더에 가해진 압력은 일정하게 유지하게 된다. 즉 휠 실린더에 가해진 압력이 어느 상태 까지 감압하게 되면 2개의 입력측 솔레노이드 밸브와 출력측 솔레노이드 밸브는 닫히게 돼 휠 실린더에 가해진 압력은 감압된 체로 일정하게 유지하게 된다.

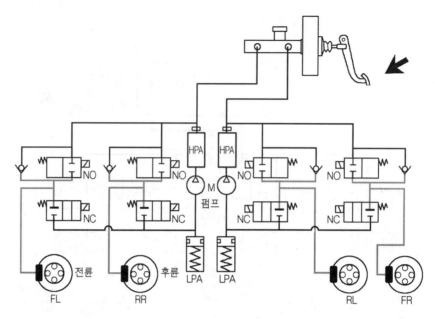

※ NO : normal open solenoid valve   NC : normal closed solenoid valve
HPA : high pressure accumulator   LPA : low pressure accumulator
MCP : master cylinder primary   MCS : master cylinder secondary

 그림6-25 ABS 유지 제어시

(4) 증압 제어

　휠 실린더의 유압이 감압되어 ABS ECU는 휠 스피드 센서로부터 차륜이 더 이상 로크(lock)되지 않는다고 판단하면 ABS ECU는 하이드롤릭 유닛의 2개의 입출력 솔레노이드 밸브를 OFF시킨다. 입력측 솔레노이드 밸브(NO SOL V/V)및 출력측 솔레노이드 밸브(NC SOL V/V)가 OFF 상태가 되면 그림 (6-26)과 같이 입력측 솔레노이드 밸브(NO SOL V/V)는 열리게 되고, 출력측 솔레노이드 밸브(NC SOL V/V)는 닫히게 된다.

　또한 ABS ECU는 ABS 릴레이를 작동하여 펌프 모터를 구동하게 된다. 펌프 모터가 구동하면 리저브 탱크에 있던 브레이크 오일은 펌프를 통해 입력측 솔레노이드 밸브를 거쳐 휠 실린더로 가압하게 된다.

　결과적으로 ABS 시스템은 차륜이 로크(lock) 되지 않도록(슬립율이 20% 전후로 유지되도록) 감압 → 유지 → 증압을 빠른 속도로 반복하여 차륜의 슬립율을 제어하게 된다. ABS 시스템은 보통 시속 6km/h 이상(차종에 따라 다소 차이는 있음)에서 작동하도록 하고 있어 6km/h 이하인 저속 상태에서는 ABS 제어는 작동하지 않는다.

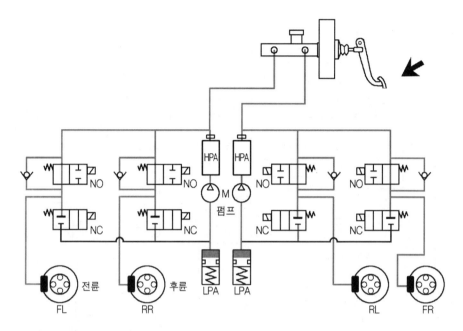

※ NO : normal open solenoid valve   NC : normal closed solenoid valve
  HPA : high pressure accumulator   LPA : low pressure accumulator
  MCP : master cylinder primary   MCS : master cylinder secondary

▲ 그림6-26 ABS 증압 제어시

2. 구동 슬립율 제어

ABS ECU(TCS ECU)는 구동륜의 회전 속도로부터 슬립율을 산출하고 G-센서로부터 차체의 전후 가속도를 검출하여 노면의 마찰 계수를 판단한다. 이때 운전자는 스티어링 휠을 조향할 때 차속과 조향각으로부터 산출한 횡 가속도가 기준치 보다 크다고 판단하면 ABS ECU(TCS ECU)는 전륜의 슬립율을 감소하는 방향으로 엔진 출력을 제어한다. 즉 구동 슬립율 제어는 구동륜의 구동력을 향상 할 목적으로 타이어의 슬립율을 검출하고 엔진 출력을 제어하여 차륜의 구동력을 제어하는 기능이다.

엔진 출력을 제어하는 TCS 시스템은 자동차의 제조사에 따라 스로틀 밸브의 개도 및 점화 시기 제어 또는 연료 분사 제어 및 점화 시기 제어 등을 사용하고 있다. 또한 이와 같은 TCS 시스템은 선회 가속시 스키드 현상을 방지하기 위해 슬립을 제어한다.

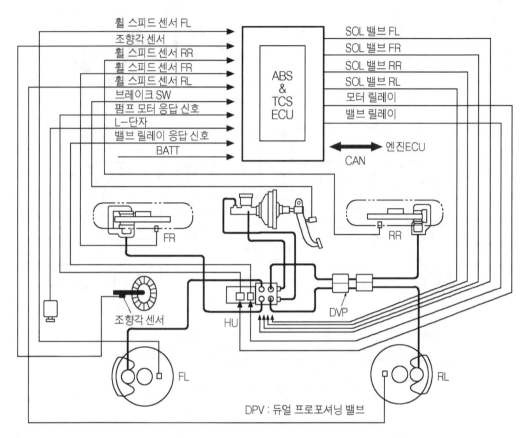

휠 스피드 센서 FL
조향각 센서
휠 스피드 센서 RR
휠 스피드 센서 FR
휠 스피드 센서 RL
브레이크 SW
펌프 모터 응답 신호
L-단자
밸브 릴레이 응답 신호
BATT

ABS
&
TCS
ECU

SOL 밸브 FL
SOL 밸브 FR
SOL 밸브 RR
SOL 밸브 RL
모터 릴레이
밸브 릴레이

엔진ECU
CAN

FR

RR

조향각 센서

HU

DVP

FL

RL

DPV : 듀얼 프로포셔닝 밸브

🔺 그림6-27 ABS & TCS 시스템 구성도

🔺 사진6-37 ABS & TCS 경고등

🔺 사진6-38 차륜의 휠 스피드 센서

기존의 TCS 시스템은 마찰 계수가 낮은 노면으로부터 슬립율 제어 기능을 적용하여 발진 가속성을 향상 한 기능에 추가하여 중고속 상태 중 선회시에도 가속 선회가 가능하도록 트레이스(trace) 제어 기능을 도입 한 것으로 차종에 따라 적용 기능이 다르다.

빗길이나 빙판길과 같이 미끄러운 노면에서 급출발하면 전륜과 후륜의 회전 속도 차로부터 ABS ECU(TCS ECU)는 슬립 상태를 연산하여 하이드롤릭 유닛에 제어 유압을 전달하게 된다.

이때 TCS ECU는 그림(6-28)과 같이 TC(traction valve) 밸브는 닫히고, HSV(Hydraulic Shuttle Valve)를 통해 마스터 실린더의 제동 유압을 펌프측으로 전달하게 된다. TC(트랜션 밸브)는 노말 오픈 타입 밸브(상시 열림 밸브)로 평상시 열려있는 상태로 있다가 TCS 기능이 작동되면 닫히게 된다. 여기서 HSV는 밸브는 기구적인 밸브로 입력측과 출력측의 압력차가 생기면 닫히고, 압력차가 없는 경우 열리도록 되어 있다.

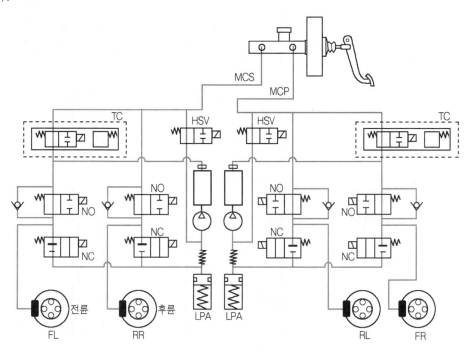

※ TC : traction control   HSV : hydraulic shuttle valve
　 NO : normal open solenoid valve   NC : normal closed solenoid valve
　 HPA : high pressure accumulator   LPA : low pressure accumulator
　 MCP : master cylinder primary   MCS : master cylinder secondary

🔺 그림6-28 TCS 제어시

TCS 기능이 작동되면 하이드롤릭 유닛의 모터 펌프는 휠 실린더로 보내지게 된다. 이 때 TC 밸브(트랜션 밸브)를 닫아 모터 펌프에서 발생된 유압이 마스터 실린더로 리턴되는 것을 방지하게 된다. 마스터 실린더의 압력이 해제 되면 모터 펌프의 작동은 멈추게 되고, 오일은 HSV 밸브를 통해 리턴하게 된다.

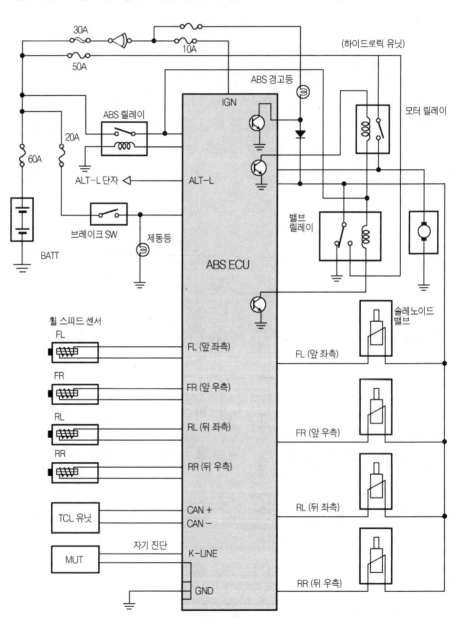

🔺 그림6-29 ABS 회로도

point

ABS 시스템의 제어 기능

1 ABS의 기능

(1) 제동 슬립율 제어

- 휠 스피드 센서의 신호로부터 차륜 속도 및 차속을 산출하여 제동 슬립율을 20% 전후로 제어 하도록 하이드롤릭 유닛에 명령한다.
- 하이드롤릭 유닛은 이 신호를 받아 휠 실린더를 감압, 유지, 증압을 반복하며 제동 슬립율을 20% 전후로 제어한다.

(2) 제동 슬립율 제어 모드

- 감압 제어 : 급제동시 차륜의 로크(lock) 되는 것을 방지하기 위해 휠 실린더의 압력을 일시적으로 감압하는 제어
- 유지 제어 : 휠 실린더의 유압이 어느 상태 까지 감압되면 더이상 유압이 감압되지 않도록 유지하는 제어
- 증압 제어 : 휠 실린더로부터 더 이상 차륜이 로크(lock) 되지 않는 다고 판단하면 모터 펌프를 작동하여 증압하는 제어
- ※ ABS 시스템은 결국 감압, 유지, 증압을 반복하면 차륜의 제동 슬립율을 20% 전후로 제어하여 운전자의 조향 안정성을 확보하는 시스템이다.

2 TCS의 기능

(1) TCS의 기능

※ 트랙션(구동력)제어를 통해 가속 및 선회 안전성을 확보하기 위한 시스템
- 급발진 슬립율 제어 : 가속시 발생되는 차륜의 스핀 현상 방지
- 트레이스 제어 : 선회시 가속에 의해 차량의 언더 스티어와 드리프트 현상이 발생하는 것을 방지
  - 언더 스티어 : 선회시 원심력에 의해 차량의 외주로 나가려는 특성
  - 드리프트 현상 : 선회시 차륜이 옆으로 미끌리는 현상

(2) 구동 슬립율 제어

- 마찰 계수가 다른 노면으로부터 높은 구동력을 얻기 위해 엔진의 스로틀 개도 및 점화시기를 통해 엔진 출력을 제어

【주】엔진 출력을 제어하는 방식은 자동차 메이커의 차종에 따라 다름

07

EPS 시스템

CHAPTER 7

EPS 시스템

 **EPS 시스템의 분류**

1. EPS 시스템의 개요

자동차의 3요소인 주행, 조향, 정지 기능 중 조향 기능은 차량의 목표 방향을 주행하기 위한 기본 기능이다. 이 기능을 실행하는 조향 장치는 구조나 방식에 따라 스티어링 휠(steering wheel)의 조향감과 조향력을 결정하는 중요한 요소이다.

조향감과 조향력은 운전자의 주행 안전성을 확보하기 위한 중요한 사항으로 차량의 주행하는 상황에 따라 운전자가 안전하게 조향할 수 있도록 보장되지 않으면 안

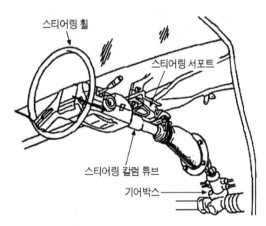

그림7-1 조향장치의 구조

된다. 스티어링 휠(조향 핸들)의 조향 감각은 조향시 무겁지도 않으면서 가볍지도 않도록 항상 운전자에게 조향감이 전달되어야 하는 조건을 가지고 있다. 주행 상황에 따라 저속에서는 가볍고 고속에서는 속도에 따라 서서히 중량감을 느낄 수 있도록 조향을 가지는 것이 이상적인 스티어링 휠(조향 휠)의 조향감이라 말할 수 있다. 이 조향 감각과 조향력을 향상하기 위한 조향 장치에는 별도의 링키지(linkage : 연결 기구) 기구와 조향력을 어시스트(assist)하는 배력 장치가 필요하게 되는데, 이 배력 장치를 갖는 조향 장치를

우리는 파워 스티어링(power steering)이라 표현한다.

종래의 파워 스티어링 장치는 그림 (7-2)와 같이 오일 펌프(oil pump)를 엔진 동력을 이용해 구동하고, 이 오일 펌프로부터 발생된 유압을 파워 실린더로 유입해 조향력을 감소시켜 운전자의 피로감을 경감도록 하였다. 그러나 오일 펌프로부터 토출되는 오일의 량은 엔진의 회전수에 비례하게 되므로 엔진 회전수가 증가하면 오일 토출량이 증가하게 돼 오히려 고속 주행시 스티어 휠(steering wheel)의 조향력은 증가하고 주행시 안전성이 크게 떨어지는 문제점을 가지게 된다.

▲ 사진7-1 스티어링 휠의 조향감

▲ 사진7-2 스티어링 휠의 탈착 후

실제 주행시 조향력은 저속시 큰 조향력이 필요하고, 고속시에는 작은 조향력이 필요하게 되는 상반된 관계를 가지게 되므로 속도 감응형 파워 스티어링 장치가 등장하게 된다. 따라서 감응형 파워 스티어링 장치에는 엔진의 회전수에 따라 유압을 조절하는 엔진 회전수 감응형 파워 스티어링 장치와 차속에 따라 유압을 조절하는 속도 감응형 파워 스티어링 장치가 있다.

그림 (7-2)는 엔진 회전수에 따라 오일 펌프를 회전 시켜 유압을 얻는 엔진 회전수 감응형 파워 스티어링 장치이다. 이 장치는 요구되는 유압과 오일의 토출량은 서로 반비례하기 때문에 엔진이 저회전시 오일의 토출량을 충분히 크게 하여 고속 회전시에는 릴리프 밸브(relief valve)를 열어 유압을 낮추는 역할을 해 스티어링 휠의 조향력을 조절하고 있는 방식이다. 그러나 이 방식은 차속에 따라 조향력을 얻는 데는 한계가 있어 현재에는 엔진의 회전수와 차속에 따른 감응형 전자 제어 조향 장치, 즉 EPS(electronic power steering system)이 주류를 이루고 있다. 한편 최근에 스티어링 휠은 운전자의 승하차에 도움을 주기 위해 스티어링 휠을 팝-업(pop up) 시키는 전동식 틸트 기구를 설치하는 경우도 증가하고 있다. 이 장치는 점화 SW을 OFF하고, 시프트 레버를 P-렌지로 절환하여 도어를 닫으면 자동적으로 스티어링 휠은 올라가게 돼 탑승시 운전자의 편리성을 도모한 조향 장치이다.

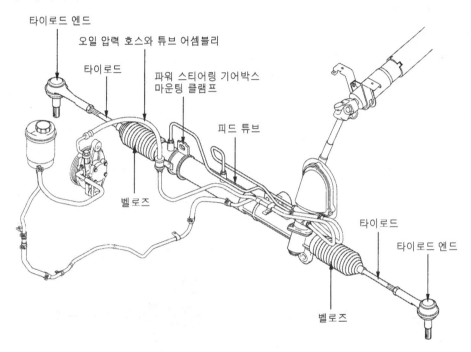

🔺 그림7-2 유압식 조향장치 기구

🔺 사진7-3 오일펌프의 절개부품

🔺 사진7-4 기어박스의 절개부품

2. EPS 시스템의 분류

일반적으로 조향 장치는 유압 제어 장치와 실린더의 형식에 따라 링키지(linkage type) 형과 인티그럴(integral : 일체형)형으로 으로 구분 된다. 링키지 형은 조향 실린더를 링키지 기구 중간에 설치하는 방식이며, 인티그럴형(일체형)은 제어 밸브와 실린더가 기어 박스 안에 일체로 결합되어 있는 방식이다.

같은 인티그럴형 조향 장치라도 조향 장치의 기구에 따라 볼 너트(ball nut)형과 랙 & 피니언(rack and pinion)형으로 구분 된다. 볼 너트형은 웜 기어의 맞물림 부위에 많은 볼 (ball)을 넣어 조향 조작이 가볍고, 큰 하중에 견디도록 되어 있어 현재 많이 사용하고 방식이며, 랙 & 피니언 형은 시프트링 샤프트에 의해 피니언 기어(pinion gear)를 회전하고, 이 피니언 기어에 따라 좌우로 움직여 랙(rack)의 양쪽 끝에 연결된 타이 로드(tie rod)에 의해 조향이 되는 방식으로 가볍고 소형으로 주로 소형차에 적용되는 방식이다.

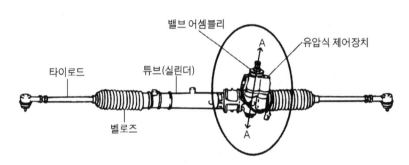

그림7-3 파워스티어링의 조향장치

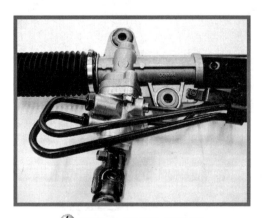

사진7-5 기어박스 어셈블리

사진7-6 타이로드 앤드와 너클

전자 제어식 조향 장치는 크게 나누어 유압 제어식과 전동 제어식이 구분할 수 있다. 유압 제어식은 엔진 동력에 의해 발생되는 유압을 이용 해 조향력을 제어하는 방식인 반면 전동 제어식은 전동 모터의 회전 토크를 이용하여 조향력을 제어하는 방식이다.

전자 제어식 조향 장치의 약어인 EPS 시스템은 종래에 사용하던 기계적인 동력 조향 장치(PS : power steering system)에 전자 제어 장치를 추가하며 EPS 시스템으로 표현하게 되지만 자동차 제조사에 따라 electronic control power system의 첨두자를 따서 ECPS 시스템의 약어를 표현하기도 한다.

또한 전동 모터식 EPS 시스템은 전동 모터에 의해 조향력을 어시스트(assist) 한다하여 미쓰비시 자동차㈜ 에서는 MDPS(Motor Driven Power Steering system) 시스템 표현하기도 한다. 따라서 이 책에서는 독자의 혼란을 피하기 위해 일반적으로 많이 표현하는 유압식 EPS 시스템과 전동식 EPS 시스템이라 표현 하여 설명 하였다.

(1) 유압식 EPS 시스템

여기에 기술한 유압식 EPS 시스템은 속도에 따라 조향력이 변화하는 속도 감응형 EPS 시스템을 말한다. 이 시스템의 구성은 랙 & 피니언(rack and pinion gear)에 로터리 밸브(rotary valve)를 설치하고, 로터리 밸브를 전자반인 솔레노이드 밸브를 통해 유량을 제어하고 있는 방식이다. 보통 이 방식은 그림 (7-4)와 같이 오일을 저장하는 리저브 탱크(reserve tank)와 오일을 가압하는 오일 펌프, 그리고 파워 실린더를 가압하기 위한 기어박스 어셈블리로 구성되어 있다.

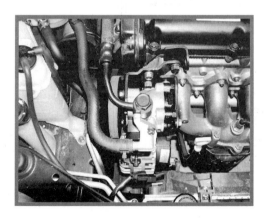

🔺 사진7-7 장착된 EPS의 오일펌프

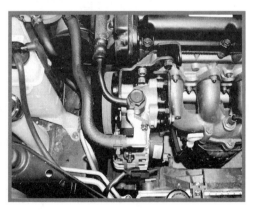

🔺 사진7-8 유압식 EPS의 오일펌프

이 기어 박스에는 로터리 밸브의 유압을 제어하는 솔레노이드 밸브가 부착되어 있어 로터리 밸브를 제어하도록 구성되어 있다.

이 방식의 동작은 먼저 엔진이 회전하면 오일 펌프는 리저브 탱크의 오일을 흡입하여 그림 (7-4)와 같이 오일을 고압측 호스로 토출하기 시작한다. 오일 펌프로부터 토출된 오일은 기어 박스에 부착되어 있는 솔레노이드 밸브를 통해 유입되고, 솔레노이드 밸브를 통해 유입된 유압은 로터리 밸브(rotary valve)를 통해 파워 실린더(power cylinder)를 가압하여 조향력을 어시스트(assist) 하는 방식이다. 이 방식은 조향 핸들의 조작에 의해 제어밸브가 개폐되는 대신 차량의 주행 속도와 조향 핸들의 조작을 검출하는 조향각 센서로부터 ECU(컴퓨터)는 검출하여 유압 솔레노이드 밸브를 제어하는 속도 감응형 EPS 시스템을 말한다.

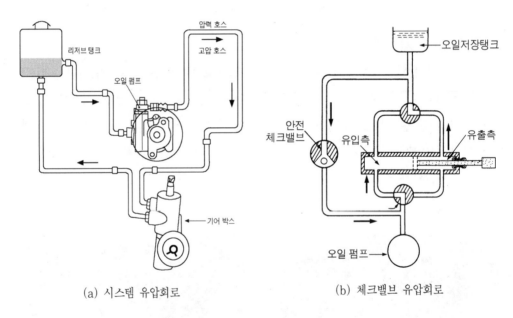

(a) 시스템 유압회로

(b) 체크밸브 유압회로

🔺 그림7-4 유압식 EPS 시스템의 유압회로

(2) 전동식 EPS 시스템

전동식 EPS 시스템은 조향장치의 기어 박스(gear box)에 모터를 설치하여 차속과 조향 토크(torque)에 의해 조향력을 얻는 장치이다.

이 조향 장치의 구성은 그림 (7-5)와 같이 기어 박스와 기어 박스에 장착된 전동모터, 그리고 EPS ECU(전자 제어 조향 장치 컴퓨터)와 입력 신호인 토크 센서와 차속 센서로 구성되어 있다. 이 방식은 오일 펌프(oil pump) 대신 전동 모터를 사용하므로 엔진의 회전 수에 관계없이 필요한 조향력을 얻을 수 있다는 이점이 있다.

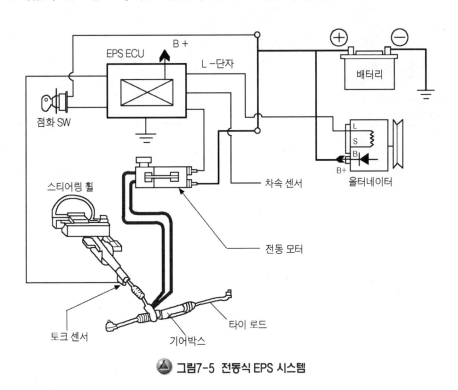

▲ 그림7-5 전동식 EPS 시스템

실제로 전동식 EPS 시스템은 스티어링(steering)의 핸들을 돌리지 않을 때는 전기 모터는 정지하여 전기 소모가 발생되지 않으며 엔진의 구동 벨트를 사용하지 않아 연비 향상에도 많은 도움이 된다. 이 방식은 차량의 속도에 따라 감응하는 속도 감응형 유압 EPS 시스템과 달리 전기 모터를 사용하므로 속도와 스티어링 휠(steering wheel)의 사용 빈도에 따라 전기 모터를 몇 가지 모드(mode)로 나누어 제어하고 있는 방식이다.

그러나 이 방식은 여러 가지 이점에 불구하고 전기 모터의 출력은 120W 이상의 비교적 전력 소모가 큰 모터를 사용하고 있어 전기 모터의 회전시에는 발전기로부터 출력되는 발전 전류를 고려하지 않으면 안되는 결점을 가지고 있다.

이 전기 모터는 주로 스티어링 휠의 기어 박스(gear box) 측에 설치하고, 전기 모터로

부터 피니언 기어를 구동하기 위해 클러치(clutch)와 감속 기어를 사이에 두고 피니언 기어를 구동한다. 따라서 모터의 회전 토크에 따라 운전자의 피로감을 감소시켜 조향력을 어시스트(assist)한다.

▲ 사진7-9 전동식 조향장치

▲ 사진7-10 전동식 틸트 장치

 **2** **유압식 조향 장치**

■ 1. EPS 시스템의 구성 부품과 기능

EPS 시스템의 유압 회로구성은 그림 (7-6)과 같이 리저브 탱크로부터 오일을 석션(suction : 흡입)하기 위한 오일 펌프와 파워 실린더를 제어하기 위한 유압 솔레노이드 밸브로 구성되어 있어 다른 제어 시스템에 비해 비교적 간단한 구조를 가지고 있다.

또한 EPS 시스템의 전장 회로 구성도 그림(7-7)과 같이 제어 대상이 적어 유압 회로 구성과 같이 구조가 간단하다.

이 시스템의 전장 회로를 살펴보면 오일 펌프(oil pump)로부터 토출된 유압을 조절하기 위한 PCSV(pressure control solenoid valve : 유압 솔레노이드 밸브)가 연결되어 있고, 입력측에는 차속 감응을 검출하기 위한 차속 센서, 엔진 회전수를 검출하기 위한 타코 신호, 운전자의 가감속 의지를 검출하기 위한 TPS 센서가 연결되어 있다. 이와 같이 EPS 시스템(전자제어식 조향장치)은 기계적인 동력 조향 장치와 달리 차속 감응에 따라 저속에서

고속까지 선형적인 조향감을 얻을 수가 있도록 유압 회로와 별도의 EPS 전장 시스템을
가지고 있다.

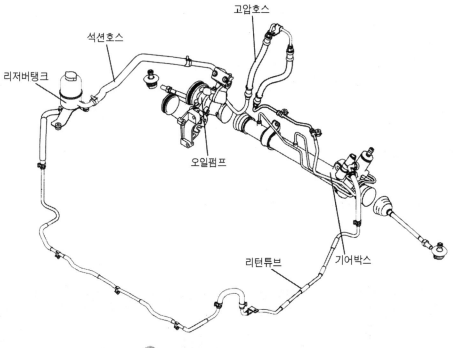

🔺 그림7-6 유압식 조향장치 구성품

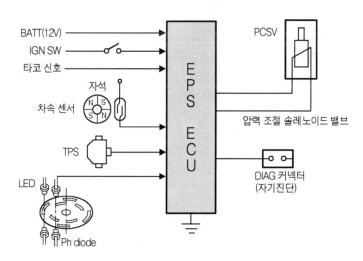

🔺 그림7-8 유압식 EPS 시스템의 입출력 구성

(1) 오일 펌프

오일 펌프(oil pump) 내부에는 파워 스티어링 오일(power steering oil)을 펌핑하기 위해 내부에 베인(vane)을 삽입하여 놓고 엔진의 크랭크 풀리(crank pulley)로부터 벨트(belt) 걸어 유량이 토출 할 수 있도록 되어 있다.

이 오일 펌프에는 엔진 회전수에 따라 오일 토출량이 일정하게 하게 하기 위해 오일 펌프 내부에는 플로 컨트롤 밸브(flow control valve)나 레귤레이터 밸브를 설치하여 두고 있어 엔진의 회전수에 따라 변화 할 수 있는 토출량이나 오일 맥동을 제어도록 되어 있다.

(2) 리저브 탱크

리저브 탱크는 파워 스티어링 시스템으로 공급하는 오일을 저장하여 놓는 저장 탱크로 유압 회로의 오일을 순환과 공급을 반복하여 주는 일종의 저장용 용기이다. 이 곳에 사용되는 오일은 자동 미션 오일(ATF : Automatic Transmission Fluid)과 혼용으로 사용하고 있는 오일이다.

⚠ 사진7-11 EPS의 오일펌프

⚠ 사진7-12 EPS의 리저브 탱크

(3) 로터리 밸브

로터리 밸브는 조향 장치의 기어 박스에 설치되어 있으며, 로터리 밸브의 회전에 따라 오리피스(orifice : 작은 구멍)가 개폐 돼 파워 실린더(power cylinder)에 작용하는 유압을 변화시키는 역할을 한다. 이것은 로터리 밸브 내부에 저속용 오리피스와 고속용 오리피스가 오일 펌프로부터 토출된 유압을 변환 시킬 수가 있도록 하기 위한 것이다.

(4) PCSV(압력 조절 솔레노이드 밸브)

EPS 시스템에 사용되는 PCSV(압력 조절 솔레노이드 밸브)는 EPS ECU(EPS 컴퓨터)로부터 듀티 신호의 전기적인 신호로 압력 조절 역할을 실행 할 수 있는 밸브이다.

(5) 차속 센서

보통 변속기의 드리븐 기어(driven gear) 측에 장착되어 있으며, 검출된 차속 신호는 EPS ECU(EPS 컴퓨터)로 입력 돼 차속에 따라 조향력을 변화하도록 PCSV(압력 조절 솔레노이드 밸브)의 개반을 제어하도록 차속을 검출하는 센서이다.

(6) TPS 센서

TPS 센서는 스로틀 밸브에 장착되어 운전자의 가감속 의지를 검출하기 위해 스로틀 개도량을 검출하는 센서이다. 이 센서는 EPS 시스템에서는 차속 센서 이상시 페일 세이프 모드(fail safe mode)로 전환하기 위해 자기 보정용으로 사용하고 있는 센서이다.

(7) EPS ECU

차속 감응 조향력을 제어하기 위해 차속 센서 신호, TPS 센서 신호, 타코 신호를 입력 받아 차속에 적절한 조향력을 제어 하도록 PCSV(압력 조절 솔레노이드 밸브)로 듀티 신호를 출력하도록 하는 컨트롤 유닛(control unit) 이다.

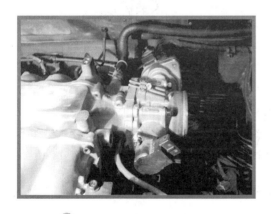

▲ 사진7-13 장착된 스로틀 보디

▲ 사진7-14 조향각 센서의 장착위치

2. EPS 시스템의 유압 회로와 동작

EPS 시스템의 유압 회로는 그림 (7-9)와 같이 오일 펌프(oil pump), 기어 박스와 PCSV 밸브(유압 조절 솔레노이드 밸브), 오일을 순환하는 호스로 구성되어 있다. 따라서 오일 펌프로부터 토출된 오일은 고압 호스를 통해 PCSV 밸브로 유입되고 유입된 오일은 로터리 밸브(rotary valve)를 거쳐 파워 실린더(power cylinder)로 가압하여 조향력을 어시스트(assist)하는 역할을 한다. 기어 박스의 로터리 밸브로 유입된 오일은 리턴 호스(return hose)를 통해 리저브 탱크(reserve tank)로 유입 돼 오일은 순환하게 된다. 실제로 유압 회로는 제조사의 차종에 따라 다소 차이는 있지만 근본적인 원리는 동일하다 하겠다. 따라서 이 책에서는 국내 자동차의 대표적인 모델을 바탕으로 하였다.

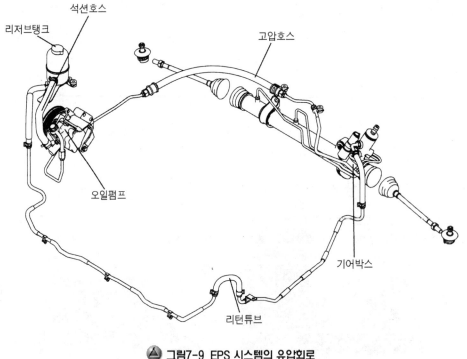

석션호스
리저브탱크
고압호스
오일펌프
기어박스
리턴튜브

🔺 **그림7-9 EPS 시스템의 유압회로**

(1) 유압 회로(1)

EPS 시스템의 유압 회로를 살펴보면 그림 (7-10)과 같이 기어 박스 내에 있는 로터리 밸브에 전자반인 솔레노이드 밸브를 제어하는 구조를 가지고 있다. 여기에 사용한 솔레노이드 밸브는 EPS ECU(EPS 컴퓨터)의 출력 신호에 의해 유압 반력실에 작용하는 반력압

(여기서 말하는 반력압이란 저항 압력을 말한다)을 조절하는 PCSV(압력 조절 솔레노이드 밸브) 밸브이다.

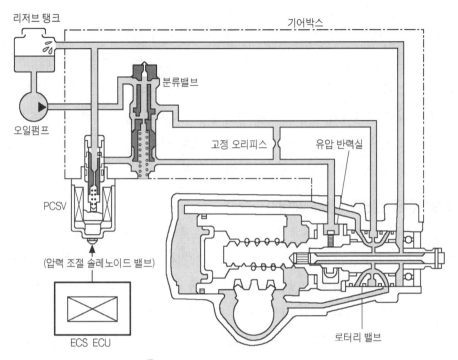

🔺 그림7-10 EPS 시스템의 유압회로

🔺 사진7-15 유압식 조향장치 ASS'Y

🔺 사진7-16 조향장치와 연결된 타이로드

또한 이 유압 회로에는 오일펌프로 토출된 오일을 솔레노이드 밸브측(solenoid valve측)과 로터리 밸브측(rotary valve측)으로 분류하여 주는 분류 밸브로 구성되어 있다.

　　다른 시스템과도 동일하게 분류 밸브로부터 분류되어 압송된 오일은 로터리 밸브를 거쳐 파워 실린더(power cylinder)의 좌실과 우실의 압력차를 발생시켜 조향력을 어시스트(assist)한다. 또한 로터리 밸브(rotary valve) 내에는 반력 플런저(plunger)에 의한 반력으로 컨트롤 샤프트(control shaft)를 제어하는 제어실과 중속에서부터 고속까지 스티어링의 반력을 증가시키도록 고정 오리피스(orifice)를 설치 해 두고 있다.

　　유압에 대해 반력압(저항압)을 선형적으로 상승 시킬 수가 있어 차량이 중속에서부터 고속시 까지 파워 실린더의 유압을 낮은 영역에서도 서서히 상승 시킬 수 있는 특징을 가지고 있다. 따라서 이와 같은 시스템은 운전자의 조향 회전 각도에 따라 조향력을 증가 할 수가 있어 선회시 조향감을 향상 할 수가 있는 특징이 있다.

(2) 솔레노이드 밸브의 전류 제어

　　이 시스템은 일본 T(사) 차량에 적용한 시스템으로 주행 조건에 따라 운전자가 선택 스위치에 위해 노말 모드(normal mode)와 스포츠 모드(sport mode)로 조향력을 선택 할 수가 있도록 해 운전자의 취향에 맞는 조향감을 얻을 수 있도록 한 시스템이다.

　　이 시스템의 유압 제어는 EPS ECU(EPS 컴퓨터)는 선택 스위치와 차속 신호의 입력을 PCSV(유압 조절 솔레노이드 밸브)를 그림 (7-11)의 (b) 특성과 같이 듀티 신호(duty signal)에 의해 제어한다. 출력 신호의 듀티 컨트롤(duty control)은 한 사이클 동안 반주기 동안의 비율을 변화시켜 평균 전류로서 솔레노이드 밸브(solenoid valve)를 제어하는 방식이다. 이렇게 제어된 평균 전류는 전류값이 크면 큰 만큼 솔레노이드 밸브의 개도량도 커져 스티어링 휠(조향 핸들)의 조향력은 가벼워지도록 한 시스템이다.

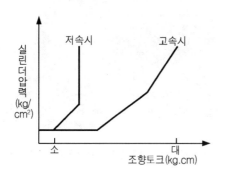

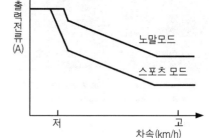

(a) 실린더 유압에 의한 조향 특성　　　(b) 차속에 의한 솔레노이드 밸브의 전류 특성

🔺 그림7-11 조향특성과 솔레노이드 밸브의 출력 전류 특성

(3) 유압 회로(2)

그림 (7-12)의 유압 회로는 국내 H(사) 차량에 적용되고 있는 대표적인 EPS 시스템의 유압회로로 다른 시스템과 비교하여 크게 차이는 없다. 이 시스템의 경우도 다른 제조사의 시스템과 같이 차속에 따라 EPS ECU(EPS 컴퓨터)는 PCSV(유압 조절 솔레노이드 밸브)를 통해 로터리 밸브를 제어한다. 이 시스템의 유압 회로 작동흐름을 보면 오일 펌프로부터 유입된 오일은 로터리 밸브를 통해 파워 실린더(power cylinder)의 좌실과 우실의 압력차를 발생시켜 조향력을 어시스트(assist) 하도록 제어하는 구조를 가지고 있다. 또한 EPS ECU(컴퓨터)로 출력 된 솔레노이드 밸브의 출력값은 듀티 신호(duty signal)로 출력되어 평균 전류값으로 솔레노이드 밸브를 제어한다.

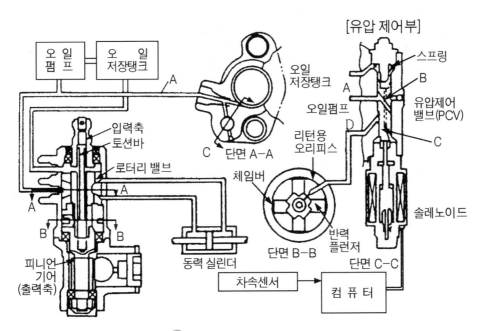

🔺 **그림7-12 유압회로의 동작 원리**

이 평균 전류값은 차속에 따라 저속인 경우 약 0.8(A)~1.0(A) 정도이고, 고속시에는 약 0.2(A)~0.3(A) 정도의 평균 전류값을 출력하여 PCSV(유압 제어 솔레노이드 밸브)를 제어한다. 저속시에는 평균 전류값이 커 솔레노이드 밸브의 PCV 밸브(pressure control valve : 압력 조절 밸브)를 눌러 오일 펌프로부터 유입되는 유로 A와 반력 플런저로 유입되는 유로 D를 차단하는 위치에 오게 한다. 이 결과 반력 플런저의 압력은 상승하고 조

향력은 가벼워진다. 이에 반해 고속시에는 평균 전류값이 낮아져 솔레노이드 밸브의 PCV 밸브(압력 조절 밸브)는 스프링 힘에 의해 밀어내게 돼 오일 펌프로부터 유입되는 유로 A와 유로 D는 열리게 된다. 따라서 반력 플런저의 압력은 낮아지고 조향력은 무거워져 고속 주행시 조향 안전성을 확보하게 된다.

⚠ 사진7-17 기어박스 ASS'Y

⚠ 사진7-18 EPS ECU(EPS 컴퓨터)

4 전동식 조향장치

1. 전동식 EPS 시스템의 분류

전술한 바와 같이 유압식 EPS 시스템의 작동은 엔진 크랭크 축 풀리에 벨트를 걸어 동력을 오일 펌프(oil pump)를 전달하고, 오일 펌프로부터 토출된 오일은 PCSV(압력 조절 솔레노이드 밸브)를 통해 오일 류량을 제어한다. 이렇게 PCSV 밸브를 통해 제어 된 오일 류량은 로터리 밸브를(rotary valve)통해 파워 실린더의 좌실과 우실의 압력차를 발생시켜 조향력을 어시스트(assist)하는 조향 장치이다.

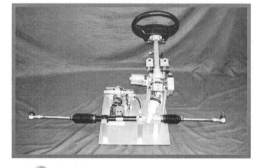

⚠ 사진 7-19 전동식 조향장치의 모듈

이에 반해 전동식 EPS 시스템은 유압을 발생하는 오일 펌프 대신 전동 모터를 사용 스티어링 기어(steering gear)를 직접 제어하여 조향력을 어시스트하고 있어 유압식 EPS 시스템에 비해 여러 가지 이점을 가지고 있다.

전동식 조향 장치의 이점을 정리하여 보면 다음과 같이 열거하여 볼 수 있다.
① 엔진 동력을 사용하지 않아 엔진의 출력 향상과 연비를 절감 할 수 있다.
② 오일 펌프의 유압을 이용하지 않아 유로의 연결 호스(oil hose)가 필요 없다. 따라서 조향 장치를 경량화 할 수 있는 이점이 있다.
③ 제품 생산시 module화 가능하여 제조 원가를 절감 할 수 있다.
④ ECU를 이용 모터를 제어하므로 조향력을 정밀하게 제어 할 수 있다.

반면에 이와 같이 전동 모터식 조향 장치는 이점만 있는 것은 아니다.
① 전동 모터가 구동시 큰 전류가 흘러 배터리 방전에 대한 대책을 하지 않으면 안된다.
② 초기 모터 회전시 진동이 컬럼 샤프트(column shaft)를 통해 스티어링 휠에 전달 될 수가 있어 이에 대한 대책이 필요하다.

그러나 전동식 EPS 시스템(조향 장치)은 이와 같은 단점에도 불구하고 연비 향상 및 경량화가 가능하여 비교적 소형차에 많이 적용하고 있다. 전동식 EPS 시스템의 종류는 그림 (7-13)과 그림 (7-14)와 같이 전동 모터의 장착 위치에 따라 P-EPS(모터의 장착 위치가 피니언 기어에 위치한 EPS), R-EPS(모터의 장착 위치가 랙 기어에 위치한 EPS), C-EPS(모터의 장착 위치가 컬럼 샤프트에 위치한 EPS)로 구분 할 수 있다.

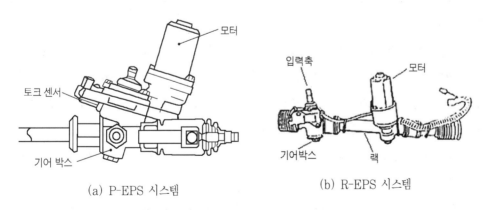

(a) P-EPS 시스템   (b) R-EPS 시스템

그림7-13 전동모터의 장착위치에 의한 분류

이와 같은 전동식 EPS 시스템은 모터를 구동해 조향력을 얻고 있어 모터의 구동시 진동과 소음에 대한 대책이 요구되고 있다.

특히 C-EPS 시스템의 경우 모터의 장착 위치를 스티어링 컬럼에 위치하고 있어 모터의 초기 구동시나 정지시 진동과 소음을 느낄 수 있어 정지시 스티어링 컬럼(steering column)을 통해 조향 휠(조향 핸들)로 전해지는 진동과 소음을 고려할 필요가 있다. 또한 비교적 경량화가 가능해 소형차에 적합한 C-EPS방식과 P-EPS방식은 엔진 룸(engine room)의 공간이 한계가 있어 설계시 공간 제한에 대한 것을 고려하지 않으면 안된다.

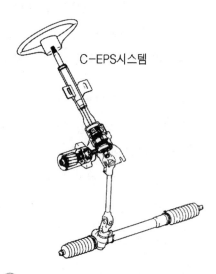

C-EPS시스템

🔺 그림7-14 전동모터의 장착위치에 의한 분류

2. 전동식 조향장치의 구성과 부품

전동식 EPS 시스템은 자동차 제조사에 따라 ECPS(electronic control power steering) 시스템 또는 MDPS(motor drive power steering) 시스템이라 표현한다.

이 책에서는 전동식 EPS 시스템이라 통칭하여 설명하고 있다. 이 전동식 EPS 시스템의 구성은 그림 (7-15)과 같이 차량의 속도를 검출하는 차속 센서와 스디이링 휠(steering wheel)의 조향력을 검출하는 토크 센서(torque sensor)의 신호를 기준으로 전동 모터를 제어하여 조향력을 얻는다.

이 모터는 조향 장치의 기어 박스(gear box)에 장착돼 기어의 회전을 어시스트(assist)하도록 되어 있다. 조향력을 어시스트 하는 것은 정지시나 저속 상태 구간으로 실제 전동 모터식 EPS에서도 자동차의 제조사에 따라 약 30 ~ 45km/h 이하에서 모터가 구동하여 조향력을 어시스트 한다. 모터의 구동시 모터에 흐르는 전류값은 스티어링 휠에 장착된 토크 센서(torque sensor)의 신호를 기준으로 EPS ECU는 출력 전류값을 결정하도록 한다.

따라서 이 시스템의 입력측에는 차속 센서와 토크 센서가 기준 입력 신호로 입력 되도록 구성하고 있다. 그러나 이 시스템은 모터가 구동시 약 20 ~ 50A 정도의 대전류가 흘러

배터리의 방전에 대한 대책으로 출력측에는 엔진 ECU와 데이터(data) 송신하여 아이들
업(idle up) 기능을 실행하도록 제어하고 있다.

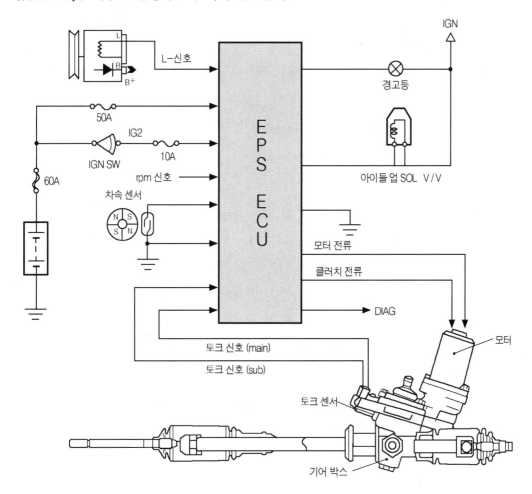

🔺 그림7-15 전동 모터식 EPS 시스템의 구성(국내 H사)

(1) 전동 모터

전동식 EPS 시스템에 적용되는 모터는 차량 제조사의 모델에 따라 웜 기어(worm gear)를 이용하여 모터의 속도를 감속하는 방식과 모터에 드라이브 기어(drive gear)를 사이에 끼워 모터의 속도를 감속하도록 하는 방식이 사용되고 있다. 이곳에 사용되는 모터는 구동 토크가 큰 DC(직류) 모터를 사용하고 있으며 비교적 큰 조향력을 얻기 위해 스티어

링 기어 박스(gear box)에 위성 기어를 넣어 사용하고 있다.

위상 기어(planetary gear) 부에는 입력 샤프트(input shaft)와 피니언 기어측이 2단으로 나누어져 있어, 선 기어(sun gear)를 끼워 치합하고 있는 구조를 가지고 있다. 이 위성 기어의 피니언 기어 A는 입력 샤프트 축에 고정되어 있고, 피니언 기어B는 피니언 기어축에 고정되어 있다. 입력 샤프트의 인터널 기어(internal gear) A에는 스풀(spool)을 끼워 토크(torque sensor)의 샤프트에 부착하고 있다. 따라서 이 방식은 2단으로 구성된 위성 기어에 의해 비틀림 각은 인터널 기어(internal gear) A를 사이에 끼워 토크 센서에 전달하고 있다.

(2) 토크 센서

토크 센서(torqur sensor)는 스티어링 휠(조향 핸들)를 회전시 토션바(torsion bar)의 비틀림 정도를 검출하는 센서로 장착 위치와 구조는 그림 (7-16)과 같다. 토크 센서의 동작 원리는 스티어링 휠(조향 핸들)을 회전시 입력축(input shaft)과 출력 축(output shaft)의 회전 방향이 차이가 발생하게 되며 이 회전 방향 차이로 토션바의 비틀림 토크(torque)가 발생하게 된다. 이 때 그림 (7-16)의 (c)의 구조를 갖는 전자 유도식 토크 센서의 검출 코일로부터 발생되는 유도 기전력은 마치 파도가 너울되는 AC 신호가 출력되어 센서의 신호로 이용하고 있다. 이 센서 신호는 조향 핸들을 우회전하면 토크 센서의 출력 전압은 2.5V를 기점으로 토크가 증대하면 전압값도 증가하여 최대 약 4V 정도까지 출력되고 있다. 센서의 신호 파형이 불규칙적으로 변화하는 것은 전자 유도 작용에 의한 것으로 실제 ECU(컴퓨터)는 토크 센서의 출력 신호 특성을 입력 될 수 있도록 내부 회로를 구성하고 있다.

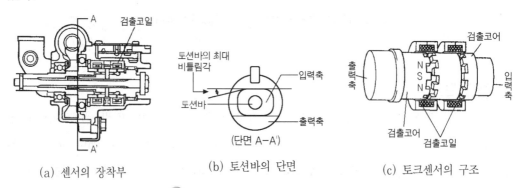

(a) 센서의 장착부   (b) 토션바의 단면   (c) 토크센서의 구조

△ 그림7-16 토크센서의 장착부와 구조

(3) 차속 센서

보통 차속 센서는 트랜스미션(transmission : 변속기)에 장착되어 드리븐 기어(driven gear)의 회전수를 검출하는 센서로 검출하는 센서의 방식에 따라 구분된다.

이들 센서의 종류에는 리드 스위치를 이용한 리드 스위치 방식의 차속 센서, 유도 기전력을 이용한 차속 센서, 홀 효과를 이용한 차속 센서가 적용되고 있다. 리드 스위치 방식의 차속 센서는 구조가 간단 하지만 드리븐 기어로부터 스피드 케이블을 연결하여 사용하여야 하는 결점이 있어 현재에는 그다지 많이 적용하지 않고 있다.

그림 (7-17)은 전자 유도 방식을 이용한 차속 센서의 구조로 입력축과 연결된 로터(rotor)에는 16극의 페라이트 자석을 설치하고 주위에는 스테이터 코일(stator coil)을 감은 구조를 가지고 있다. 변속기(트랜스미션)의 드리븐 기어의 회전에 따라 차속 센서의 입력축이 회전을 하면 16개 자극(제조사의 차종에 따라 다름)의 페라이트 자석도 함께 회전하여 스테이터 코일로 전자 유도 기전력이 발생하도록 한 방식이다.

이에 반해 홀 센서 방식의 차속 센서는 스테이터 코일 대신 홀 효과를 이용한 홀 소자를 내장한 것으로 로터의 1회전 당 16개의 디지털 필스 신호를 출력하도록 만든 센서이다. 이 방식의 차속센서의 입력축에 스피드 케이블(speed cable)을 연결하지 않아 제조 공정 및 엔진 공간 활용이 자유로운 이점을 가지고 있어 현재 널리 사용하고 있다. 이와 같은 차속 센서는 EPS 시스템의 차량 주행시 차속 감응 제어의 입력 신호로 사용한다.

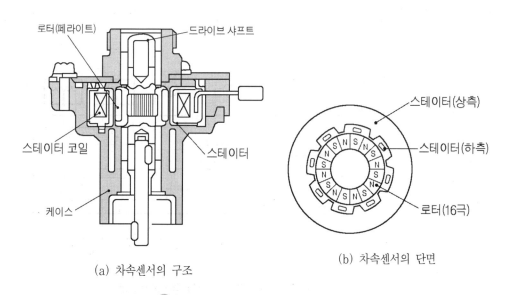

(a) 차속센서의 구조

(b) 차속센서의 단면

▲ 그림7-17 차속센서의 구조(전자 유도식)

전동식 EPS 시스템의 경우는 보통 차속 범위는 0 ~ 45(km/h)에서 제어하는 것과 전영역에서 제어하는 경우가 있다.

△ 사진7-20 차속센서

△ 사진7-21 드리븐 기어

(4) 전동 모터식 EPS ECU(전동 모터식 EPS의 컨트롤 유닛)

그림 (7-18)은 대표적인 전동 모터식 EPS ECU의 내부 블록 다이어그램(block diagram)나타낸 것으로 내부에는 8비트 원 칩 마이크로컴퓨터(8bit one chip micro computer)가 내장되어 입출력 신호를 제어하도록 하고 있다. ECU의 작동은 먼저 점화 스위치를 ON시키면 시스템에 전원이 공급되어 전동 파워 스티어링은 작동 준비 상태를 하게 된다.

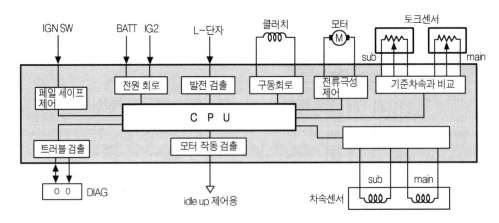

△ 그림7-18 전동 모터식 EPS ECU의 내부 블록 다이어그램

이때 엔진 시동을 걸면 ECU는 올터네이터(alternator)의 L-단자의 신호로부터 엔진의 회전 상태를 판단하고 전동 파워 스티어링은 작동을 개시하게 된다. 전동 파워 스티어링(power steering)의 개시는 전자 클러치(clutch)의 출력 신호에 의한 것으로 ECU로부터 전자 클러치의 신호가 출력되면 모터의 출력축과 감속 기어를 끼워 피니언 기어(pinion gear)를 어시스트 할 수 있도록 된 상태를 말한다.

이때 운전자는 스티어링 휠(steering wheel)을 회전하면 ECU는 토크 센서로부터 신호를 입력 받아 모터의 출력전류를 출력하게 되어 조향력을 어시스트하게 된다. 차량의 주행 시에는 그림 (7-19)와 같이 차속 센서의 신호와 토크 센서의 신호를 입력 받아 모터의 출력 전류를 제어하게 된다. 모터의 출력 전류는 제조사의 차종에 따라 다르지만 소형에 차에 적용하는 전동 모터의 출력 전류는 0 ~ 40A 정도의 출력 전류로 제어하고 있다.

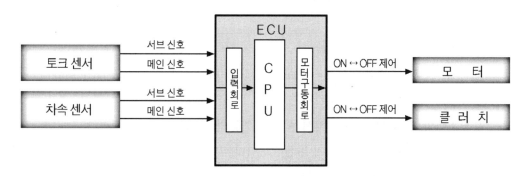

▲ 그림7-19 모터 구동 제어의 블록 다이어그램

전동식 EPS 시스템의 모터 전류 제어는 차량의 주행 상태에 따라 정지시 제어 모드와 차속 감응 제어 모드, 그리고 모터 보호 전류 제어 모드 등을 실행한다. 이들 제어 모드는 전동식 EPS 시스템이 갖고 있는 조향 핸들의 진동이나 배터리 방전, 모터의 전류로부터 과열 방지를 하기 위한 것이다. 이 시스템의 동작은 차량 정지시 토크 센서(torque sensor)의 신호를 입력 받아 모터를 구동 전류를 제어하고, 주행시는 차속에 따라 모터의 구동 전류를 제어한다.

그림 (7-20)과 그림 (7-21)은 국내 H-사 차량의 MDPS 시스템의 서비스 데이터를 출력한 값이다. 이 데이터는 차량이 정지시 스티어링 휠(조향 핸들)을 좌회전 한 조향 핸들의 회전 토크는 -2.8Nm가 될 때 모터의 구동 전류값은 12.6A가 흐르는 것을 볼 수 있다. 반면에 스티어링 휠(조향 핸들)을 우회전한 조향 핸들의 회전 토크는 2.3Nm 일 때 모터 전류는 4.9A가 흐르는 것을 볼 수 있다.

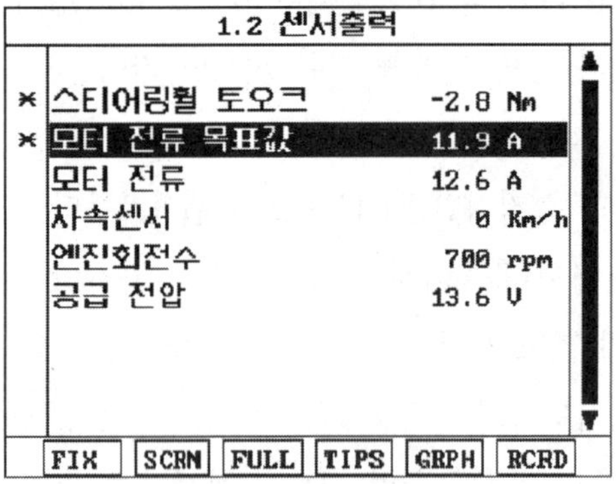

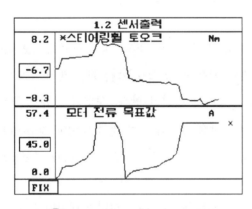

그림7-20 좌회전시 모터 전류값

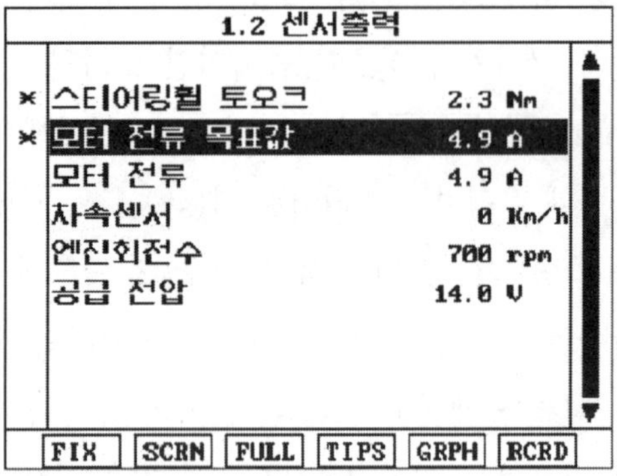

그림7-21 우회전시 모터 전류값

그림 (7-22)와 (7-23)은 차량 정지시 스티어링 휠(조향 핸들)의 조향력(회전 토크)에 따라 전동 모터의 전류 목표값을 그래픽(graphic)으로 나타내어 본 것으로 조향 핸들의 토크에 따라 모터의 전류 목표값도 증가하는 것을 볼 수 있다.

즉 이 시스템의 ECU는 차량 정지시는 조향 핸들의 토크 센서 신호를 받아 모터의 구동 전류가 제어하므로 조향력을 얻는 것을 볼 수 있다. 반면 주행시는 토크 센서와 차속 센서의 신호를 입력 받아 모터의 구동 전류를 제어하고 있는 시스템이다.

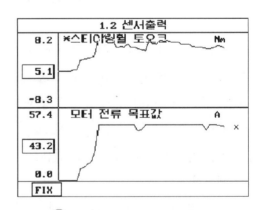

그림7-22 좌회전시 모터 전류값

그림7-23 우회전시 모터 전류값

EPS 시스템

1 유압식 EPS 시스템

(1) 유압식 EPS의 분류

엔진 회전에 의해 구동되는 오일 펌프로부터 토출된 오일은 스티어링의 기어박스에 부착된 로터리 밸브의 유압을 솔레노이드 밸브를 통해 제어하는 방식

- 회전수 감응형 EPS : 엔진 회전수에 따라 유압을 제어하여 조향력을 어시스트(assist)하는 조향 장치
- 차속 감응형 EPS : 차속에 따라 유압을 제어하여 조향력을 어시스트 하는 전자 제어 조향 장치

※ EPS 시스템은 electonic powet steering system의 약어로 ECPS 시스템이라 표현하고 있다.

(2) 유압식 EPS의 주요 구성 부품

- 솔레노이드 밸브 : EPS ECU는 차속 신호를 기준으로 솔레노이드 밸브를 듀티 제어하여 오일 펌프로부터 토출된 유압을 제어 하는 밸브
- 로터리 밸브 : 밸브 내부의 오리피스를 통해 파워 실린더에 작용하는 유압변화 시키는 역할을 한다.
- 차속 센서 : EPS를 제어하기 위해 입력되는 기준 신호
- TPS 센서 : 차속 센서 이상시 페일 세이프 모드로 전환하기 위해 자기 보정을 하기 위한 보정용 센서

2 전동 모터식 EPS 시스템

(1) 전동 모터식 EPS의 분류 : 전동 모터의 장착 위치에 따라 분류

- C-EPS : 전동 모터의 장착 위치가 컬럼 샤프트에 있는 경우
- P-EPS : 전동 모터의 장착 위치가 피니언 기어에 있는 경우
- R-EPS : 전동 모터의 장착 위치가 랙 기어에 있는 경우

(2) 전동 모터식 EPS의 주요 구성 부품

- 전동 모터 : 스티어링 기어를 직접 구동하여 조향력을 얻는 직류 모터
- 토크 센서 : 스티어링 휠의 회전시 토션바의 비틀림 정도를 검출하는 센서
- 차속 센서 : 차속 감응을 제어하기 위한 기준 신호

(3) 모터의 전류 제어

- 정지시 제어 : 차량 정지시 토크 센서의 신호를 기준으로 모터의 전류를 제어하는 모드
- 차속 감응 제어 : 차속 센서의 신호를 기준으로 모터의 전류를 제어하는 모드
- 모터의 보호 전류 제어 : 모터의 과열 방지를 위해 일정 시간 이상 출력시 모터의 흐르는 전류를 서서히 감소시키는 제어

08
ECS 시스템

전자제어장치 & 실습

8 CHAPTER

ECS 시스템

1 현가장치의 기본 지식

1. 현가장치의 요구 사항

현가장치(suspension system)는 크게 나누어 차축과 차체 사이에 스프링을 설치하여 놓은 완충 장치와 차축과 차체 사이를 연결하는 연결 장치로 이루어져 있어 차량이 주행 할 노면으로부터 받는 충격이나 진동을 차체에 직접 전달하지 않도록 한다. 보통 현가장치의 구성은 그림 (8-1)과 같이 노면으로부터 충격을 지탱 및 완화하는 스프링과 차체의 진동을 억제하는 쇽업소버(shork absorber), 그리고 스프링과 같이 하중을 지탱하는 목적 외에 차체의 수평을 유지할 목적으로 승용차의 전륜 또는 후륜 측에 스태빌라이저(stabilizer) 등의 기구로 구성되어 있다.

▲ 사진8-1 앞측 분활식 현가장치

▲ 사진8-2 뒤측 분활식 현가장치

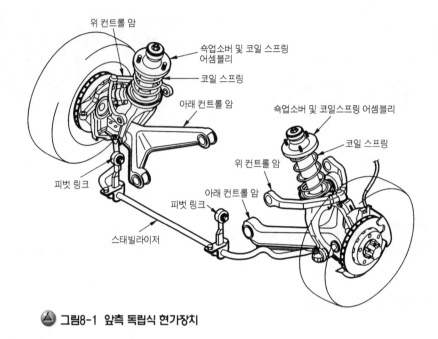

위 컨트롤 암

쇽업소버 및 코일 스프링
어셈블리

코일 스프링

아래 컨트롤 암

쇽업소버 및 코일스프링 어셈블리

코일 스프링

위 컨트롤 암

아래 컨트롤 암

피벗 링크

피벗 링크

스태빌라이저

🔺 그림8-1 앞측 독립식 현가장치

이 같은 구성품으로 이루진 현가장치는 차체의 손상이나 탑재 된 화물의 손상을 방지하고 승차감을 좋게 하는 것은 물론 주행시 선회 안정성, 주행 안전성을 향상하기 위한 중요한 역할을 하게 된다. 또한 현가장치는 차량이 주행 할 때 충격 및 진동 완화, 제동시 차체의 쏠림 현상, 선회시 원심력에 의한 쏠림 현상 등을 충분히 고려해 주어야 한다. 이러한 기능을 갖기 위해서는 첫째 노면으로부터 받는 충격을 완화하고 차체가 상하 운동하는 상태에서 충분한 결합이 요구 된다. 둘째는 바퀴로부터 발생하는 구동력이나 제동력 및 차량이 선회 할 때 원심력 등에 견딜 수 있도록 충분한 결합이 요구된다.

2. 쇽업소버의 기능과 원리

(1) 쇽업소버의 기능

쇽업소버의 기능 차축이 노면으로부터 충격은 차체에 그대로 전달 돼 충격 흡수를 완화하기 위해 스프링을 사용하지만 그림(8-2)의 (a)와 같이 쇽업소버를 사용하지 않은 상태에서 스프링만을 사용하는 경우 차체의 진동을 흡수하면 차체는 상당한 시간 진동을 지속하고 만다. 이와 같은 차체의 진동은 사람의 자율 신경에 영향을 주어 쉬 피로감을 느끼

는 등 승차감에 악영향 을 미치게 된다. 또한 차량의 진동은 타이어의 접지성이 나쁘게 되어 조향 안정성에도 악영향을 미치게 된다. 보통 사람의 경우 보행시 진동 사이클은 60 ~ 70사이클/min 이 되지만 차량의 경우 승차감을 좋게 하기 위해 분당 진동 주파수를 60 ~ 120 사이클/min 정도로 맞추어 주고 있는 것도 이 때문이다.

숔업소버(shork absorber)는 차량이 주행할 때 스프링이 받은 충격에 의해 발생하는 고유 진동수를 흡수하고, 진동을 얼마나 빨리 감쇄시켜 승차감을 얻을 수 있느냐 하기 위해 설치한 충격 흡수기이다. 결국 숔업소버를 사용 한다는 것은 차량의 진동을 그림 (8-2)의 (b)와 같이 감쇄하여 차량에 적절한 진동 주파수를 맞추어 주기 위한 것이라 할 수 있다.

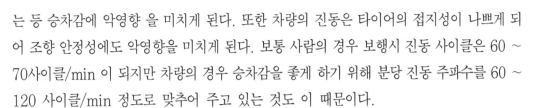

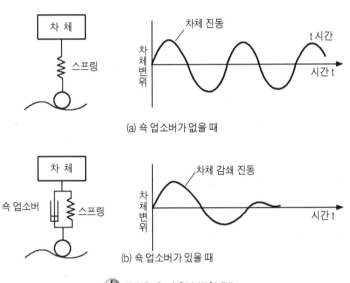

그림8-2 숔업소버의 기능

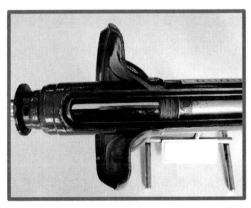

사진8-3 숔업소버의 내부(1)

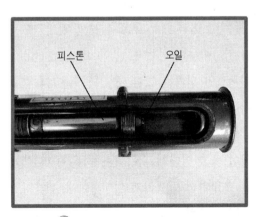

사진8-4 숔업소버의 내부(2)

이와 같이 자동차는 충격을 실제 흡수하는 것은 현가장치(suspension system)의 스프링(spring)이 하지만 스프링이 충격을 흡수한 후에 스프링의 관성에 의해 차체의 진동을 억제하는 것은 쇽업소버(shork absorber)가 하게 된다. 따라서 쇽업소버(shork absorber)는 이러한 진동 억제 기능을 가지고 있어 일명 댐퍼(damper)라고 부르기도 한다. 쇽업소버의 종류에는 오일을 이용한 유압식 쇽업소버, 공기를 이용한 공기식 쇽업소버, 가스를 이용한 가스식 쇽업소버로 분류되며 형태에 따라서는 텔레스코픽(telescopic : 봉)식, 맥퍼슨 식, 드가르봉 식 등이 적용되고 있다.

(2) 쇽업소버의 원리

쇽업소버(shork absorber)에 문제가 발생하면 차체는 크게 흔들려 안정감을 잃게 되고 선회시 롤각(roll angle : 차체가 좌우로 흔들리는 각)이 크게 변화하여 차량의 선회 성능은 크게 저하하게 된다. 또한 타이어의 접지성도 크게 악화 돼 차량의 구동력과 제동력도 떨어지게 돼 차량의 안정감 및 연비에도 영향을 미치게 된다.

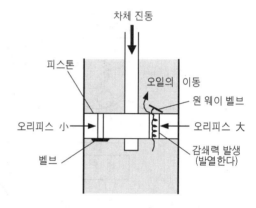

▲ 그림8-3 쇽업소버의 원리

쇽업소버(shork absorber)의 역할을 나누어 보면 첫째 차체의 진동을 빨리 억제하여 주어야 한다. 둘째 차체의 자세 변화를 제어하고 노면으로부터 타이어가 튀어 접지성이 떨어지는 것을 방지하여 주여야 한다. 따라서 쇽업소버가 이러한 기능을 갖기 위해 유체의 저항이나, 공기의 저항을 많이 이용한다.

쇽업소버의 내부 구조를 보면 일반적으로 그림 (8-3)과 같이 외측과 내측의 2개의 튜브(tube)를 사용하는 트윈 튜브(twin tube)식 쇽업소버를 많이 사용하고 있다. 쇽업소버의 기본적인 원리는 그림 (8-3)과 같이 쇽업소버의 튜브(tube) 내에 점도가 낮은 오일을 봉입하여 놓고, 피스톤이 상하 운동하도록 구조를 가지고 있다.

피스톤 상하 운동으로 오일이 통과 할 때 피스톤에는 오리피스(작은 구멍)를 몇 개 설치하여 놓고 있어서 오리피스(작은 구멍)에 오일이 통과 할 때 오일의 저항에 의해 피스톤에는 감쇄력이 발생하게 된다. 이때 오일의 유동 마찰에 의해 오일의 온도는 상승하게 돼 이곳에 사용하는 오일은 점도가 낮고 온도 변화에 따른 노화가 일어나지 않는 스핀들 오일

(spindle oil)을 사용하게 된다. 또한 베이스 밸브에 오리피스(orifice)를 두는 것은 피스톤이 하강 할 때 피스톤이 침입분 만큼 외측 튜브에 오일량을 증가시켜 오일 로크(oil lock) 현상을 방지하고 있다.

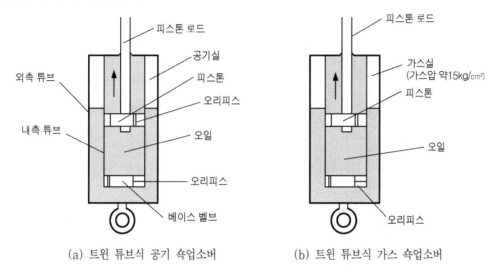

(a) 트윈 튜브식 공기 쇽업소버   (b) 트윈 튜브식 가스 쇽업소버

🔺 그림8-4 트윈 튜브식 쇽업소버의 구조

(3) 쇽업소버의 감쇄력 변화

그림 (8-5)와 같이 차량이 요철을 타고 넘을 때 쇽업소버의 상하 움직임을 보면 요철을 타고 넘는 순간은 스프링의 위에는 차체 중량이 크게 걸려 스프링은 수축하게 된다. 다음 동작은 스프링이 흡수한 에너지를 방출하여 차체를 들어 올리게 된다. 이때 차량이 어느 정도 들어 올려지는가는 차량의 속도에 관계되는 것으로 스프링의 신장하는 장력을 상회 하면 차체는 튀어 올라 상하 운동을 반복하게 된다.

쇽업소버는 이와 같이 차체가 요철을 통과 할 때 스프링의 신장하는 장력을 상회하여 차체가 튀어 오르는 것을 억제하는 역할을 한다. 결국 쇽업소버(shork absorber)는 스프링의 움직임을 제어만 할 수 있다면 승차감을 향상하게 될 수 있다는 것을 알 수가 있다. 이와 같이 스프링의 움직임을 제어하는 것을 우리는 감쇄력을 제어라고 한다. 이 감쇄력을 어는 정도 제어해 주는 것이 좋으냐는 노면과 운전 조건에 따라 달라지게 되지만 승차감이 좋은 적정 감쇄력은 차량의 중량이나 차량의 특성에 따라 차종에 따라 결정하게 된다.

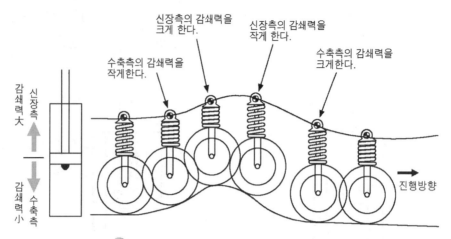

신장측의 감쇄력을
크게 한다.

신장측의 감쇄력을
작게 한다.

수축측의 감쇄력을
작게한다.

수축측의 감쇄력을
크게한다.

감쇄력大

신장측

감쇄력小

수축측

진행방향

그림8-5 요철 주행시 쇽업소버의 감쇄력 제어

쇽업소버

사진8-5 스프링과 쇽업소버

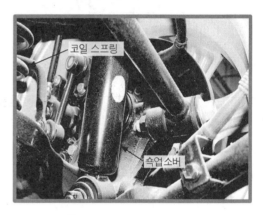

코일 스프링

쇽업소버

사진8-6 후륜측 쇽업소버

승차감이 좋은 감쇄력을 얻기 위해서는 그림 (8-6)과 같이 차량이 돌기를 타고 넘는 순간 가능한 스프링이 수축하는 것이 쉽도록 수축측의 감쇄력이 제로(zero)에 가까운 것이 좋다. 또한 돌기의 정상 지점에서는 차체가 크게 튀어 오르지 않도록 신장측 감쇄력을 크게 하는 것이 좋다. 한편 차량이 정상 지점을 통과 후에는 차체가 급격히 가라 앉지 않도록 스프링이 빨리 신장하는 것이 좋기 때문에 신장측의 감쇄력은 작게 하는 것이 좋고, 돌기를 내려간 순간에는 어느 이상 차체가 가라 앉지 않도록 수축측의 감쇄력을 크게 할 필요가 있다. 이와 같이 승차감을 좋게 하기 위해 차량이 돌기를 타고 넘을 때에는 스프링이 빨리 수축 할 필요가 있어 수축측의 감쇄력을 낮게 설정 할 필요가 있다.

반면 신장측 감쇄력은 수축한 스프링이 차체를 밀어 올리는 것을 억제하는 쪽으로 신장측 감쇄력을 높게 설정하고 있다. 일반적으로 수축측 감쇄력은 신장측 감쇄력의 1/4 ~ 1/2 정도로 설정하고 있는 것이 많다. 결과적으로 노면의 기폭이 큰 도로에 의한 낮은 진동은 큰 감쇄력에 의해 차체가 흔들리는 것을 억제하여야 좋은 승차감을 얻을 수 있고, 낮은 요철이 지속된 노면에서는 감쇄력 크게 하면 승차감이 떨어지기 때문에 감쇄력을 작게 하는 것이 좋은 승차감을 얻을 수 있다.

3. 감쇄력과 주행 안정성

쇽업소버는 지금 까지 설명한 감쇄력에 의해 승차감에 크게 영향을 주지만 그 밖에도 쇽업소버는 차량의 과도적인 자세 변화에도 영향을 준다. 예컨대 주행중인 차량에 제동을 걸면 차체의 앞측이 가라 앉는 노즈 다이브(nose dive) 현상, 가속시 뒤측이 가라앉는 스쿼트(squat) 현상, 선회시 차량의 좌우가 유동하는 롤링(rolling) 현상 등을 억제하는 방향으로 작용하여 차체를 안정시키는 역할도 한다. 특히 차량이 코너(corner)에 진입 할 때 롤링(rolling)의 억제 효과는 스프링보다 쇽업소버의 감쇄력 영향이 훨씬 커서 쇽업소버의 감쇄력 특성에 따라 차량의 조향 안정성이 크게 좌우하게 된다.

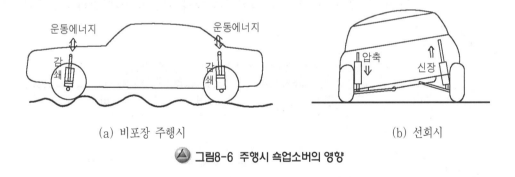

(a) 비포장 주행시   (b) 선회시

그림8-6 주행시 쇽업소버의 영향

그러나 차량이 코너(corner)에 진입해 롤링(rolling)이 안정되면 이 때에는 감쇄력에 영향을 받지 않게 된다. 따라서 노면의 조건이나 운전 조건에 따라 대응하여 감쇄력을 조정하여 주는 것이 ECS 시스템(전자 제어 현가장치)의 기본 개념이라 할 수 있다.

그림 (8-7)은 노면과 주행 조건에 따라 차체가 여러 가지로 자세 변화가 일어나는 것을 분류하여 놓은 것이다. 결과적으로 쇽업소버의 감쇄력은 노면의 상태에 따라 압축시와 신장시 감쇄력이 달라 차량이 주행 조건에 따라 이에 대한 대응이 필요하다.

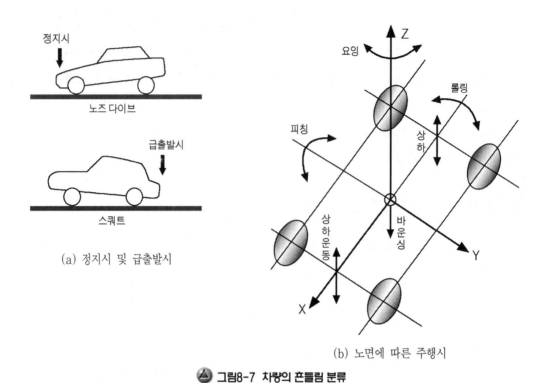

(a) 정지시 및 급출발시

(b) 노면에 따른 주행시

🔺 그림8-7 차량의 흔들림 분류

표 (8-1)은 쇽업소버의 압축시와 신장시 감쇄력에 따라 차량의 자세 변화에 대응한 것을 나타낸 것이다.

쇽업소버의 변화	자세 변화	대응제어	비　　고
신장측 감쇄력 大 ↑ 감쇄력 小 수축측	피칭		
	바운싱	진동의 감쇄 제어	※ 승차감 향상
	노즈 다이브		타이어의 접지성 향상
	스쿼트	차체의 자세 제어	압축이 지나치면 충격을 흡수할 수 없게 된다.
	롤링		

[표8-1] 자세 변화에 대한 대응 제어

(1) 롤링에 대한 대응

차량이 선회시에는 롤링(rolling) 현상이 발생하지만 차량의 중심에는 원심력이 작용하여 현가장치에는 롤(roll)에 대한 저항력을 갖게 된다. 이 저항력을 우리는 롤(roll) 강성이라 부르며 롤강성은 스프링의 탄력, 스테빌라이저의 강도, 차륜의 거리에 의해 영향을 받게 된다. 그러나 그림 (8-8)의 (a)와 같이 선회시에는 외측 쇽업소버는 압축하고 내측 쇽업소버는 신장하게 되어 이 때 감쇄력이 크면 쇽업소버의 피스톤 이동 시간이 길게 되기 때문에 차체의 롤(roll)에 대한 저항력은 크게 되고 롤링(rolling)이 어렵게 할 수가 있다. 이와 같이 감쇄력은 선회시 뿐만 아니라 발진시 차량의 스쿼트(squat) 현상이나 제동시 다이브(dive) 현상에도 저감 효과에 영향을 주고 있다.

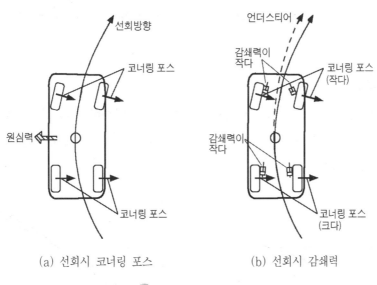

(a) 선회시 코너링 포스   (b) 선회시 감쇄력

🔺 그림8-8 선회시 특성

(2) 선회시 대응

그림 (8-8)과 같이 차량의 선회시에는 원심력이 작용하고 원심력에 대응하여 타이어와 노면 사이에는 코너링 포스(cornering force)가 발생 한다. 이 코너링 포스는 타이어의 접지 하중에 의한 영향이 크고 외측 차륜의 접지 하중이 크게 되는 만큼 코너링 포스(cornering force)는 감소하는 경향이 있다. 쇽업소버의 감쇄력은 차체가 롤링(rolling)을 하려고 할 때 이에 대응한 저항력 역할을 하게 되어 외측 타이어의 하중이 증가하게 된다.

이것 때문에 감쇄력이 큰 쇽업소버를 사용하면 외측 타이어는 접지 하중이 증가하게 되고 이 증가분만큼 코너링 포스(corner force)는 감소하게 된다.

따라서 앞측과 뒤측의 쇽업소버의 감쇄력을 각각 다르게 하면 코너링 포스에 변화가 생겨 선회 특성(under steer, over steer)이 바뀌게 된다. 예를 들면 그림 (8-8)의 (b)와 같이 앞측의 쇽업소버의 감쇄력을 크게 하고 뒤측의 쇽업소버의 감쇄력을 작게 하면 앞측의 코너링 포스는 작게 되기 때문에 이 경우에는 언더 스티어(under steer)가 강해질 수 있다. 이것을 역으로 하게 되면 오버 스티어(over steer)가 될 수 있다. 결국 쇽업소버의 감쇄력은 조향 안정성에 크게 영향을 주는 것을 알 수가 있다.

* 언더 스티어(under steer) : 선회중 속도를 올리면 올릴수록 선회 반경이 커지는 특성
* 오버 스티어(over steer) : 선회중 속도를 올리면 올릴수록 선회 반경이 작아지는 특성

(3) 감쇄력 특성

쇽업소버(shork absorber)에서 발생하는 감쇄력은 쇽업소버의 피스톤이 움직이는 속도에 따라 현저하게 차이가 나 보통 피스톤의 속도 0.3(m/s)을 기준으로 신장측과 압축측 감쇄력을 나타내고 있다.

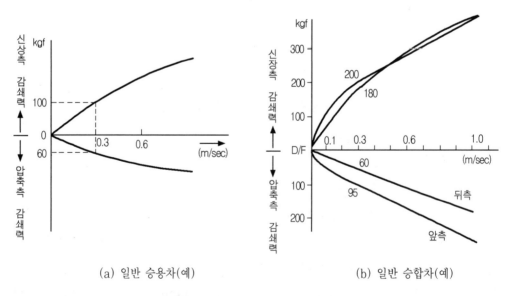

(a) 일반 승용차(예)　　　　(b) 일반 승합차(예)

그림8-10 쇽업소버의 감쇄력 특성도

그림(8-10)의 (a)는 일반 승용차의 감쇄력 특성을 나타낸 것으로 피스톤의 속도가 0.3(m/s)일 때 신장측 감쇄력 100(kgf), 압축측 감쇄력은 60(kgf)을 나타내고 있다. 승용차의 경우 이 비율은 일반적으로 6 : 4 정도 인 반면 승합차의 경우는 7 : 3 ~ 8 : 2 정도로 하고 있다. 그림 (b)는 승합차의 경우 감쇄 특성을 나타낸 것으로 승용차에 비해 감쇄력이 큰 것을 볼 수 있다. 이에 반해 전자 제어 현가장치의 감쇄력은 그림 (8-11) 의 (b)와 같이 노면과 차체의 자세에 따라 3단계(soft, medium, hard)로 감쇄력 변화를 주고 있다.

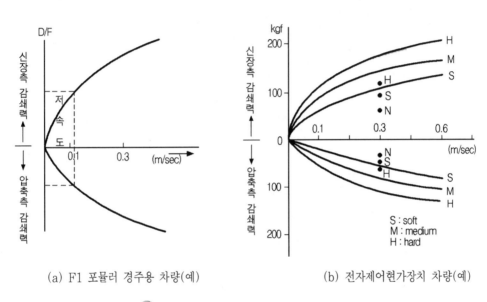

(a) F1 포뮬러 경주용 차량(예)   (b) 전자제어현가장치 차량(예)

🔺 그림8-11 쇽업소버의 감쇄력 특성도

현가장치의 기본 지식

1 현가장치에 대한 요구

(1) 현가장치의 요구 사항
- 화물의 파손, 승원의 피로감으로부터 충분히 보호하기 위해 노면으로부터 충격 및 진동 완화
- 차체가 상하 운동하는 상태에서 차륜과 충분한 결합이 요구
- 바퀴로부터 발생하는 구동력이나 제동력, 선회 할 때 원심력 등에 대해서도 차체와 충분한 결합이 요구 된다.

(2) 쇽업소버의 감쇄력 변화
① 쇽업소버 : 코일 스프링에 의한 차체의 자유 진동 억제
 ※ 감쇄력 : 차체의 완충용 스프링에 의해 차체가 상하 운동하는 것을 억제하는 저항력
② 주행중 감쇄력 변화 : 노면의 상태 나 운전자의 주행 조건에 따라 요구되어 지는 감쇄력이 달라진다.
③ 바람직한 감쇄력
 – 노면의 기폭이 큰 도로의 경우 : 감쇄력 증가 필요
 – 노면의 기폭이 작은 도로의 경우 : 감쇄력 감소 필요

2 감쇄력과 주행 안전성

(1) 차량의 자세 변화
- 노즈 다이브(nose dive) : 제동시 차량이 앞으로 쏠리는 현상
- 스쿼트(squat) : 급출발시 차량이 뒤로 쏠리는 현상
- 바운싱(bouncing) : 요철 주행시 차체가 상하 운동하는 현상
- 피칭(pitching) : 요철 주행시 차체가 전후 운동하는 현상
- 롤링(rolling) : 선회시 차량이 옆으로 쏠리는 현상
- 요잉(yawing) : 차체가 좌우로 흔들리는 현상

(2) 자세 변화에 대한 대응
- 바운싱, 피칭(bouncing & pitching) : 감쇄력 제어
- 다이브, 스쿼트, 롤링(dive, squat & rolling) : 차체의 자세 제어

(3) 선회시 대응 : 선회시는 차체의 하중이 이동되어 주행 안전성이 크게 떨어져 선회시에는 가능한 하중이 이동이 되지 않도록 차체를 자세 제어

【 참고 】 감쇄력
① 일반 승용차의 감쇄력 :
– 피스톤의 속도가 0.3(m/s)일 때 --- 신장측 감쇄력 약 100(kgf), 압축측 감쇄력 약 60(kgf)
② 감쇄력 비 ---신장측 감쇄력 : 압축측 감쇄력의 비는 약 6 : 4 정도

ECS 시스템의 구성과 종류

1. ECS 시스템의 개요

(1) 전자 제어 현가장치의 개요

자동차는 현가장치의 종류와 성능, 그리고 도로의 상태와 주행 조건에 따라 차체에 전달되는 충격 및 진동에 의해 승차감 및 주행 안전성에 크게 영향을 받게 된다.

특히 현가장치의 종류와 성능, 그리고 운전 조건에 따라 차체의 자세는 그림 (8-12)와 그림 (8-13)과 같이 크게 변화하여 승차감 및 주행 안전성에 크게 영향을 미치게 된다. 제동시 차체의 앞측이 급격히 가라 앉는 노즈 다이브(nose dive)현상, 선회시 차량이 좌우로 쏠리는 롤(roll) 현상, 비포장로의 요철에 의한 차량이 아래 위로 튀는 바운싱 및 피칭(bouncing & pitching) 현상이나 급출발시 차량이 뒤로 가라 앉는 스쿼트(squat) 현상 등은 현가장치(suspension system)의 성능에 따라 크게 영향을 미치게 된다.

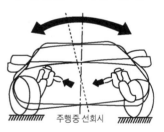

(a) 다이브 현상   (b) 피칭 & 바운싱 현상   (c) 롤 현상

그림 8-12 주행중 차량의 자세 변화

(a) 스쿼트 현상(1)   (b) 스쿼트 현상(2)   (c) 스쿼트 현상(3)

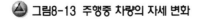

그림8-13 주행중 차량의 자세 변화

　　일반적으로 우리가 말하는 좋은 자동차라는 것은 주행 성능 뿐만아니라 승차감 및 주행 안전성, 편의성, 쾌적성, 환경 친화 등의 조건에 만족하는 자동차를 의미하는 것이다. 이 중 특히 좋은 승차감이나 주행 안전성을 추구하기 위해서는 현가장치의 고급화는 필연적이라 할 수 있다. 그러나 현가장치는 승차감 및 주행 안전성을 동시에 만족하기란 쉽지 않은 특성을 가지고 있다.

　　예컨대 쇽업소버의 감쇄력을 낮게하여 승차감을 향상하면 직진시나 선회시 주행 안전성이 크게 떨어지게 되고 반대로 감쇄력을 높게 하여 주행 안전성을 향상하면 승차감이 떨어지는 서로 상반된 특성을 가지고 있다.

　　이와 같이 승차감과 주행 안전성에 대한 상반된 특성을 만족하기 위해서는 쇽업소버의 감쇄력을 주행 조건에 따라 가변하여 주는 것이 필요하게 되는데 기계적인 방법으로는 한계가 있다. 따라서 주행시 감쇄력을 낮게 제어해 승차감을 확보하고, 반대로 감쇄력을 높게 하여 주행 안전성을 확보 할 수 있는 것은 전자 제어식 현가장치이다.

　　결국 쇽업소버(shork absorber)의 감쇄력을 컴퓨터를 이용하여 제어하여 주는 것이 우리가 말하는 ECS(eletonic control suspension system) 시스템이 핵심이라 할 수 있다. 이와 같은 이유로 ECS 시스템은 쇽업소버의 감쇄력을 유압이나 공압을 이용하여 차량의 자세를 전자 제어하므로 승차감 및 주행 안전성을 획기적으로 향상한 것이 전자 제어 현가장치의 기본적인 개념이다.

🔺 사진8-7 승용자동차의 하부(NF)

🔺 사진8-8 가변 감쇄력 전자밸브

(2) 전자 제어 현가장치

쇽업소버의 감쇄력이 소프트(soft)하면 승차감은 좋아지지만 가속시나 선회시 차체의 자세는 변화하여 피칭(pitching), 롤링(rolling)과 같은 현상이 발생하게 되고 반대로 감쇄력을 하드(hard) 하게 하면 승차감은 떨어지지만 주행시 차체의 흔들림을 줄여 바운싱(bouncing), 피칭, 롤링과 같은 현상을 감소 할 수가 있다. 따라서 전자 제어 현가장치를 적용한 목적은 쇽업소버(shock absorber)의 감쇄력을 컴퓨터를 이용하여 제어하고, 승차감과 주행 안전성을 양립하여 확보하는데 그 목적이 있다.

이러한 관점에서 생각하면 전자 제어 현가장치는 가속시나 선회시에는 쇽업소버의 감쇄력을 적절히 높이는 방법을 생각해 볼 수가 있는데, 전자 제어 현가장치는 가속시나 선회시를 검출하기 위한 수단으로는 그림 (8-14)와 같이 차량의 속도를 검출하는 차속 센서, 운전자의 가감속을 검출하는 TPS(스로틀 포지션 센서), 브레이크 스위치, 운전자의 조향 의지를 검출하는 조향각 센서 등의 신호를 입력 신호로 사용하게 된다. 또한 엑티브(active) ECS에서는 차체의 정확한 움직임과 자세를 검출하기 위해 G-센서 및 차고 센서를 적용하고 있다. 이와 같이 ECS ECU(컴퓨터)는 적용된 센서 신호의 입력 정보를 바탕으로 쇽업소버의 감쇄력 제어, 차체의 자세 제어를 하는 시스템이다.

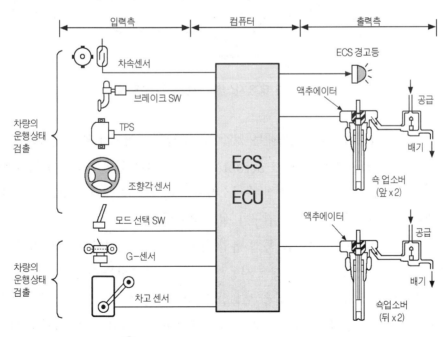

그림8-14 전자제어현가장치의 입력과 출력

2. ECS 시스템의 구성

ECS(electornic control system) 시스템은 유압이나 공압의 압력을 솔레노이드 밸브 및 액추에이터를 이용하여 쇽업소버의 감쇄력과 차체의 자세를 제어하여 차량의 승차감과 주행 안전성을 확보하는 시스템이다. 이 시스템의 구성 부품은 그림 (8-15)와 같다.

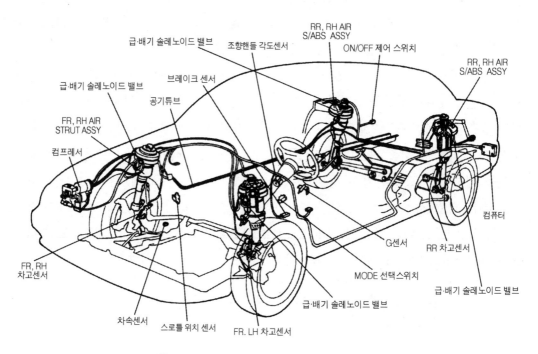

그림8-15 ECS 시스템의 구성(H사 제품의 예)

ECS 시스템에 사용되는 쇽업소버에는 유압이나 공압을 제어하기 위해 전자반인 솔레노이드 밸브나 스텝 모터(액추에이터 : actuator)가 부착되어 있어 가변 감쇄력식 쇽업소버라 부르기도 한다. 이 가변 감쇄력식 쇽업소버에는 리저브 탱크(저장 탱크)로부터 유압이나 공압을 공급하기 위해 호스 연결구가 설치되어 있다.

전자 제어 현가장치는 이 호스를 통해 유압이나 공압을 공급하여 차체의 자세 변화를 한다. 전자 제어식 쇽업소버라도 종래에 사용하는 완충용 스프링을 사용하며, 차체의 자세 변화를 보정하기 위해 유압이나 공압을 사용한다 하여 오일 스프링 또는 공기 스프링이라는 표현을 사용하기도 한다. 공압을 이용한 전자 제어 현가장치에는 컴프레서로부터 토출된 압력을 저장하기 위해 별도의 저장 탱크(리저브 탱크)를 두고 있는데 차량에 따라 전륜과 후륜을 나누어 2개의 저장 탱크를 두는 것과 한 개의 저장 탱크로 전후륜을 공급하는 저장 탱크(리저브 탱크)를 사용하고 있다. 컴프레서로부터 공급된 공압은 저장 탱크를 거쳐 공기의 량을 제어하기 위해 공기의 흐름을 개반(열고 닫는)하는 전자 솔레노이드 밸브를 두고 있다.

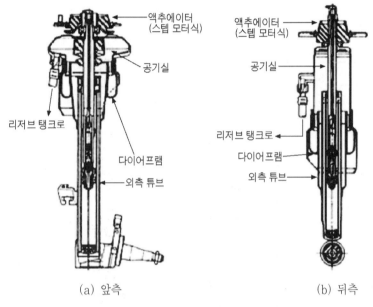

(a) 앞측   (b) 뒤측

🔺 그림8-16 가변 감쇄력식 에어 쇽업소버

🔺 사진8-9 쇽업소버의 솔레노이드 밸브

🔺 사진8-10 액추에이터(스텝 모터)

이 전자 솔레노이드 밸브를 통해 공급된 공기의 량은 호스를 통해 가변 감쇄력식 쇽업 소버로 공급하고, 쇽업소버의 감쇄력은 액추에이터를 통해 제어하도록 구성되어 있다. 전자 제어 현가장치의 입·출력 구성을 살펴보면 그림 (8-17)과 같이 가속시나 선회시 차량의 상태를 검출하기 위한 센서 신호와 이 센서 신호로부터 모은 정보를 원하는 목표값으로 산출하기 위한 ECS ECU(컴퓨터), 쇽업소버의 감쇄력을 제어하기 액추에이터(actuator)와 공기 스프링의 공기량을 공급하기 위한 공급 및 배기 솔레노이드 밸브로 구성되어 있다.

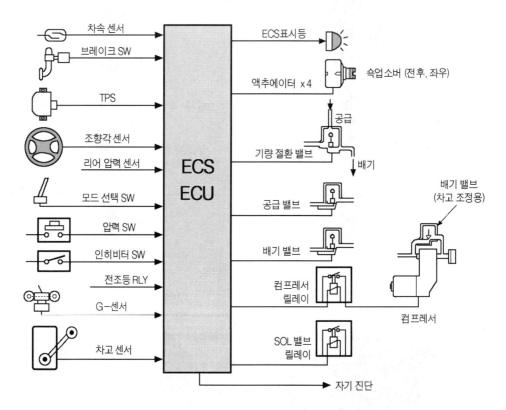

🔺 그림8-17 액티브 ECS 시스템의 입출력 구성

ECS 시스템의 구성을 간단히 정리하여 보면 차량의 상태를 검출하기 위한 센서부와 검출된 정보를 원하는 감쇄력 및 차량의 자세를 제어하기 위한 가변 감쇄력 쇽업소버, 그리고 유압이나 공압의 양을 제어하기 위한 솔레노이드 밸브로 구성되어 있다.

사진8-11 리저브 탱크(저장탱크)

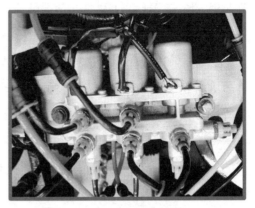

사진8-12 솔레노이드 밸브 ASS'Y

3. ECS 시스템의 구분

전자 제어 현가장치의 구분은 크게 나누면 세미 액티브(semi active) 현가장치와 액티브 (active) 현가장치로 구분할 수 있다. 여기서 표현하는 세미 액티브 현가장치는 표 (8-2)와 같이 유압이나 공압을 사용하여 노면의 상태와 주행 조건에 따라 쇽업소버의 감쇄력을 제어하여 주는 것은 액티브 현가장치의 기능과 동일하다. 그러나 이에 반해 액티브 현가장치는 감쇄력 뿐만 아니라 차량의 자세 변화를 제어하여 승차감과 주행 안정성을 높여 주고 있는 현가장치이다.

구분	패시브 현가장치	세미 액티브 현가장치	액티브 현가장치
[표8-2] 현가장치의 구분			
제어 방식	기계적인 방식	전자제어방식	전자제어방식
ECU	×	○	○
쇽업소버	기계식	가변 감쇄력식	가변 감쇄력식
감쇄력 제어	×	○	○
자세 변화 제어	×	×	○

액티브 현가장치의 자세 변화란 단순히 차고 조절 기능 뿐만 아니라 롤(roll) 이나 피칭 (pitching) 현상 등에 대해 차량의 자세 변화를 제어하는 기능을 말한다. 예를 들면 차량의 선회시에는 내측에 있는 타이어는 압축하게 되고, 외측에 있는 타이어는 신장 및 바운싱하

게 되어 차체는 롤(roll) 현상이 발생하게 된다. 따라서 액티브 ECS 시스템에서는 내측에 있는 쇽업소버의 공기 스프링에 공기를 공급하고 외측에 있는 쇽업소버의 공기 스프링에 공기를 배기하여 롤(roll) 현상을 최소화 하는 시스템을 말한다. 이와 같이 액티브 현가장치는 승차감 뿐만 아니라 차량의 운동을 크게 향상해 주행 안정성을 확보한 현가장치라 할 수 있다.

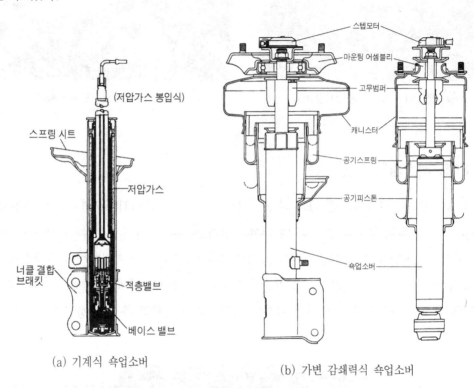

(a) 기계식 쇽업소버 (b) 가변 감쇄력식 쇽업소버

🔺 그림8-18 일반 가스 봉입식 쇽업소버와 가변 감쇄력식 쇽업소버

point ⊙

⊙ **ECS시스템의 구성과 종류**

1 ECS 시스템의 개요

(1) 전자 제어 현가장치의 개요

① ECS 시스템의 기본 개념 : 승차감과 주행 안전성을 향상하기 위해 쇽업소버의 감쇄력과 차량의 자세 제어를 노면과 차량의 주행 상태에 따라 제어하여 주는 장치

② ECS 시스템의 동작 개념 : ECS 시스템의 동작 개념은 컴프레서로부터 발생된 유압이나 공압을 ECU(컴퓨터)를 이용하여 솔레노이드 밸브 및 액추에이터를 통해 제어하여 쇽업소버의 감쇄력과 차량의 자세를 제어 하는 시스템이다.

(2) ECS 시스템 구성

① 입력부 :
- 차량의 운행 상태 검출 : 차속 센서, 조향각 센서, 브레이크 SW, TPS 등
- 차량의 자세 변화 검출 : 차고 센서, G-센서 등

② 제어부 : ECS ECU(전자 제어 현가장치의 컴퓨터)

③ 출력부 :
- 유량 또는 기량 절환 밸브 : 절환 밸브, 공급 밸브, 배기 밸브
- 감쇄력 조절 : 액추에이터(스텝 모터 또는 솔레노이드 밸브)

(3) ECS 시스템의 종류

① 세미 액티브 현가장치 : 노면의 상태나 주행 조건에 따라 가변 감쇄력식 쇽업소버의 감쇄력 및 공기 스프링을 제어하여 차량의 승차감 및 주행 안전성을 확보하는 전자 제어 현가장치를 말한다.

② 액티브 현가장치 : 주행시나 선회시 감쇄력 제어는 물론 선회시 차량의 롤(roll)이나 피칭(pitching)현상 등이 발생 할 때 좌우 차륜의 차고에 따라 차체의 변화를 제어하는 능동적인 전자제어 현가장치를 말한다.

3 구성 부품의 기능과 특성

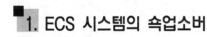

1. ECS 시스템의 쇽업소버

(1) 가변 감쇄력 쇽업소버

ECS 시스템에 적용되고 있는 가변 감쇄력식 쇽업소버의 구조는 일반적으로 그림 (8-19)와 같이 쇽업소버의 상단에 스텝 모터를 설치하고, 스텝 모터와 연결된 컨트롤 로드를 통해 오리피스(orifice)의 오일 통로를 조절하는 구조를 가지고 있다. 피스톤 부위에 설치된 오리피스(orifice) 부는 피스톤이 상하 운동을 할 때 오일이 오리피스를 통과하면 저항력이 발생하여 감쇄력을 얻고 있다.

보통 피스톤의 하부에는 크기가 다른 오리피스(orifice)를 두고 있어 스텝 모터는 컨트롤

로드를 회전 시켜 오일의 저항력을 얻는다.

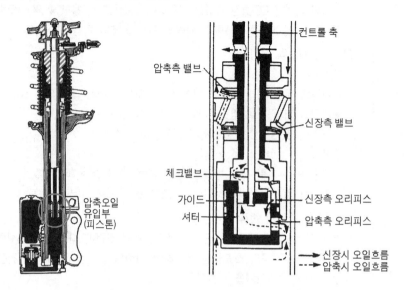

압축오일
유입부
(피스톤)

컨트롤 축

압축측 밸브

신장측 밸브

체크밸브

가이드

셔터

신장측 오리피스

압축측 오리피스

→ 신장시 오일흐름
--→ 압축시 오일흐름

(a) 스텝모터식 쇽업소버 ASS´Y　　　　(b) 피스톤부 확대 그림

🔺 그림8-19 가변 감쇄력식 쇽업소버의 구조(스텝 모터식)

감쇄력 제어 솔레노이드 밸브

🔺 사진8-13 SOL밸브식 액추에이터

스텝모터

🔺 사진8-14 스텝 모터식 액추에이터

　　그림 (8-20)은 가변 감쇄력식 쇽업소버의 내부를 나타낸 것으로 동작 원리는 동일하다.
내부 구조를 보면 컨트롤 로드의 끝 부분에는 오일의 통로를 조절하도록 그림 (8-20)의
(a)과 같이 오리피스가 설치된 가이드(guide)와 셔터(shutter)가 설치되어 있다. 스텝 모터
로부터 컨트롤 로드를 통해 회전된 셔터는 오리피스의 유로를 조절하게 된다.

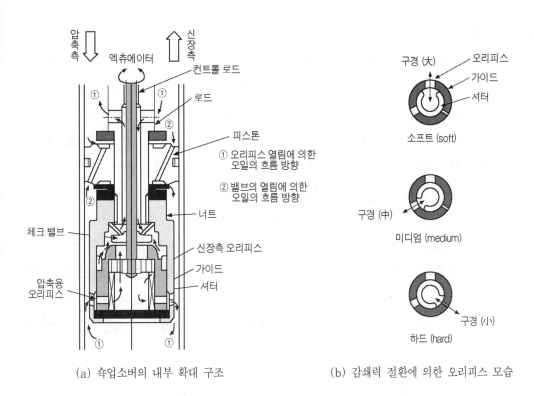

(a) 쇽업소버의 내부 확대 구조   (b) 감쇄력 절환에 의한 오리피스 모습

🔺 **그림8-20 가변 감쇄력 쇽업소버(A사 제품)**

　그림 (8-21)은 가이드와 셔터의 단면을 나타낸 것으로 가이드에는 크기가 다른 오리피스(작은 구멍)가 3개 있다. 셔터가 회전하여 오리피스의 크기가 가장 큰 것으로 쉽게 유로가 통과되면 감쇄력은 작아져 소프트 모드(soft mode)로 절환 되고, 오리피스의 크기가 중간 것으로 유로가 통과하면 감쇄력은 중간 정도가 돼 미디엄 모드(medium mode)의 감쇄력을 얻게 된다. 또한 오리피스의 크기가 가장 작은 것으로 연결 돼 유로의 저항은 증가하면 감쇄력은 증가하게 돼 하드 모드(hard mode)로 절환하게 된다.

(a) 소프트   (b) 미디엄   (c) 하드

🔺 **그림8-21 감쇄력 절환에 의한 오리피스 모습**

(2) 액추에이터

가변 감쇄력 쇽업소버의 상단에 부착된 스텝 모터식 액추에이터는 ECU(컴퓨터)로부터 출력되는 구동 신호에 의해 목표값을 회전하면 스텝 모터의 구동축과 연결된 컨트롤 로드 (control rod)는 회전을 한다. 이렇게 컨트롤 로드가 회전을 하면 컨트롤 로드와 연결된 로터리 밸브로부터 오리피스의 유로 통과 면적을 대, 중, 소로 절환하여 soft, medium, hard 의 감쇄력을 얻고 있다. 스텝 모터는 디지털 신호로 구동하는 모터로 기동, 정지, 정회전, 역회전이 용이하고 회전축을 정밀하게 제어 할 수 있는 특징이 있어 정확한 회전각도를 제어하는 곳에 널리 사용하고 있는 액추에이터 중 하나이다.

이곳에 적용되고 있는 PM형(영구 자석형) 스텝 모터의 구조를 보면 그림 (8-22)와 같이 영구 자석을 회전자로 사용하고 스테이터 코일 상측에는 A상, 하측에는 B상 코일을 그림 (b)와 같이 코어(core)에 감아 놓은 구조를 갖고 있다. 스테이터 코일의 권선은 바이폴러 (bipolar) 권선의 경우 그림 (8-23)과 같이 A상 코일 A1, A2와 B상 코일 B1, B2를 감아 코어를 자화 시켜 로터(회전자)를 회전하도록 하고 있다.

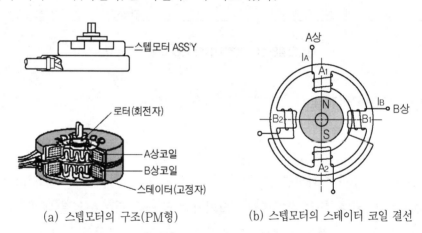

(a) 스텝모터의 구조(PM형)   (b) 스텝모터의 스테이터 코일 결선

그림8-22 스텝모터의 구조

스텝 모터를 구동하기 위한 ECU의 출력 신호는 회전 토크를 증대하기 위해 A상과 B 상이 겹치도록 자화하는 2상 여자 방식을 주로 사용하고 있다. 스텝 모터의 회전은 A상 (A1, A2), B상(B1, B2)의 4개의 스테이터 코일을 순차적으로 여자(勵磁)시켜 로터를 회전 시키고 있다.

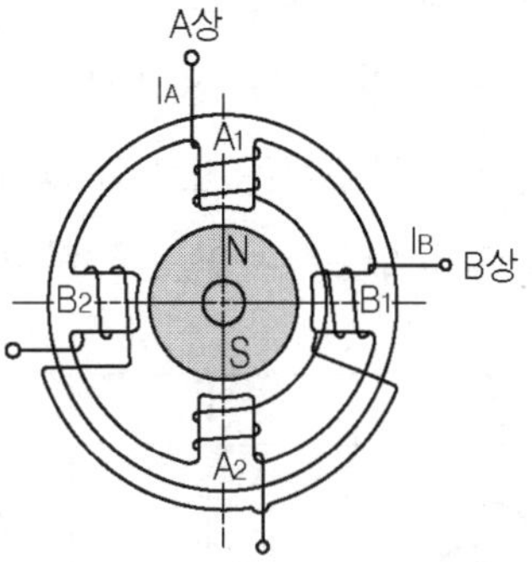

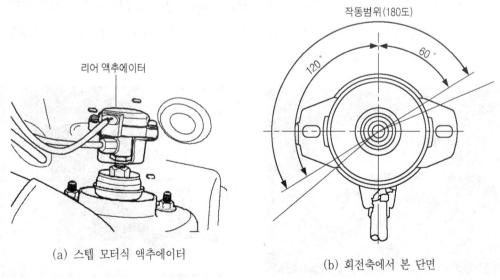

(a) 스텝모터의 내부 결선 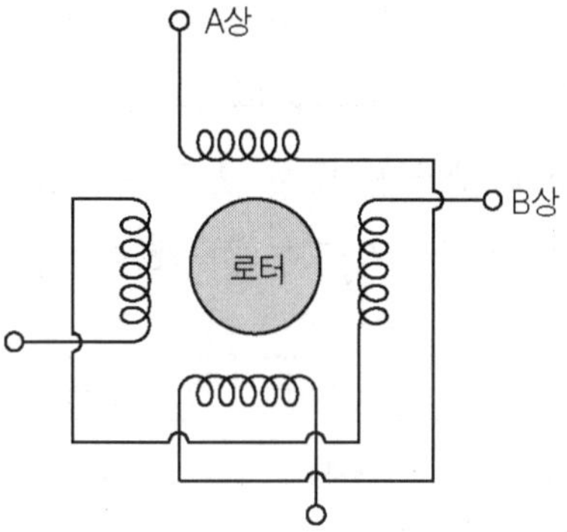   (b) 스테이터 코일의 내부 결선 회로

△ 그림8-23 스텝 모터의 권선 방식(예)

스테이터 코일의 려자(勵磁)는 A1 코일에 전류를 흘리고 있는 동안 B1 코일에 전류를 흘리고, B1 코일에 전류를 흘리고 있는 동안 B2 코일에 전류를 흘리고, 또한 B2 코일에 전류를 흘리고 있는 동안 A2 코일에 전류를 흘려 순차적으로 스테이터 코일을 여자시켜 로터(회전자)를 정회전 하고 있다. 모터의 역회전은 지금까지 흘리고 있던 전류에 역순으로 흘려 모터를 역회전 시킨다. 이렇게 회전된 로터는 쇽업소버의 컨트롤 로드(control rod)와 연결돼 그림 (8-24)의 (b)와 같이 180°를 정회전과 역회전 하도록 한 것이다.

(a) 스텝 모터식 액추에이터   (b) 회전축에서 본 단면

△ 그림8-24 스텝 모터식 액추에이터

365

그림 (8-25)는 H사 제품의 예를 나타낸 것으로 감쇄력이 하드(hard) 모드의 경우에는 스텝 모터는 16스텝(120°) 회전하고, 소프트 모드의 경우에는 8 스텝(60°)을 회전한 경우를 나타낸 것이다. 또한 오토 모드(auto mode)의 경우에는 노면의 상태나 주행 조건에 따라 24스텝 × 7.5°를 회전하여 적절한 감쇄력을 얻을 수 있도록 하고 있다.

위치	1	2 기준위치	3	4	5
회전각도 (회전축의 정치위치)	60°	0	37.5°	60°	120°
감쇄력	HARD	MEDIUM	AUTO · SOFT	SOFT	HARD

🔺 그림8-25 스텝 모터의 회전축 정지 위치

■2. 공압 회로의 구성품

(1) 컴프레서

컴프레서(compressor)는 가변 감쇄력 쇽업소버의 공기 스프링 역할을 할 수 있도록 공기를 공급하는 기능을 한다. 이 기능은 컴프레서(compressor)로부터 토출된 압축 공기를 그림 (8-26)과 같이 드라이어(drier)와 리저브 탱크를 거쳐 송압하여 쇽업소버의 감쇄력과 차고를 조절 하도록 공기를 공급한다.

🔺 사진8-15 ECS 컴프레서(a)

🔺 사진8-16 ECS 컴프레서(b)

드라이어는 압축된 공기에 포함된 수분을 제거하기 위해 내부에는 실리카 겔을 내장하고, 전후 배기 밸브에는 일정한 압력이 유지될 수 있도록 체크 밸브를 설치하고 있다.

컴프레서의 구조는 그림 (8-26)과 같이 전동 모터와 공기를 압축시키는 피스톤, 그리고 에어 필터(air filter) 및 체크 밸브(check valve)로 구성되어 자세 제어 및 차고 제어에 필요한 압축 공기를 만든다.

또한 컴프레서는 제조사에 따라서는 차고 조정에 필요한 배기 밸브에 릴리프 밸브(relief valve)를 겸하고 있는 것도 사용되고 있다. 릴리프 밸브로부터 토출된 압력은 보통 약 10 ~ 15kg/㎠ 정도이다.

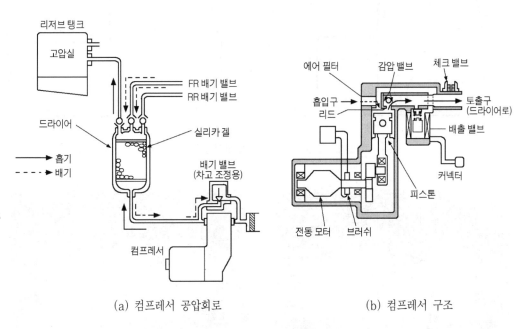

(a) 컴프레서 공압회로   (b) 컴프레서 구조

🔺 그림8-26 전자제어현가장치의 컴프레서

(2) 저장 탱크(리저브 탱크)

ECS 시스템은 압축 공기를 저장하기 위해 그림 (8-32)와 같이 주저장 탱크와 보조 저장 탱크와 같이 공기를 저장하는 탱크를 가지고 있다. 이것은 쇽업소버의 에어 스프링(air spring)에 공기를 공급하여 짧은 시간 내에 차량의 자세를 제어하기 위해 많은 압축 공기량이 필요하기 때문이다. 한 개의 공기 저장 탱크로 차체를 들어올리기 위해 압축 공기의

용량에 대한 탱크의 용적은 어느 정도 커야하는 문제점이 따른다. 용적이 큰 탱크는 장착 상의 문제로 저장 탱크를 2개 사용하여 장착상의 문제점을 고려하고 있다.

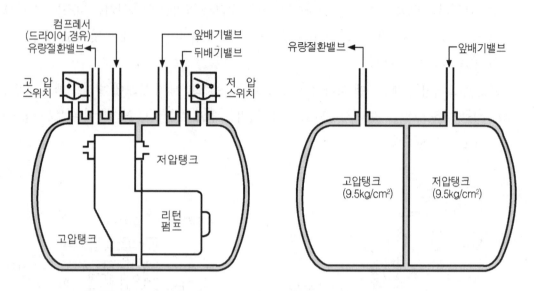

🔺 그림8-32 리저브탱크(저장탱크)의 구조

🔺 사진8-17 주 저장탱크

🔺 사진8-18 보조 저장탱크

이 저장 탱크(리저브 탱크)내부에는 그림 (8-32)와 같이 고압 탱크와 저압 탱크로 분활 되어 있다. 고압 탱크는 컴프레서로부터 압축된 공기를 저장하고 차량의 자세 제어시 쇽업 소버의 에어 스프링(air spring)에 공기를 공급하는 역할을 한다. 저압 탱크는 자세 제어 시 배기 밸브로부터 배출되는 공기를 저장하고 있는 탱크이다.

또한 주 저장 탱크에는 리턴 펌프(return pump)가 내장되어 있어 일정 압력 이상이 되면 저압 탱크 측의 공기를 고압 탱크 측으로 보내고 있다.

(3) 솔레노이드 밸브

솔레노이드 밸브로부터 공급된 공기는 차량의 자세 제어시 쇽업소버의 공기 스프링에 공급한다. 이때 차고를 상향으로 조절하는 경우 급기 되어 밸브는 ON(도통) 상태가 되고, 차고를 하향 조절하는 경우 배기 되어 밸브는 OFF(비도통) 상태가 되도록 ECU는 제어한다.

이 시스템에 적용되는 공압용 솔레노이드 밸브(solenoid valve)는 전원을 공급하면 밸브가 열리는 노말 클로스(normal close)형 전자반 밸브로 그 구조는 그림(8-33)의 A형 솔레노이드 밸브와 노말 오픈(normal open)형인 B형 솔레노이드 밸브 사용하고 있다. 이 곳에 사용된 A형 솔레노이드 밸브는 F CON(유량 절환 밸브), F SUP(앞 공급 밸브), R SUP(뒤 공급 밸브)로 사용하였고, B형 솔레노이드 밸브는 공기 스프링의 공급 밸브 및 배기 밸브로 사용하고 있다.

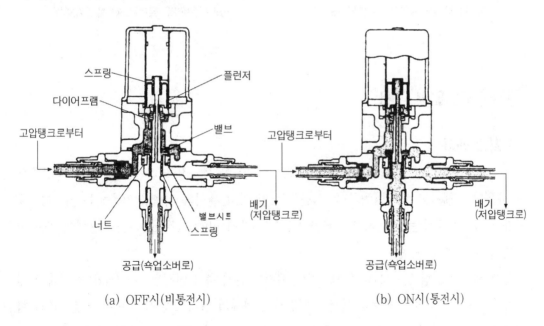

(a) OFF시(비통전시)   (b) ON시(통전시)

🔺 그림8-33 A형 솔레노이드 밸브의 구조

이들 밸브 구조는 솔레노이드 코일에 플런저(plunger)를 넣고 스프링의 힘에 의해 밸브가 닫히도록 되어 있어 코일에 전류가 흐르면 플런저는 자화되어 플런저는 상하로 이동하여 밸브를 열고 닫히는 일반적인 솔레노이드 밸브의 구조와 유사하다. 따라서 쇽업소버의 공기 스프링을 제어하는 솔레노이드 밸브의 구조는 자동차 제조사의 차종에 따라 크게 다르지 않다.

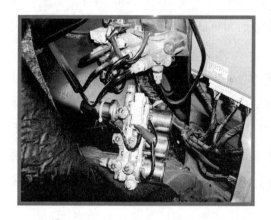

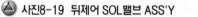

　▲ 사진8-19 뒤제어 SOL밸브 ASS'Y　　　　　▲ 사진8-20 앞제어 SOL밸브 ASS'Y

3. ECS의 입력 센서

(1) 차고 센서

차고 센서는 전자 제어 현가장치의 자세 제어 및 차고 조절을 하기 위해 입력 정보용으로 사용되는 센서로 차량의 앞측을 검출하는 앞 차고 센서와 뒤측을 검출하는 뒤 차고 센서가 있다. 이 센서는 주로 가변 저항이나 포토 커플러(photo coupler)를 이용하여 차고 위치를 검출하고 있다.

차고 센서는 그림 (8-34)의 (a)와 같이 센서의 본체 축과 연결된 로드(rod)는 차축과 연결하고, 차고 센서의 본체는 차체측에 연결하여 차체의 상하로 움직이는 것을 센서축의 회전각으로 검출 할 수 있도록 되어 있다. 따라서 차고 센서의 로드(rod)의 길이가 틀려지면 차체가 상하로 움직일 때 센서축의 회전각은 제조사가 정한 규정값이 변화하게 되므로 장착시 로드 길이가 규정값에 맞지 않으면 안된다.

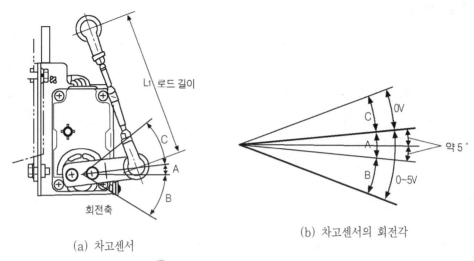

(a) 차고센서

(b) 차고센서의 회전각

🔺 그림8-34 차고센서의 링크 회전각

차고센서의 회전각을 검출하는 방식으로는 가변 저항을 이용하여 검출하는 방식과 포토 커플러(photo coupler)를 이용하여 검출하는 방식을 사용하고 있다.

가변 저항을 이용하여 검출하는 가변 저항 방식의 차고센서의 출력 신호는 전압 값으로 출력되고, 포토 커플러를 이용하여 검출하는 방식의 차고센서는 디지털 신호로 출력되는 것이 보통이다.

🔺 사진8-21 차고센서

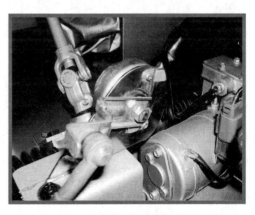

🔺 사진8-22 장착된 차고센서

(2) 차속 센서와 TPS

차속 센서는 사진 (8-23)과 같이 변속기의 드리븐 기어(driven gear)에 장착되어 차량의 주행 속도를 검출하고 있는 센서로 그 출력 신호는 그림 (8-35)의 (a)와 같이 디지털 신호를 출력하는 센서이다. 이 곳에 사용되는 차속 센서는 주로 리드 스위치(reed switch)를 이용한 리드 스위치 방식의 차속 센서와 홀 소자(hall element)를 이용한 홀 센서 방식의 차속 센서를 사용하고 있다.

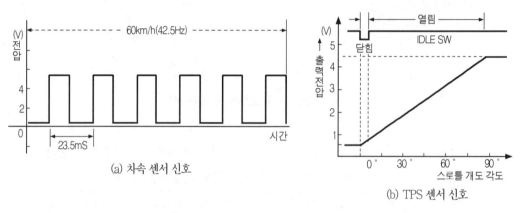

(a) 차속 센서 신호

(b) TPS 센서 신호

🔺 그림8-35 차속센서와 TPS센서 신호

ECS 시스템에 적용되고 있는 차속 센서의 기능은 차량 선회시 롤(roll)의 정도를 판단하는 기준 신호로 사용하고 있다. 또한 주행시 차량의 자세 제어시 기준 신호로도 사용하는 역할을 한다. 한편 TPS 센서(throttle position sensor)는 스로틀 밸브의 개도량을 검출하는 신호로 스로틀 밸브의 개도량에 비례하여 그림 (8-35)의 (b)와 같이 출력 신호 전압은 출력하게 된다. 이 센서는 운전자가 가속 페달을 밟은 량과 가속 페달의 속도를 검출하여 ECS 시스템의 ECU로 입력된다. ECS 시스템의 ECU는 이 신호를 기준으로 운전자의 가감속 의지를 검출하는 역할을 하게 된다.

최근에는 제어 기술의 발달로 TPS 센서로부터 검출된 가감속 신호는 ECS ECU로 직접 입력하지 않고 엔진 ECU로부터 CAN 통신을 통해 입력되는 방식을 사용하는 경우가 적용되고 있다. 이 신호는 ECS 시스템의 안티 스쿼트(anti squat) 제어시 차량의 가속 정도를 판단하는 기준 신호로 사용하게 된다.

🔺 사진8-23 장착된 차속센서

🔺 사진8-24 TPS 센서

(3) 조향각 센서

조향각 센서는 사진 (8-26)와 같이 스티어링 칼럼에 설치되어 조향 휠의 속도와 회전 방향의 각도를 검출하고 있는 센서이다. 이 센서는 보통 포터 커플러(photo coupler)라 부르는 LED(발광 다이오드)와 포토 TR(photo transistor)로 구성 되어 있는 센서를 사용하고 있다. LED(발광 다이오드)와 포토 TR 사이에는 그림 (8-36)과 같이 알루미늄의 원판에 슬롯(slot : 구멍)을 내어 발광 다이오드로부터 발광 되는 빛을 이 슬롯(slot)을 통해 통과하도록 하면 통과된 빛은 수광 소자인 포토 TR(photo transistor)를 통해 검출하도록 되어 있어 조향 휠의 회전 방향과 각도를 검출 할 수가 있다.

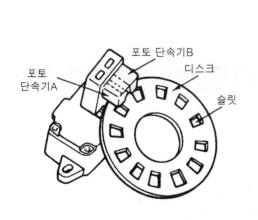

(a) 조향각 센서의 구조

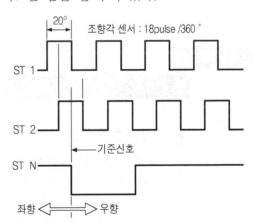

(b) 조향각 센서의 출력 신호

🔺 그림8-36 조향각센서의 구조와 출력 신호

따라서 센서의 동작 원리는 LED(발광 다이오드)로부터 발광되는 빛이 슬롯(slot)을 통과 할 때는 포토 TR은 ON 상태가 되어 조향각 센서의 출력 신호는 약 0.8V 이하로 전압이 강하되고, LED(발광 다이오드)로부터 발광되는 빛이 차단 될 때에는 포토 TR은 OFF 상태가 되어 조향각 센서의 출력 신호는 약 4.0V 정도 출력 되어 조향 각 센서의 출력 신호는 그림(8-36) (b)와 같이 조향 휠의 회전에 따라 펄스 파형이 출력 하게 된다. 조향 휠의 회전각은 결국 슬롯(slot)의 구멍수에 의 산출되며 회전 방향은 기준 신호(STN)를 기준으로 HIGH & HIGH 신호가 입력되면 좌향, LOW & HIGH 신호가 입력되면 우향으로 판정한다.

▲ 사진8-25 스티어링 컬럼의 분해

슬롯판

포토 커플러

▲ 사진8-26 조향각 센서의 위치

point ○

구성부품의 기능과 특성

1 구성 부품의 기능

(1) 가변 감쇄력식 쇽업소버

- 솔레노이드식 가변 감쇄력 쇽업소버 : 솔레노이드 밸브의 스풀 밸브를 전류 제어 하여 이동시켜 유로의 통로를 조절하여 감쇄력를 제어한다.
- 스텝 모터식 가변 감쇄력 쇽업소버 : 쇽업소버의 내부에 있는 컨트롤 로드의 끝 부위에 설치된 셔터를 스텝 모터를 이용하여 회전 시켜 유로 통로를 조절하여 감쇄력를 제어한다.

(2) ECS의 컴프레서와 리저브 탱브

- 에어 컴프레서 : 차량의 차고 제어를 하기 위해 가변 감쇄력 쇽업소버의 공기 스 프링에 압축 공기를 공급 하는 역할을 하고 있다
- 리저브 탱크(공기 저장 탱크) : 컴프레서로부터 토출된 압축 공기를 저장하여 쇽 업소버의 공기 스프링에 짧은 시간에 차량의 자세를 제어하기 위해 사용되는 공 기 저장 탱크이다.

(3) 압력 스위치

압력 스위치는 공압 라인 내에 일정압 이하시 자동으로 컴프레서를 작동하기 위해 압력 검출 스위치를 두고 있다.

- 고압 SW : 컴프레서를 구동하기 위해 고압 라인의 압력을 검출하는 스위치
- 저압 SW : 리턴 펌프를 구동하기 위해 저압 라인의 압력을 검출하는 스위치

(4) 공기 류량 조절 솔레노이드 밸브

차량의 자세 제어를 하기 위한 급, 배기 솔레노이드 밸브를 말한다. 이들 급, 배기 솔레노이드 밸브는 자동차의 메이커가 설계한 공압 회로에 따라 다소 차이는 있지 만 자세제어를 하기 위한 근본 원리는 동일하다.

- 유량 절환 밸브 : 컴프레서로부터 공기 스프링으로 공기를 공급 및 순환시키기 위 해 설치한 솔레노이드 밸브
- 앞 급배기 밸브 : 앞측 공기 스프링에 공기 압력을 공급 및 배기하기 위해 설치한 솔레노이드 밸브
- 뒤 급배기 밸브 : 뒤측 공기 스프링에 공기 압력을 공급 및 배기하기 위해 설치한 솔레노이드 밸브
- ○ 리어 압력 센서 : 차량의 하중을 검출하기 위해 일본 미쓰비시(사)의 차량에 설 치한 가변 저항식 센서

4 ECS 시스템의 기능

1. ECS의 주요 기능

ECS(전자 제어 현가장치)의 제어 기능에는 표 (8-3)와 같이 차량의 승차감을 제어하는 감쇄력 제어 기능과 자세를 제어하는 자세 제어 기능, 그리고 노면의 상태와 운전 조건에 따라 차체의 높이를 조절하는 차고 제어 기능으로 구분 할 수 있다. 그밖에도 차종에 따라 고속 주행시 주행 안정성 확보를 위해 고속 안정성 제어, 초기 세트시 자동으로 AUTO 모

드(오토 모드)로 절환되는 초기 세트 제어, 리저브 탱크의 일정 공기량을 확보하기 위한 컴프레서 구동 제어, 시스템 이상을 알리는 경고등 제어 기능 등이 있다.

[표8-3] 액티브 ECS의 주요 기능

감쇠력 제어	자세 제어	차고 제어
소프트(soft) 모드	앤티 롤(anti roll) 제어	최상(extra high)
미디엄(medium) 모드	앤티 다이브(anti dive) 제어	상위(high)
하드(hard) 모드	앤티 스쿼트(anti squat) 제어	중간(normal)
	바운싱(bouncing) 제어	하위(low)
	피칭(pitching) 제어	최하(very low)

이 제어 기능 중 감쇠력 제어 기능에는 표 (8-4)과 같이 노면의 상태나 운전 상황에 따라 AUTO 모드(오토 모드)와 SPORT 모드(스포츠 모드)로 선택하여 주행 할 수 있는 제어 기능이 있다. 이것은 운전자가 도로의 조건이나 주행 조건에 따라 적절한 승차감을 얻기 위한 것으로 일반 포장도로나 정속 주행시는 AUTO 모드로, 비포장로나 고속 주행시는 SPORT 모드로 선택 할 수 있도록 하기 위한 것이다. AUTO 모드(오토 모드)의 경우는 제조사의 차종에 따라서 3 ~ 5단계로 감쇠력 제어를 할 수 있도록 한 것이 보통이다.

[표8-4] 모드 선택 SW에 의한 주요 제어 기능(예)

감쇠력 제어	자세 제어	차고 제어
AUTO 모드 — SUPER SOFT / SOFT / MEDIUM / HARD	ANTI-ROLL / ANTI-DIVE / ANTI-SQUAT / ANTI-BOUNCING / ANTI-PITCHING / 기타 제어	**AUTO 모드** — HIGH / NORMAL / LOW
SPORT 모드 — MEDIUM / HARD		**HIGH 모드** — HIGH
		EXHIGH 모드 — EXTRA HIGH

여기서 나타낸 표 (8-4)의 예는 SUPER SOFT(매우 부드러움), SOFT(부드러움), MEDIUM(중간 부드러움), HARD(딱딱함)의 4단계로 제어하고 있는 것을 나타내었다. ECS 시스템은 제조사의 차종에 따라서는 다소 차이는 있지만 일반적으로 AUTO 모드

선택시 감쇄력 제어 기능은 표 (8-5)와 같이 SUPER SOFT ~HARD 모드 영역까지 제어하고, MEDIUM 모드(미디엄 모드) 선택시에는 SUPER SOFT ~ SOFT 모드 영역 까지 제어 한다. 또한 SPORT 모드(스포츠 모드) 선택시에는 MEDIUM ~ HARD 모드 영역까지 제어한다. 차량의 자세 제어 기능은 쇽업소버(shork absorber)의 공기 스프링의 공기 압력을 제어 함에 따라 차량의 발진시나 제동시, 그리고 선회시 차체의 기울기를 수평으로 유지 할 수 있도록 제어하여 운전자의 주행 안정성을 확보하는 기능이다. 이 자세 제어 기능에는 ROLL 제어(롤 제어), SQUAT 제어(스쿼트 제어), DIVE 제어, PITCHING & BOUNCING 제어 (피칭 및 바운싱 제어) 기능 등이 있다.

[표8-5] 대표적인 ECS 시스템의 제어 종류

구분	제어	제어시기	비고
감쇄력 제어	AUTO 모드 제어	AUTO 모드시	SUPER SOFT ~ HARD
	SUPER SOFT 모드	MEDIUM 모드시	
	SOFT 모드 제어		
	MEDIUM 모드 제어	SPORT 모드시	
	HARD 모드 제어		
자세 제어	ROLL 제어	선회시	
	SQUAT 제어	출발시, 가속시 및 급가속시	
	DIVE 제어	제동시	
	SHIFT SQUAT 제어	변속 레버의 절환시	N → D, N → R
	피칭&바운싱 제어	요철 주행시	작은 요철 통과시
	SKY HOOK 제어	요철 주행시	큰 요철 통과시
	노면 대응 제어	고속 주행시	
	급속 차고 제어	험로 주행시	비포장로
	통상 차고 제어	일반 주행시	포장도로

차량이 선회시에는 원심력에 의해 차량의 내측과 외측의 차고가 변화하는 ROLL(롤) 현상, 발진시 차량의 뒤측이 가라 앉는 SQUAT(스쿼트) 현상, 제동시 차량이 앞측이 가라앉는 DIVE(다이브) 현상, 요철 등에 의해 차체가 상하 운동하는 PITCHING & BOUNCING (피칭 및 바운싱) 현상 등 노면과 차량의 주행 상태에 따라 다양하게 발생하게 된다. 이와 같은 현상 들은 탑승객의 피로감과 운전자의 주행 안정성이 떨어지는 주된 요인이 되어 이 요인들을 억제하기 위해 차량의 자세 제어 기능을 제어한다.

즉 자세 제어 기능은 주행 안정성을 크게 향상하기 위한 제어 기능이다. 차량의 자세 기능을 하기 위해 쇽업소버(shork absorber)의 공기 스프링을 제어하여 차량의 자세 제어를 제어한다. 또한 액티브 전자 제어 현가장치에는 승차 인원 수나 화물의 변화량을 검출하고 주행 상태에 따라 감쇠력과 차고를 조절하여 차량의 주행 안정성을 확보한다.

🔺 사진8-27 전륜 쇽업소버   🔺 사진8-28 후륜 쇽업소버

차고 제어 기능에는 탑승 인원이나 주행 상태에 따라 AUTO 모드(오토 모드)나 HIGH 모드(하이 모드)로 운전자가 모드 선택 스위치를 조작하여 차고 조절이 가능하도록 제어하고 있다.

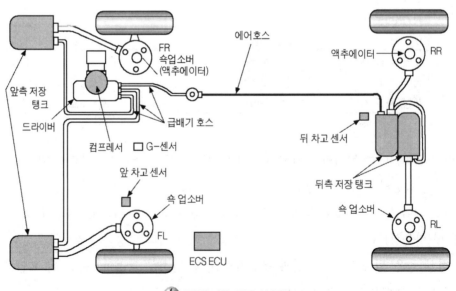

🔺 그림8-37 ECS 시스템

🔺 사진8-29 급배기 솔레노이드 밸브

🔺 사진8-30 SOL 밸브식 액추에이터

　이와 같이 전자 제어 현가장치에는 감쇄력 제어 기능이나 자세 제어, 차고 제어 기능을 실행하기 위해서는 별도의 시스템 구성이 필요하게 된다. 그림 (8-38)의 ECS 시스템의 입출력 신호 구성을 살펴보자. 차량의 주행 정보를 검출하고 있는 차속 신호, TPS 센서 신호, 인히비터 스위치, 브레이크 스위치 신호, 조향각 센서 신호 등과 차체의 상태를 검출하고 있는 차고 센서 신호와 G-센서 신호등이 필요하게 된다.

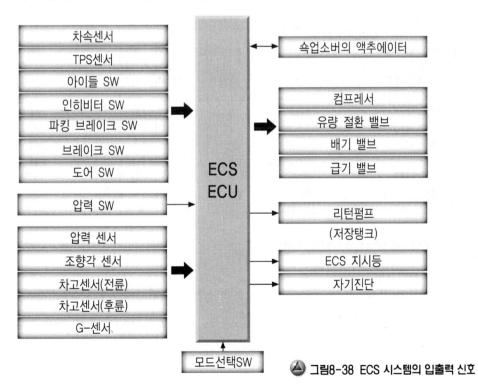

🔺 그림8-38 ECS 시스템의 입출력 신호

사진8-31 ECS ECU(LUCAS 사)

사진8-32 장착된 ECS ECU

그림 (8-39)와 그림 (8-40)은 대표적인 국내 H사 차량의 액티브 ECS 시스템의 서비스 데이터를 나타낸 것으로 이들 입출력 신호를 통해 ECS 시스템이 쉽게 입출력 구성을 상태를 알 수가 있다. 이와 같은 입력 신호의 정보를 토대로 시스템의 출력측으로는 차량의 감쇄력 제어 기능을 하기 위해 쇽업소버(shork absorber)의 오일류량을 제어하도록 액추에이터(actuator)를 두고 있다.

주행데이터		0%
차속센서	0	Km/h
스로틀포지션센서	12.5	%
발전기출력전압	1.5	V
조향힐각센서-1	LOW	
조향힐각센서-2	LOW	
앞좌측 G-센서	-1.00	G
앞우측 G-센서	-1.00	G
뒤우측 G-센서	-1.00	G
ECS 스위치	OFF	
브레이크스위치	OFF	
파형	◄ ■ ►	시점

그림8-39 국내 H사 차종의 주행데이터(1)

주행데이터		0%
조향힐각센서-2	LOW	
앞좌측 G-센서	-1.00	G
앞우측 G-센서	-1.00	G
뒤우측 G-센서	-1.00	G
ECS 스위치	OFF	
브레이크스위치	OFF	
앞좌측액쥬에이터	NOT GOOD	
앞우측액쥬에이터	NOT GOOD	
뒤좌측액쥬에이터	NOT GOOD	
뒤우측액쥬에이터	NOT GOOD	
파형	◄ ■ ►	시점

그림8-40 국내 H사 차종의 주행데이터(2)

또한 차량의 자세 제어와 차고 제어 기능을 실행하기 위해 컴프레서(compressor)와 각종 유압 또는 공압을 제어하기 위한 솔레노이드 밸브를 설치하여 자세 제어 기능 등을 할 수 있도록 구성되어 있다.

그림 (8-41)은 대표적인 액티브 현가장치의 공압 회로를 나타낸 것으로 에어 컴프레서 (air compressor)로부터 압축된 공기는 리저브 탱크(reserve tank)로 일시 저장하고 저장된 압축된 공기는 쇽업소버의 공기실로 보내 자세 제어 및 차고 제어하는 데 사용하게 된다. 리저브 탱크(저장 탱크)에 압축된 공기는 전륜과 후륜에 가까이에 있는 차고 센서의 신호를 받아 ECU는 지정된 목표값으로 차고를 조절하도록 급배기 밸브를 제어한다.

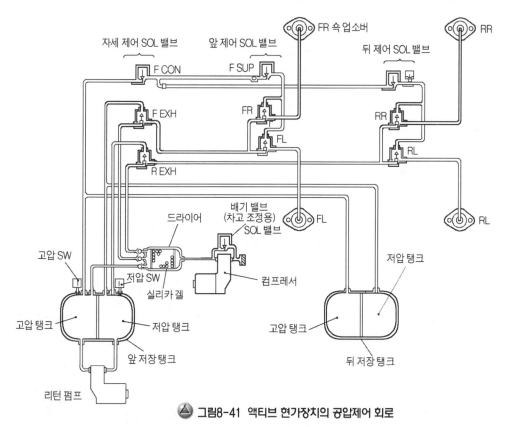

그림8-41 액티브 현가장치의 공압제어 회로

사진8-33 ECS 에어 컴프레서

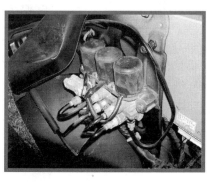

사진8-34 장착된 급배기 밸브

또한 제조사의 차종에 따라서는 보조 탱크(sub reserve tank)를 설치하여 감쇄력 제어 시 SOFT 모드(소프트 모드)에서는 리저브 탱크(저장 탱크)로도 사용하고 있다.

2. ECS 시스템의 회로

ECS 시스템 회로의 구성은 기본적으로 시스템에 전원을 공급하기 위한 전원 공급 회로 와 입력 정보를 제공하는 입력 회로, 모드(mode)에 따라 감쇄력 및 자세를 제어하기 위한 출력 회로, 신호를 처리하기 위한 제어 회로로 구성되어 있다.

이들 시스템 회로의 구성은 제조사의 차량 종류에 따라 다르지만 일반적으로 그림 (8-42)의 차고 제어 회로와 그림 (8-43)과 같은 액티브 ECS 시스템 회로와 크게 다르지 않다.

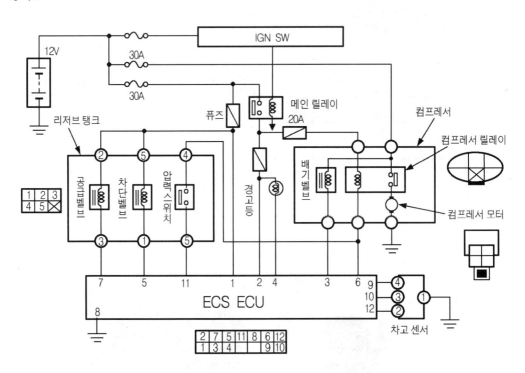

🔺 그림8-42 차고제어회로(일본 닛산 예)

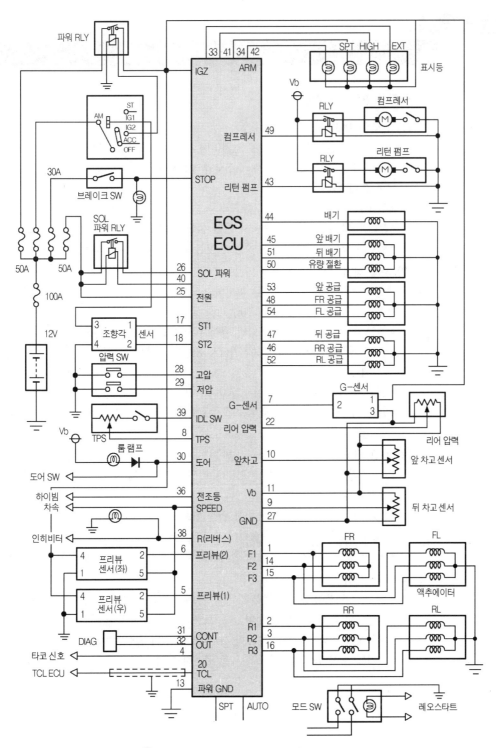

🔺 그림 8-43 ECS회로도(일본 미쓰비시 차종)

point ●

전자제어 현가장치의 기능

1 액티브 ECS의 기능

(1) 감쇄력 제어

모드 선택 스위치에 의해 도로 조건이나 주행 상태에 따라 쇽업소버의 감쇄력이 자동으로 조절되는 모드로 보통 제조사의 차종에 따라 3단계에서 5단계 정도로 자동으로 절환 된다.

- SOFT 모드 : 정속 주행시 부드러운 승차감을 갖는 모드
- MEDIUM 모드 : 중속 주행시 중간 정도의 부드러운 승차감을 갖는 모드
- HARD 모드 : 고속 주행시 주행 안전성을 확보하기 위해 승차감을 억제하는 모드

(2) 자세 제어

주행시 차량의 주행 안전성을 확보하기 위한 제어 모드로 앤티 롤 제어, 앤티 스쿼트 제어, 앤티 다이브 제어, 앤티 피칭 및 바운싱 제어가 있다.

- 앤티 롤 제어 : 선회시 차량의 원심력에 의해 롤(roll) 현상을 제어하기 모드
- 앤티 스쿼트 제어 : 발진시나 가속시 차량의 뒤측이 들어올려지는 현상을 제어하기 위한 모드
- 앤티 다이브 제어 : 제동시 차량이 앞측이 가라앉는 현상을 제어하기 모드
- 앤티 바운싱 제어 : 요철이나 비포장도로를 주행시 차량의 상하 운동하는 것을 제어하는 모드

(3) 차고 제어

도로 조건이나 탑재 물건의 변화량에 따라 차체의 차고를 조절하여 주행 안정성을 확보하기 위한 모드

- LOW 모드 : 고속 주행시 주행 안전성을 확보하기 제어하는 모드
- NORMAL 모드 : 정속 주행시 주행 안전성을 확보하기 위해 제어하는 모드
- HIGH 모드 : 험로 주행시 운전자의 선택 SW의 절환에 의해 제어하는 모드

(4) 기타 제어

- 초기 세트 제어 : 초기 점화 스위치 ON시 CPU는 리셋되고, 감쇄력 제어 모드는 자동으로 AUTO 모드로 절환된다. 또한 경고등이 소등되도록 제어한다.
- 컴프레서 제어 : 리저브 탱크(공기 저장 탱크)의 압력이 일정압 이하로 떨어지면 공기를 충진하기 위해 컴프레서를 구동하는 제어

09

4WD 시스템

CHAPTER

9

4WD 시스템

4WD의 기본 지식과 구분

1. 4WD의 기본 지식

4WD란 4륜 구동(4 wheel drive)의 약어로 전륜 구동이나, 후륜 구동 방식과 달리 4 바퀴 동시 굴림 방식을 의미한다. 이 구동 방식은 초기 군사용 목적으로 사용해 오다가 등 판 능력이나 험로 주행 능력에 탁월한 장점을 가지고 있어 민생용으로도 적용하게 되었 다. 최근에는 오프 로드(off road : 비포장로)의 전용차라는 개념으로부터 탈피하여 RV(Recreational Vehicle) 차량이나 SUV(Sports Utility Vehicle)차량의 보급 확대 로 4WD 차량은 일반화되기 시작되었다.

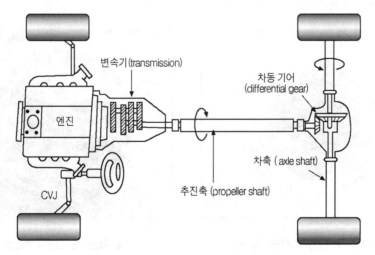

🔺 그림9-1 수동식 4WD차량의 구조

이 4WD(4륜 구동) 방식에는 4륜을 상시 구동하는 풀 타임(full time) 방식과 통상 2륜 구동으로 주행하다 필요에 따라 4륜으로 절환하는 파트 타임(part time) 방식이 있다.

FF(전륜 구동) 방식의 차량이 경우는 후륜을 항시 끌고 가는 형태를 갖고 있어 장해물 등을 넘어가는데 대한 저항이 크다.

이에 반해 4WD(4륜 구동) 방식의 경우는 4륜의 각각에 대해 장해물을 통과 할 수 있어 장해물에 대한 저항이 적다. 또한 견인력이 우수하고, 등판 능력이 뛰어나다. 등판능력이란 경사면을 주행하는 능력으로 노면의 마찰 계수와 타이어의 그립(grip)력 뿐만 아니라 차량의 무게에 의해 접지면에 눌러지는 힘에도 영향을 받는 주행 능력이다. 등판시에는 차량의 무게 중심은 뒤측으로 이동하게 돼 타이어의 접지면에 눌러지는 힘도 뒤로 이동해 분산하게 된다. 따라서 노면의 경사가 크면 클수록 그립력도 약해져 구동력이 약해지게 된다.

그러나 4WD 방식의 경우는 전륜과 후륜이 구동해 전륜은 후륜을 끌어 올리고, 후륜은 전륜을 밀어 올리는 작용을 해 등판 능력이 우수하다. 또한 4WD 방식은 2륜 구동 방식에 비해 동력 전달 능력이 우수하다. 보통 자동차는 타이어 1개에 접지면과 접촉하는 면적이 엽서 한 장 정도의 크기로, 이 면적을 통해 차량의 하중을 지탱하고 구동력을 전달한다. 구동력(traction)이란 타이어가 차량을 미는 힘, 즉 차량을 전진 시키는 힘으로 구동력을 최대한 발휘하기 위해서는 타이어의 그립(grip : 노면과 타이어의 마찰력)력 을 한계 내에서 구동력을 얻도록 하는 것이 중요하다.

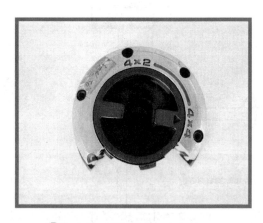

🔺 사진9-1 수동 LOCK/FREE 다이얼

🔺 사진9-2 전동식 트랜스 기어

만일 구동력이 너무 커서 구동력 > 그립력의 관계를 가지게 되면 타이어는 자전 운동을 해 구동력을 타이어에 충분히 전달할 수 없게 된다. 4WD 방식의 차량이라 하여도 좋은 점만 있는 것은 아니다. 2WD 방식의 차량에 비해 구조가 복잡하고, 기계적인 잡음에 많이 노출되어 있다. 또한 구성 부품의 증가로 차량의 중량이 2WD 방식에 비해 크며, 구동 계통 증가로 연비가 나쁘다.

선회 반경이 작은(tight corner) 코너를 선회 할 때는 4WD 방식 특유의 브레이킹(braking) 현상이 발생하게 된다. 이 현상을 타이트 코너 브레이킹(tight corner braking) 현상이라 하는데 이것은 그림 (9-2)와 같이 전륜과 후륜의 회전 반경이 달라져 회전차로 발생하는 현상이다.

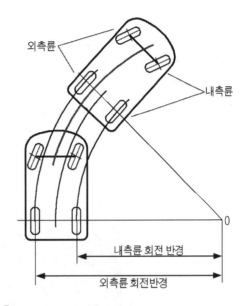

🔺 그림9-2 선회할 때 외측륜과 내측륜의 주행거리 차이

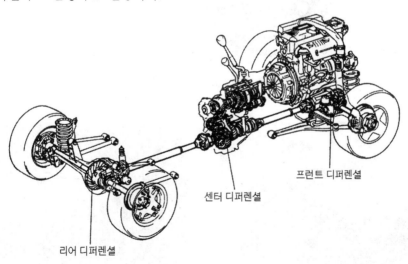

🔺 그림9-3 4WD의 ATM 시스템

4WD 방식의 차량은 전륜과 후륜 구동 계통이 서로 연결되어 있어 전후륜 궤적이 차 만큼 슬립(slip)을 주지 않으면 브레이킹 현상이 발생 할 수밖에 없다. 이러한 브레이킹

현상을 억제하기 위해서는 그림 (9-4)와 같이 센터 디퍼렌셜 기어(center differential gear : 중앙 차동 기어) 장치가 필요하게 된다. 이 센터 디퍼렌셜 기어가 있는 4WD 차량은 슬립이 발생하는 경우 전륜과 후륜에 구동력을 전달 할 수 있도록 LSD(limited slip differential : 차동 제한 장치) 기능을 갖고 있다. 그러나 센터 디퍼렌셜 장치가 LSD(차동 제한 장치)장치의 기능을 갖고 있더라도 센터 디퍼렌셜 기능을 정지 할 수 있도록 디퍼렌셜 록(differential lock) 장치가 필요하게 된다.

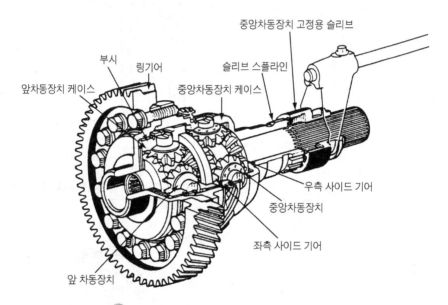

그림9-4 센터 디퍼렌셜 장치(중간 차동장치)

사진9-3 트랜스퍼 케이스

사진9-4 디퍼렌셜 기어 세트

4WD 방식에서 전륜가 후륜에 설치된 디퍼렌셜 기어 외에 센터 디퍼렌셜 기어 장치를 두는 이유는 주행시나 선회시 전후륜 회전 속도의 차이를 흡수 할 수 있도록 하기 위함이다. 디퍼렌셜 기어(차동 장치)에는 오일의 점성을 이용한 비스커스 커플링(viscous coupling : 점성 결합)이 사용되기도 한다. 센터 디퍼렌셜 기어를 사용하는 4WD 차량의 경우는 바퀴 하나가 완전히 공전을 하게 되면 엔진 동력이 모두 공전하고 있는 바퀴로 이동하게 된다. 이러한 문제로 센터 디퍼레셜 기어를 사용하는 4WD 차량의 경우는 LSD(차동 제한 장치)와 디퍼렌셜 록 기구를 설치하고 있다.

비스커스 커플링(viscous coupling) 기구는 트랜스퍼 케이스와 프로펠러 샤프트 사이에 설치하고, 내부에는 그림 (9-5)와 같이 케이스 상에 고정된 아우터 플레이트(outer plate)와 허브측에 고정한 이너 플레이트(inner plate)을 수매~ 수십매 배치하여 놓고, 내부에 실리콘 오일을 봉입하여 놓은 조인트 장치이다. 이것은 아우터 플레이트와 이너 플레이트 사이에 회전 속도가 차이가 발생하면 아우터 플레이트와 이너 플레이트 사이의 실리콘 오일에 점성 전단력이 발생하게 돼 케이스와 허브 사이에 토크(torque)를 전달하는 특성을 이용한 것이다.

회전 속도 차이가 작을 때에는 케이스와 허브 사이에 차동 토크 전달을 거의 하지 않게 되며, 회전 속도 차이가 클 때에는 차동 토크를 크게 전달 해 센터 디퍼렌셜 기어의 차동을 제한하게 된다. 따라서 전륜과 후륜의 회전 속도 차이를 제한하게 함으로 험로 주행에 용이하다. 이와 같이 4WD 차량에서는 센터 4WD 차량에서는 센터 디퍼렌셜 기어의 차동 제한으로서 사용되고 있다.

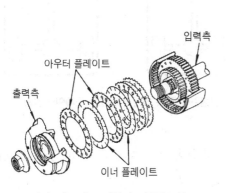

(a) 비스커스 커플링 기구(A사)

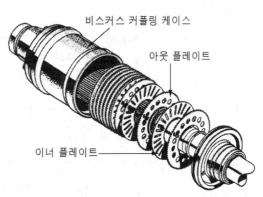

(b) 비스커스 커플링 기구(B사)

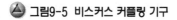 그림9-5 비스커스 커플링 기구

2. 전자 제어 4WD의 구분

4WD(4륜 구동) 방식은 크게 나누어 표 (9-1)과 같이 상시 4륜 구동하는 풀 타임 방식과 2WD → 4WD로 전환할 수 있는 파트 타임 방식으로 구분한다. 파트 타임 방식 중에는 주행전 전륜측 허브(hub)에 부착되어 있는 LOCK/FREE 다이얼을 미리 선택해 2WD → 4WD로 전환하여 4WD(4륜 구동)으로 구동하는 수동식 4WD와 주행중 선택 스위치의 조작에 의해 2WD → 4WD로 자동으로 전환이 가능한 자동식 4WD 방식이 있다.

[표9-1] 4WD의 자동 트랜스퍼 종류			
구분	파트 타임 방식	풀 타임 방식	비고
구동 방식	2WD ↔ 4WD	상시 4WD	수동식 : 휠허브식, 센터딥식
종류	수동식, 자동식	센터 디퍼렌셜, 전자제어식	
전자제어식 명칭	EST(자동식)	센터 디퍼렌셜, ATT	

【참고】 EST : Electronic Shift Transfer   ATT : Active Torque Transfer

파트 타임 방식 중 자동식 4WD 방식은 전동 모터를 이용하여 2WD → 4WD로 전환한다하여 EST(electric shift transfer) 방식이라고도 한다.

상시 4륜 구동을 하는 풀 타임 방식에는 센터 디퍼렌셜 기어를 이용한 토크 분배 고정식과 노면 상태와 주행 조건에 따라 구동 토크를 가변할 수 있는 전자 제어식 4WD가 있다. 전자 제어식 자동 트랜스퍼 장치는 전후륜이 각기 노면 조건에 따라

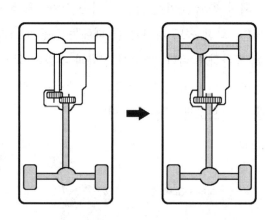

▲ 그림9-6 파트 타임식 4WD의 드라이브 절환

구동력 대응이 가능하고, 주행 조건에 따라 토크 변환이 가능하다 하여 ATTS(active torque transfer system) 시스템이라 표현하기도 한다.

한편 4WD 차량에 적용되는 트랜스퍼 기어의 방식에는 엔진의 탑재 방향이 종측 방향이냐 횡측 방향이냐에 따라 고려되어야 하며 또한 전륜 구동형이냐, 후륜 구동형이냐에

따라 기어의 설치방식을 고려하여야 한다.

한편 센터 디퍼렌셜 기어(center differential gear)를 사용하고 있는 풀 타임 4WD 경우 차동 기능이 오히려 역효과를 가져오는 경우가 발생하게 되는데 그 차동 기능을 해제하거나 제한하는 장치가 필요하게 된다. 이 차동 기능을 제한하는 장치로는 다판 클러치를 사용하는 다판 클러치식, 오일의 점성을 이용한 점성 커플링식, 기어의 치합을 위한 클러치식이 사용되고 있다.

[표9-2] 자동식과 전자제어식의 트랜스퍼의 비교

구분	선택모드SW	구동상태	사용조건	비고
자동식	2H	2WD	일반도로 주행시	자동식(EST)
	4H	4WD 고속	비포장로, 빗길, 눈길 등 슬립이 일어나기 쉬운 도로에 사용	2H : 후륜구동 80km/h 이하시
			조향각을 크게 조향하여 선회시 타이트 코너 브레이킹 현상에 소음	2WD ↔ 4WD 절환 가능
	4L	4WD 저속	견인시와 같이 최대 구동력이 필요한 조건에서 사용	정차후 절환 (N-레인지시 절환)
전자제어식	AUTO	2WD ↔ 4WD	비포장로, 빗길, 눈길 등 슬립이 일어나기 쉬운 도로에 사용	전자제어식(ATT)
			전후륜간 회전력 차이를 다판 클러치 커플링을 이용하여 노면에 따라 전자제어 주행	
	LOW	4WD 저속	견인시와 같이 최대 구동력이 필요한 조건에서 사용	정차 후 절환 (N-레인지시 절환)

【참고】 국내 H사 및 K 사 사양

2 자동식 4WD의 구성

1. EST 시스템

(1) 시스템 구성

EST 시스템은 파타 타임 4WD 방식으로 자동식 트랜스퍼 기어 방식이다. 이 시스템의 구성은 그림 (9-7)과 같이 자동식 트랜스퍼 기어 세트와 제어 장치로 구성되어 있다.

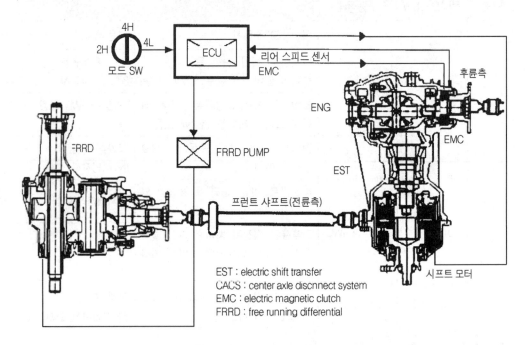

EST : electric shift transfer
CACS : center axle discnnect system
EMC : electric magnetic clutch
FRRD : free running differential

그림9-7 EST 시스템의 구성

제어 장치의 구성을 살펴보면 운전자가 주행 모드를 선택 할 수 있는 모드 스위치(mode switch)와 EMC(electric magnet clutch), 그리고 트랜스퍼 기어 유닛에 장착되어 있는 시프트 모터와 리어 스피드 센서, 프런트 디퍼렌셜 기어 유닛에 압축 공기를 공급해 주기 위한 FRRD PUMP(free runnig differential 에어 펌프)로 구성되어 있다. 모드 선택 스위치는 노면이나 주행 조건에 따라 운전자가 2WD(2L)와 4WD(4H, 4L)로 전환할 수 있는 모드 선택 스위치이다.

EMC(전자 클러치)는 트랜스퍼 기어의 리어 프로펠러 샤프트(뒤 추진축)에 설치되어 주행중 운전자가 모드 스위치의 위치를 2H → 4H로 선택하면 전륜측으로 동력을 전달하기 위해 EMC(전자 클러치)는 작동을 하게 된다.

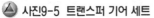

🔺 사진9-5 트랜스퍼 기어 세트

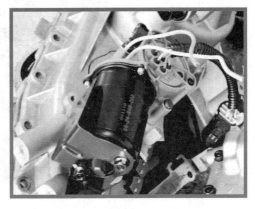

🔺 사진9-6 장착된 시프트 모터

모드 스위치의 입력 신호를 통해 TCU(transfer control unit)로부터 제어되는 시프트 모터는 트랜스퍼 기어 유닛 내부에 있는 시프트 포크(shift fork)를 절환해 선택한 구동 모드로 절환한다. 고속 모드 4H와 저속 모드 4L는 전후륜 구동력이 모두 50 : 50의 고정된 구동력을 전달되지만 모드 스위치를 4L로 위치시에는 트랜스퍼 기어 유닛 내부의 유성 기어 에 의해 감속 기어비를 얻는다.

트랜스퍼 기어 유닛 내부의 구조는 그림 (9-8)과 같이 메인 샤프트 축을 기준으로 마그네 클러치와 록 업 허브, 그리고 구동 체인 기어와 유성 기어 세트와 프런트 샤프트를 기준으로 시프트 모터와 시프트 캠 등으로 구성되어 있다.

주행중 노면 상태에 따라 모드 스위치를 4H → 4L 으로 전환하면 시프트 모터는 모드 스위치 조작에 따라 트랜스퍼 기어 유닛 내부에 있는 시프트 포크 전환하게 된다. 이때 나선형 홈 형상으로 생긴 시프트 캠은 시프트 모터와 연결되어 시프트 포크를 구동 모드로 절환하게 된다. 모드 스위치를 고속 모드인 4H로 선택하면 트랜스퍼의 메인 샤프트는 유성 기어 직결되지만, 저속 모드인 4L로 선택하면 유성 기어 세트는 감속 기어비를 얻어 구동 체인을 통해 전륜측에 전달하게 된다.

그림9-8 자동식 트랜스퍼 장치(EST)의 내부 구조

(2) 동력 전달 경로

4WD 차량이 동력 전달 경로는 그림 (9-9)와 같이 변속기로부터 트랜스퍼 기어 유닛을 거쳐 후륜과 전륜을 구동한다.

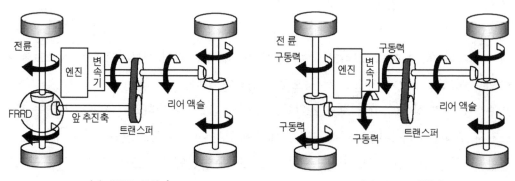

      (a) 2WD 구동시   (b) 4WD 구동시

※동력전달경로
    2WD : 변속기 → 트랜스퍼 기어세트 → 리어 프로펠라 샤프트 → 리어액슬
    4WD : 변속기 → 트랜스퍼 기어세트 → 리어 프로펠라 샤프트 → 리어액슬
                            → 프런트 프로펠라 샤프트 → 프런트 액슬

그림9-9 4WD 절환시 동력전달경로

2WD(2륜 구동) 구동시는 트랜스퍼 기어 유닛을 통해 리어 프로펠러 샤프트(뒤측 추진축) 거쳐 리어 디퍼렌셜 기어 유닛으로 동력을 전달하지만 4WD(4륜 구동) 구동시는 트랜스퍼 기어 유닛을 통해 리어 디퍼렌셜 기어 유닛과 FRRD(프리 런닝 디퍼렌셜) 기어 유닛을 동기해 전후륜 동력을 전달하게 된다. 모드 SW를 2H로 선택하면 구동력은 트랜스퍼 유닛의 메인 샤프트와 직결되어 후륜측에 전달하게 된다.

동력 전달 경로는 그림 (9-10)과 같이 변속기로부터 트랜스퍼 기어 유닛의 메인 샤프트 직결되어 리어 프로펠러 샤프트로 전달하여 2륜 구동을 하게 된다. 이때 트랜스퍼 기어 유닛 내에 있는 유성 기어 세트의 리덕션 허브(reduction hub)가 유성 기어의 안쪽으로 이동하여 유성 기어의 캐리어를 거치지 않고 메인 샤프트와 1 : 1 결합하게 된다.

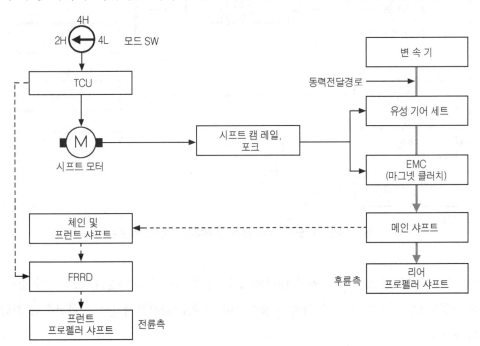

🔺 그림9-10 모드 스위치를 2H로 위치할 때 동력전달경로

모드 SW를 고속 상태인 4H로 선택하면, 구동력은 직결되어 트랜스퍼 기어 유닛을 통해 후륜측과 전륜측에 전달하게 된다. 동력 전달 경로는 그림 (9-11)과 같이 TCU(transfer control unit)으로부터 4H 모드로 절환하도록 시프트 모터와 EMC(전자식 클러치)에 명령을 하면 시프트 모터와 EMC는 4H 모드로 절환하여 FRRD(프리 런닝 디퍼렌셜)기어 유닛

으로 전원을 공급한다. 이때 변속기의 동력은 트랜스퍼 기어 유닛의 체인을 통해 프런트 샤프트로 동력을 전달하게 된다. TCU(트랜스퍼 컨트롤 유닛)의 명령을 받은 시프트 모터 는 시프트 모터와 연결되어 있는 시프트 캠(shift cam)을 통해 록업 포크를 밀고, 록업 허 브로 절달하여 구동 체인을 통해 동력을 전달하게 된다.

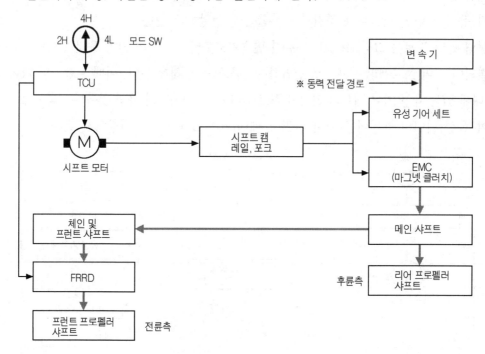

🔺 그림9-11 모드 스위치를 4H로 위치할 때 동력전달경로

변속기로부터 트랜스퍼 기어 유닛 내부에 있는 유성 기어 세트는 2H 모드 시와 같이 유 성기어 캐리어를 거치지 않고 입력축과 출력축이 일체로 회전하여 1 : 1 회전수로 결합하 게 된다.

모드 SW를 저속 상태인 4L로 선택하면, 동력 전달은 그림 (9-12)와 같이 유성 기어 세 트를 거쳐 감속 기어비를 얻어 메인 샤프트로 전달하게 된다. 이때 TCU는 4L 모드로 시 프트 모터를 구동하여 유성 기어 출력측에 있는 리덕션 허브(reduction hub)를 작동시켜 감속 기어비를 얻는다. 유성 기어로부터 감속 기어비를 얻은 메인 샤프트의 구동력은 전륜 과 후륜측으로 1 : 1 비율로 동력을 전달하게 된다.

유성 기어의 감속 기어비를 얻는 것은 4L 모드시에만 이루어지며, 이때는 유성 기어 세트의 출력측에 있는 리덕션 허브가 유성 기어 외측으로 이동하여 유성 기어 캐리어를 통해 감속되어 메인 샤프트에 전달하게 된다.

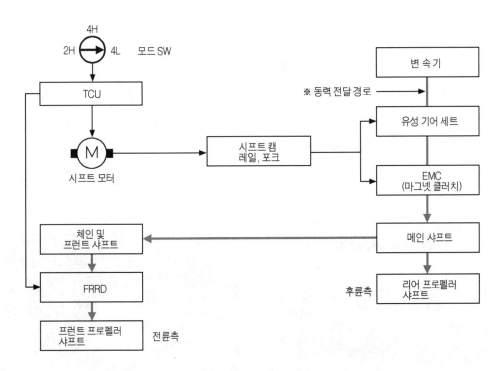

그림9-12 모드 스위치를 4L로 위치할 때 동력전달경로

(3) 전륜 치합 장치

주행중 전륜으로 동력을 전달하는 방식에는 배큠(vacuum)식과 전동식이 사용되고 있다. 진공압을 이용해 프런트 액슬측에 동력을 전달하는 방식에는 흡기관 부압을 이용하는 방식과 올터네이터(alternator)의 진공 펌프를 이용하는 방식을 사용하고 있다.

배큠식 치합장치의 구성은 흡기관 부압을 이용하는 방식과 진공 펌프를 이용하는 방식이 진공압을 공급하는 방식 외에는 크게 다르지 않다. 이 배큠식 치합장치의 구성은 그림 (9-12)와 같이 진공을 저장하는 진공 탱크와 진공압을 제어하기 위한 솔레노이드 밸브 A와 B, 그리고 진공압을 작동하기 위한 액추에이터로 구성되어 있다.

모드 스위치를 2WD로 선택하는 경우에는 TCU는 SOL-A(솔레노이드-A)와 SOL-B를 (솔레노이드-B)를 모두 OFF시켜 진공 탱크로부터 부압은 SOL 밸브-A를 통해 진공압이 도입되고, SOL 밸브-B는 대기압이 차단되어 액추에이터 A실과 B실에 모두 진공압이 작용하게 된다.

이때 슬리브는 이동하지 않게 돼 클러치와 치합하지 않게 된다. 모드 스위치를 ON시켜 4WD 모드로 선택하면 TCU는 SOL 밸브-A와 SOL 밸브-B를 모두 OFF 시켜 진공 탱크로부터 부압은 SOL 밸브-A를 통해 진공압을 도입하고, SOL 밸브-B는 대기압이 도입돼 슬리브는 우측으로 이동 4륜 구동으로 작동하게 된다. 이 시스템은 국내 H사에서는 CADS(Center Axle Disconnect System) 시스템이라고 표현하기도 한다. 한편 전동식 치합 장치의 구성은 공기압을 공급하는 전동 모터와 액추에이터로 구성되어 프런트 액슬 내부에 설치하고 있다.

▲ 사진9-7 4WD 절환 스위치

▲ 사진9-8 트랜스퍼 기어 유닛

전동식 모터에는 압력 스위치와 릴리스 밸브(release valve)가 장착되어 있으며, 액추에이터는 도그 클러치(dog clutch)와 결합되어 있다. 이 시스템은 FRRD(Front Rrunning Differential) 장치라 부르며 동작은 전동 모터식 공기 펌프의 작동에 의해 이루어진다. 이 시스템의 동작은 모드 스위치를 4W로 위치하면 전동 모터인 공기 펌프에 전원이 공급되어 프런트 액슬측에 있는 액추에이터 내부로는 공기압이 충진하기 시작한다. 액추에이터에 공기압이 충진되면 캠링을 밀고 내부 케이스와 도그 클러치가 치합하게 돼 4륜으로 구동하게 되는 시스템이다.

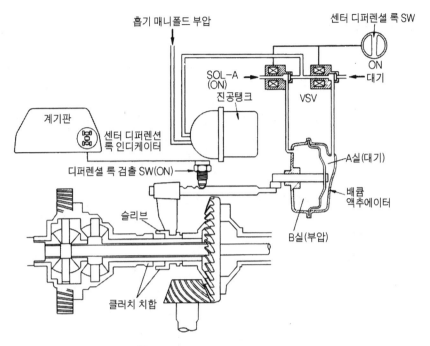

그림9-13 CADS 시스템의 구성

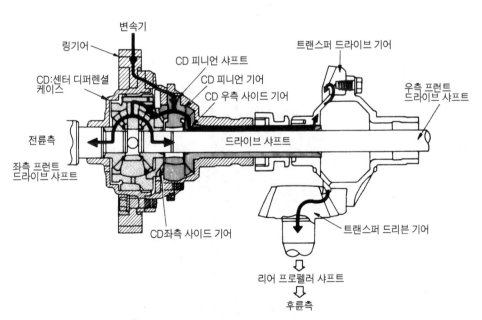

그림9-14 전륜 트랜스액슬과 트랜스퍼의 구조

2. ATM 시스템

ATM(Active Torque Management) 시스템은 노면의 상태나 주행 상황에 따라 전륜과 후륜의 구동력 배분이 0 : 100 ~ 50 : 50까지 자동으로 제어하는 시스템이다. 이 ATM 시스템에는 후륜 구동형 차량에 적용하는 구동 토크의 크기를 변화하는 시스템이라 하여 TOD(Torque On Demand) 시스템 또는 ATT(Active Torque Transfer) 시스템이라 표현하기도 하며, 전륜 구동형 차량에 적용하여 토크를 제어한다 하여 ITM(Inter active Torque Management) 시스템이라 표현하기도 한다.

(1) ATT 시스템 구성

이 시스템의 기본적인 동작은 평상시 후륜으로만 구동하다가 저, 중속 상태에서 후륜측 타이어의 슬립 현상이 발생하면 전자식 다판 클러치를 작동하여 전후륜 동력을 배분하도록 한 전자 제어식 시스템이다. 이 시스템에 적용되는 전자식 트랜스퍼 기어 유닛의 구조는 그림 (9-15)와 같이 유성 기어 세트와 전자식 마그네틱 클러치, 그리고 전후륜의 회전속을 검출하는 리어 스피드 센서, 프런트 스피드 센서, 동력을 자동 전달하기 위한 시프트 모터 기구와 후륜 구동축 메인 샤프트의 회전력을 전륜 구동축 프런트 샤프트로 전달하기 위한 메탈 체인(metal chain)으로 구성되어 있다.

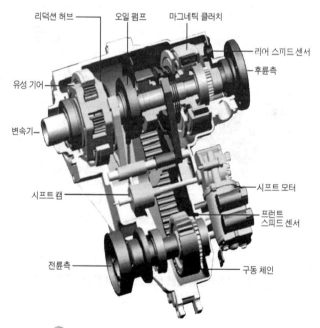

▲ 그림9-15 전자제어식 트랜스퍼 유닛의 구조

전자식 다판 클러치는 ATT ECU로부터 구동력에 대한 명령을 받아 다판 클러치의 압력에 의한 구동력을 전륜측 프런트 샤프트를 통해 구동력을 전달하는 기능을 한다. 이때 다판 클러치의 압력이 크면 전륜측으로 전달되는 구동력은 증가하고, 다판 클러치 압력이 작아지면 클러치의 슬립율이 증가하여 전륜측 구동력 전달은 작아지게 된다. 시프트 모터는 모드 스위치에 의해 모드 전환을 자동으로 하기 한 모터로 시프트 모터와 시프트 캠은 한축에 연결되어 있다.

모드 스위치를 LOW로 위치하면 시프트 모터는 회전을 하게 돼 시프트 모터와 연결된 시프트 캠은 동기되어 시프트 캠(shift cam)의 슬롯(slot : 가늘고 긴 홈)에 장착된 리덕션 포크(reduction fork) 위상이 달라져 유성 기어는 저속 감속비를 얻게 된다.

결국 유성 기어의 감속비는 리덕션 포크의 이동 위치에 따라 감속과 직결을 하게 되어 후륜과 전륜측에 전달하게 된다. 유성 기어 세트 후단에 설치된 오일 펌프는 전자식 다판 클러치의 오일 공급과 트랜스퍼 기어 내부에 윤활 공급하는 역할을 한다.

ATT 시스템의 구성은 그림 (9-16)과 같이 트랜스퍼 기어 유닛에 설치된 시프트 모터와 전후륜 회전 속도를 검출하는 전후륜 차속 센서, 그리고 전자식 클러치와 입력 모드 스위치로 구성되어 있다. ATT ECU는 엔진 ECU로부터 TPS(스로틀 포지션 센서) 신호와 ABS ECU로부터 차륜의 슬립율 신호를 입력 받아 주행 모드에 따라 시프트 모터와 전자식 클러치의 클러치 압력을 제어하게 된다.

▲ 사진9-9 트랜스퍼 내부 변속기측

▲ 사진9-10 오일 스트레이너

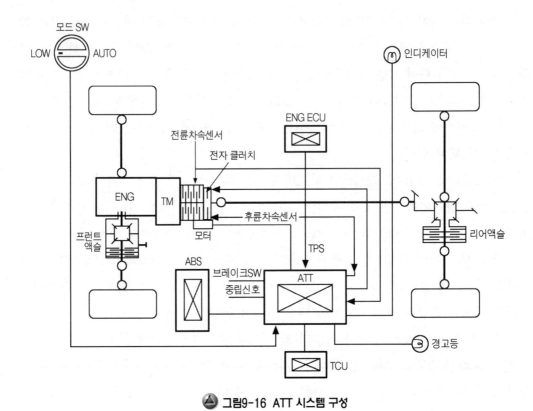

그림9-16 ATT 시스템 구성

이때 전자식 클러치의 압력은 클러치 코일에 흐르는 전류량과 비례하여 압력이 증감한다. TCU(자동 변속기 컨트롤 유닛)로부터 출력 신호는 모드 스위치를 LOW로 위치하면 인히비터 스위치(inhibitor switch)로부터 중립 위치에 있다는 것을 ATT ECU로 입력하면 ATT ECU는 TCU로 현재 기어의 상태가 중립 위치에 와 있다는 것을 알리게 된다.

(2) ATT 시스템의 동력 전달 경로

모드 스위치를 AUTO 위치로 선택하면 변속기로부터의 동력은 그림 (9-17)과 같이 메인 샤프트를 통해 리어 프로펠러 샤프트를 거쳐 후륜측으로 0 : 100의 동력이 전달된다. 이때 후륜측 휠 스피드 센서로부터 슬립율을 검출하면 엔진 ECU와 ABS ECU는 액셀 개도 신호와 슬립율 신호를 ATT ECU로 입력한다. ATT ECU는 이 입력 신호를 바탕으로 시프트 모터가 회전을 하면 변속기로부터 유성 기어 세트 출력측으로 1 : 1 동력 전달이 돼 메탈 체인을 통해 전륜측 프로펠러 샤프트를 구동하게 된다.

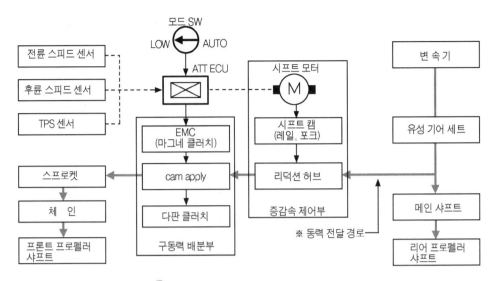

🔺 그림9-17 ATT 시스템의 동력전달 경로

이때 ATT ECU는 후륜측 슬립율을 기준으로 미리 설정된 듀티 신호를 EMC(전자식 마그네틱 클러치)로 출력한다. 이 듀티 신호는 전후륜 구동력을 배분하기 위한 신호로 노면의 상태나 주행 조건에 따라 전륜측으로 구동력을 배분하게 된다. 즉 AUTO 모드의 동력 전달 경로는 그림 (9-18)과 같이 ① 변속기로부터 유성 기어의 출력축 동력을 1 : 1 직결하여 메인 샤프트로 전달하고, 구동력 배분은 ② EMC(전자식 마그네틱 클러치)를 통해 전륜측 프런트 샤프트로 전달하여 ③ 전륜측으로 구동력 배분을 하게 된다.

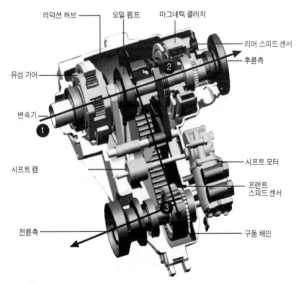

🔺 그림9-18 전자제어식 트랜스퍼 유닛의 동력전달순서

모드 스위치를 LOW 위치로 선택하면 ATT ECU는 시프트 모터를 구동해 유성 기어의 출력측에 있는 리덕션 허브를 작동한다. 이때 변속기로부터의 동력은 감속 기어비를 얻어 메인 샤프트를 구동하게 된다. 후륜측 스피드 센서의 회전수가 175rpm(국내 H사 차량 기준) 이하가 되면 마그네틱 클러치의 듀티비는 약 80% 이상 증가하여 구동 토크를 증가하게 한다.

(3) ITM 시스템

전자 제어식 풀 타임 방식에는 후륜 구동형 풀 타임 방식과 전륜 구동형 풀 타임 방식으로 구분 할 수 있다. 일반적으로 풀 타임 방식은 후륜 구동형 차량을 말하지만 최근에는 기술의 향상과 연비 개선을 위해 전륜 구동형 차량에도 4륜 구동을 전환하는 풀 타임 방식이 적용되고 있다.

전륜 구동형 풀 타임 방식은 횡측 엔진(가로측으로 안착된 엔진) 방식에 변속기와 트랜스퍼 기어 유닛을 설치하여야 하는 문제로 설치 공간의 제한과 구조가 복잡해 지는 문제를 가지고 있다. 그러나 최근에는 기술의 발달로 전륜 구동형에도 풀 타임 방식이 적용되고 있다. 풀 타임 방식 중 ITM(inter active torque management) 시스템은 전륜 구동형 방식으로 전자 제어식 트랜스퍼 유닛을 설치 한 시스템이다. 이 시스템은 후륜 구동형과 같이 노면이 상태나 주행 상황에 따라 전륜 후륜의 구동력 배분이 100 : 0 ～ 50 : 50까지 자동으로 제어하는 전자 제어 시스템이다.

ITM 시스템의 기계적 구성은 그림 (9-19)와 같이 변속기 측에 횡측으로 트랜스퍼 기어 유닛을 설치하고, 추진축(프로펠러 샤프트)를 통해 후륜측 디퍼렌셜 캐리어와 CV 조인트(constant velocity joint : 등속 조인트)로 구성되어 있다.

ITM 시스템의 기본적인 작동은 주행 상태에 따라 정보를 입력 받은 ITM ECU는 트랜스퍼 유닛의 EMC(전자식 클러치)를 듀티 제어하여 후륜의 구동력을 배분하도록 되어 있다. ITM ECU는 노면의 상태나 주행 조건에 따라 입력 센서로부터 정보를 입력받아 목표 구동력을 제어하기 위해 EMC(전자식 클러치)를 듀티 제어한다. ECU의 듀티 제어량에 따라 1차 클러치가 작동하면 그림 (9-20)과 같이 베이스 캠은 전륜과 일체화 되어 구동하게 된다.

ECU로부터 출력되는 듀티의 크기는 캠이 이동하는 량에 반비례하여 듀티값이 증가하면 전륜과 일체화 되고, 듀티값이 작아지면 어플라이 캠은 이동한다. 따라서 전륜과 일체

화된 베이스 캠과 후륜과 연결된 어플라이 캠은 회전수 차이 만큼 볼이 이동되어, 볼이 이동된 만큼 캠의 사이는 벌어지게 된다. 결국 캠이 벌어진 만큼 2차 클러치(다판 클러치)는 압착되어 후륜측으로 동력을 전달하게 된다.

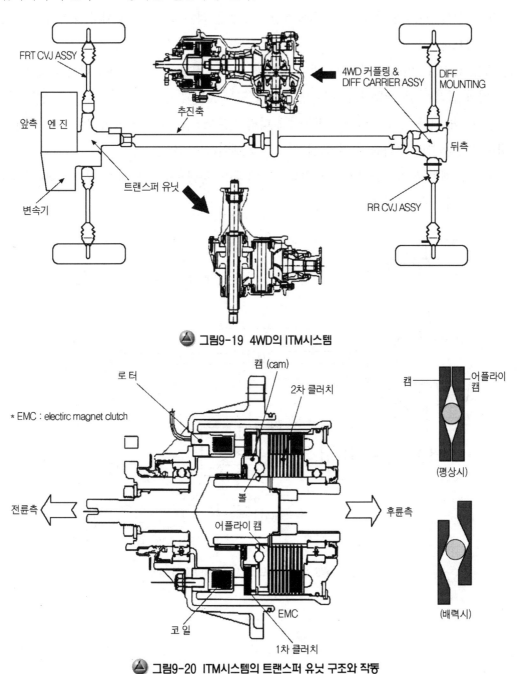

🔺 그림9-19 4WD의 ITM시스템

🔺 그림9-20 ITM시스템의 트랜스퍼 유닛 구조와 작동

차량의 정속 상태에서는 대개 2륜 구동 상태로 구동하며 노면의 상태나 조건에 따라 슬립이 많이 발생하는 경우나 선회시 등은 구동력을 전후륜 나누어 배분하게 된다.

따라서 타이어의 슬립 상태를 검출하기 위한 휠 스피드 신호와 선회각을 검출하기 위한 조향각 센서, 토크 증량을 하기 위해 가감속 검출을 하기 위한 TPS 센서 등의 입력 신호 등이 필요하다.

ITM ECU는 이 신호를 입력 받아 전륜과 후륜에 적정 구동력을 배분하기 위해 EMC(전자식 클러치)를 작동한다. 전자 클러치 기구는 로터와 코일로 구성되어 1차 클러치를 작동시키게 된다. 1차 클러치의 작동량에 따라 시프트 캠(shift cam)의 벌어지는 량이 변화하여 2차 클러치(다판 클러치)를 압착력을 제어하게 된다.

이렇게 제어된 2차 클러치의 압착력은 전후륜 구동력으로 전달하게 돼 전륜과 후륜은 적절한 구동력을 얻게 된다.

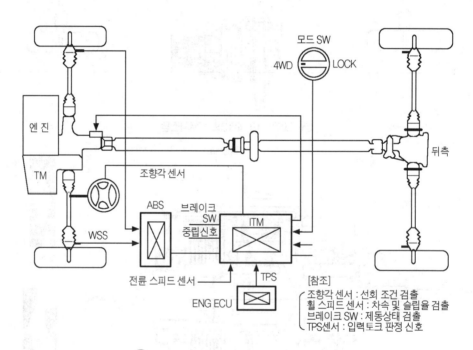

🔺 그림9-21 4WD의 ITM 시스템의 제어 구성

3 제어 시스템의 구성과 기능

1. EST 시스템의 구성

EST 시스템의 입출력 구성은 그림 (9-22)와 같이 EST ECU를 중심으로 입력측 신호원과 출력측 액추에이터로 구성되어 있다. 입력측 구성은 도로의 조건에 따라 운전자가 선택하는 모드 스위치와 인히비터 스위치의 중립 위치 신호, 그리고 차속을 검출하는 후륜 스피드 센서, 시프트 모터의 회전 위치를 검출하는 MPS(motor position sensor) 센서, 수동변속기 사양 차량에 해당하는 인터 록 스위치(inter lock switch)로 구성되어 있다. 출력측구성으로는 모드(4H, 4L)를 전환하기 위한 시프트 모터와 전후륜 구동력을 전달하는EMC(전자식 클러치), 그리고 선택된 모드의 인디케이터(indicator), 4속 이상 변속을 금지하도록 TCU(transmission control unit)로 4L 위치 신호를 송신하는 통신 단자와 자기진단용 K-라인으로 구성되어 있다. 또한 FRRD 방식의 경우에는 에어 펌프 모터를 구동하기 위한 출력 단자가 있으며, CRDS 방식의 경우에는 진공압을 제어하기 위한 솔레노이드 밸브의 출력 단자를 가지고 있다.

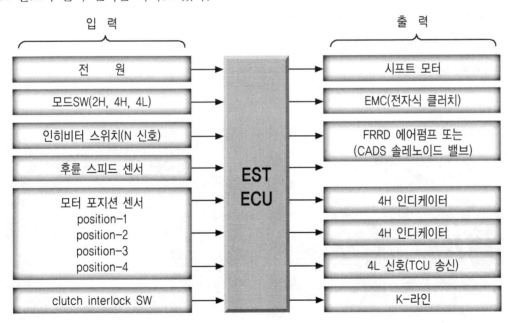

🔺 그림9-22 EST시스템의 입출력 구성

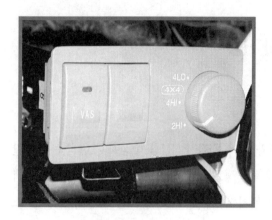

🔺사진9-11 모드 스위치

🔺사진9-12 시프트 모터

시프트 모터의 내부에는 모터의 위치를 검출 할 수 있도록 캠 플레이트(cam plate) 접점으로 이루어진 MPS 센서가 설치되어 있다. 이 캠 플레이트 접점은 시프트 모터의 위치를 검출하는 엔코더(encoder) 역할을 해 현재 모터의 위치를 4가지로 검출하고 있다. 또한 이 시스템은 변속기의 중립 위치를 인히비터 스위치(A/T 차량의 경우)의 릴레이를 통해 입력하고 있다. 트랜스퍼 유닛의 출력측에 장착된 후륜 스피드 센서는 차속을 검출하는 센서이다. 이 센서는 주행중 모드 SW를 2H → 4H로 위치할 때 80km/h 이하에서만 전륜이 작동 할 수 있도록 차속을 검출하며, 모드 SW를 4L로 위치할 때는 3km/h 이하에서만 작동이 가능하도록 차속을 검출하고 있다.

시프트 모터는 마치 와이퍼 모터의 형태를 하고 있는 직류 모터로 아마추어 축에 웜 기어(worm gear)를 설치하여 MPS 센서인 캠 플레이트 접점을 가동하고 있다.

🔺사진9-13 장착된 후륜 스피드 센서

🔺사진9-14 EST ECU(컴퓨터)

EMC(전자식 클러치)는 코어에 코일을 감아 놓은 일종의 전자석 클러치로 EMC 클러치의 입력측에 설치된 록업 허브를 끌어당겨 구동력을 전달하는 역할을 한다. 또한 출력측 구성품에는 4L 신호를 송신하고 있는데 이 신호는 모드 SW를 4L로 전환 할 때 변속기는 4속으로 절환되지 못하도록 EST ECU의 4L 신호 라인을 통해 TCU(자동 변속기의 컴퓨터)로 현재 4L 모드 상태인 것을 알리는 신호 라인이다.

2. ATT 시스템의 구성과 기능

(1) ATT 시스템의 구성

ATT 시스템의 입출력 구성은 그림 (9-23)과 같이 ATT ECU를 중심으로 입력측 신호원과 출력측 액추에이터로 구성되어 있다.

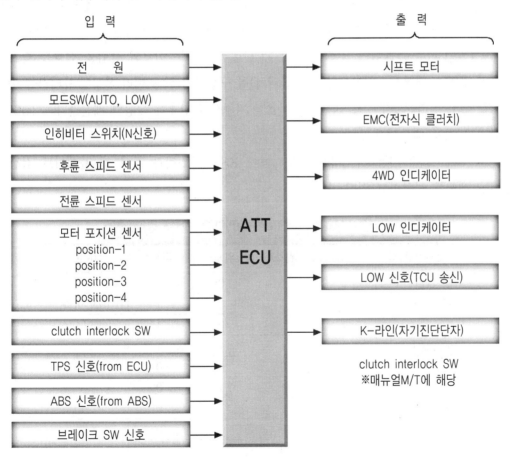

▲ 그림9-23 ATT 시스템의 입출력 구성

411

입력측 구성은 도로의 조건에 따라 운전자가 선택하는 모드 스위치와 인히비터 스위치의 중립 위치 신호, 그리고 차속을 검출하기 위한 전후륜 스피드 센서, 시프트 모터의 회전 위치를 검출하는 MPS(Motor Position Sensor) 센서, 수동 변속기 사양 차량에 해당하는 인터 록 스위치(inter lock switch)로 구성되어 있다.

또한 엔진 ECU로부터 엔진의 가감속 상태를 검출하기 위한 TPS 센서 신호와 출력 신호, 그리고 ABS ECU로부터 타이어의 슬립율 정보를 입력하기 위한 단자를 가지고 있다. 출력측 구성으로는 모드(4H, 4L)를 전환하기 위한 시프트 모터와 전후륜 구동력을 전달하기 위한 MC(전자식 클러치), 그리고 선택된 모드의 인디케이터(indicator), 4속 이상 변속을 금지하도록 TCU(Transmission Control Unit)로 4L 위치 신호를 송신하기 우한 통신 단자와 자기 진단용 K-라인으로 구성되어 있어 EST 시스템과 크게 다르지 않다. 그러나 이 시스템이 EST 시스템과 다른 점은 엔진 ECU와 ABS ECU의 정보를 입력 받아 노면의 조건이나 주행 상태에 따라 전륜측 구동력을 배분하는 차이점을 가지고 있다.

ACC ECU는 브레이크 SW와 ABS ECU로부터 제동 신호와 슬립율 신호를 받으면 ATT ECU는 연산하여 EMC(전자식 클러치)를 구동하기 위해 미리 설정된 듀티값을 출력하게 된다. 따라서 ATT 시스템은 이 신호를 기준으로 전후륜 구동력 배분을 1 : 100 ~ 50 : 50까지 배분하게 된다.

ATT 시스템에 사용하는 시프트 모터에도 EST 시스템과 같이 캠 플레이트 접점의 MPS 센서를 설치하고 있다.

모터의 위치	위치1	위치2	위치3	위치4	비고
left stop	0	0	0	1	참조
left of high	0	1	0	1	0 : 0.8V 이하
high	1	1	0	1	1 : 4.5V 이상
right of high	1	1	1	1	
zone 1	0	0	0	0	
neutral	0	1	1	0	
zone2	1	1	1	0	
low	1	0	1	0	
right of stop	1	0	1	1	

[표9-3] MPS 센서의 엔코더

MPS 센서의 접점 위치는 표 (9-3)과 같이 4개의 위치 코드에 의해 시프트 모터의 위치를 판정하고 있다. 모드 스위치를 AUTO → LOW로 선택하면 ATT ECU는 MPS 센서를 통해 모터의 현재 위치를 판단하고 모터를 정회전 또는 역회전 할 것을 판단하게 된다. 이때 모터의 회전 조건은 인히비트 스위치가 2초 동안 중립 위치에 있어야 하며, 프런트 스피드 센서와 리어 스피드 센서의 회전수가 87rpm 이하이어야 한다. 이 조건이 만족하면 ATT ECU는 시프트 모터를 약 5초 정도의 전원을 공급하여 표 (9-4)와 같이 시프트 모터가 작동하게 된다. 이렇게 모터의 위치가 변화되면 전후륜 스피드 센서의 회전수를 검출하여 전후륜의 구동력을 배분하도록 한다.

[표9-4] MPS센서의 검출 위치와 시프트 모터의 작동상태

모드 SW	모터의 위치		작동 상태
AUTO	left stop	좌측 정지	• 작동정지, LOW 표시등 소등
	left of high	좌측 상단	
	high	상단	
	right of high	우측 상단	• 모드SW를 선택 상태에 2초동안 AT레버를 N에 위치하고, 프런트 &리어 스피드 센서가 87rpm 이하이면 시프트 모터는 AUTO 모드로 시프팅을 시작한다.
	zone 1	영역 1	
	neutral	중립	
	zone 2	영역 2	
	low	하단	• 시프트 모터가 동작을 완료하면, LOW 표시등은 소등된다.
	right of stop	우측 정지	
LOW	left stop	좌측 정지	• 모드SW를 선택 상태에 2초동안 AT레버를 N에 위치하고, 프런트 &리어 스피드 센서가 87rpm 이하이면 시프트 모터는 LOW 모드로 시프팅을 시작한다.
	left of high	좌측 상단	
	high	상단	
	right of high	우측 상단	
	zone 1	영역 1	
	neutral	중립	• 시프트 모터가 동작을 완료하면, LOW 표시등은 소등된다.
	zone 2	영역 2	
	low	하단	• 작동 정지, LOW 표시등 점등
	right of stop	우측 정지	

※참조 : 국내 H사 차량의 사양임

전후륜 스피드 센서의 회전수 차가 발생하면 ATT ECU는 이 데이터를 기준으로 미리 설정된 구동력이 배분되도록 EMC(전자식 클러치)를 듀티 제어한다.

전후륜 스피드 센서는 차속과 전후륜 회전 속도의 차이를 검출하고, TPS 신호와 함께 전후륜 구동력을 결정하는 기준 신호로 사용된다. ATT 시스템의 제어 기능에는 주행시

제어 기능과 선회시 제어 기능, 그리고 급발진 가속 기능과 가속시 제어 기능, 제동시 제어 기능과 ABS 제어 기능 등을 가지고 있다. 주행시 제어 기능과 선회시 제어 기능은 주행시 안정성 확보와 선회시 안정성 하기 위해 전륜과 후륜의 구동력 배분을 0 : 100 ～ 50 : 50로 제어한다. 또한 급발진시는 급발진 성능을 향상하기 위해 전륜과 후륜 구동력 배분을 50 : 50으로 고정하여 발진하도록 제어한다. ABS 제어 기능은 노면의 마찰 계수가 낮은 도로에서 타이어 슬립시 ABS 기능이 작동하면 ABS 기능에 영향을 받지 않도록 전륜과 후륜의 구동력 배분을 전달하여 주행하도록 하는 제어 기능이다.

3. ITM 시스템의 구성과 기능

ITM(interactive torque management) 시스템은 풀 타임 전자 제어식 4WD로 ATT 시스템과 달리 전륜 구동형 차량에 적용된 전자 제어식 4WD 시스템이다.

ITM 시스템의 입출력 구성은 그림 (9-24)와 같이 ATT 시스템과 비교하여 크게 다르지 않다. 입력측 구성은 입력 모드 스위치(AUTO 모드, LOCK 모드)와 4개의 차륜으로부터 휠 스피드 센서의 입력, 그리고 조향각 센서와 엔진 ECU로부터 스로틀 개도 신호, ABS ECU로부터 제동 신호와 슬립율 신호를 전송하는 신호 라인으로 구성되어 있다.

출력측 구성은 EMC(전자식 클러치)와 경고등, 그리고 자기 진단 단자인 K-라인과 각 ECU와 정보를 주고받을 있은 CAN 통신 라인으로 구성되어 있다.

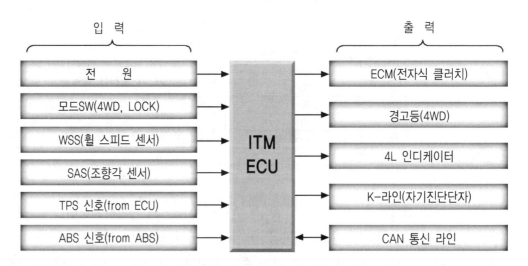

입 력 　 　 출 력

| 전　원 | → | ITM ECU | → | ECM(전자식 클러치) |

모드SW(4WD, LOCK) → ITM ECU → 경고등(4WD)

WSS(휠 스피드 센서) → 4L 인디케이터

SAS(조향각 센서) → K-라인(자기진단단자)

TPS 신호(from ECU) → CAN 통신 라인

ABS 신호(from ABS) →

🔺 그림9-24 ITM 시스템의 입출력 구성

입력 모드 스위치는 4WD의 AUTO 모드와 LOCK 모드로 절환되며 AUTO 모드시는 노면의 상태나 주행 조건에 따라 자동으로 전후륜 구동력이 배분된다. ITM 시스템은 전륜 구동형 차량에 적용된 시스템으로 보통 정속 주행 상태에서는 연비를 개선 할 수 있도록 전륜 구동 상태로 주행하다가 슬립이 발생하면 이에 따라 전후륜 구동력을 자동으로 제어한다. LOCK 모드시는 40km/h 이하인 상태에서 험로를 주행하기 모드로 전륜과 후륜의 구동력을 50 : 50으로 고정하여 주행 할 수 있는 모드이다.

또한 조향각 센서는 선회시 주행시 조향 회전각을 검출하기 위한 센서로 선회시 발생하는 하는 타이트 코너 브레이킹(tight corner braking) 현상을 억제하기 위한 기준 신호로 사용되는 센서이다. ABS 신호는 ABS 기능이 작동 중이라는 신호를 ECU로부터 수신하기 위한 신호로 ABS 작동 제어 모드로 들어가면 EMC(전자식 클러치)의 듀티량을 제어하여 후륜 구동력 배분을 30% 내외로 제한한다.

4. 전자 제어식 4WD 회로도

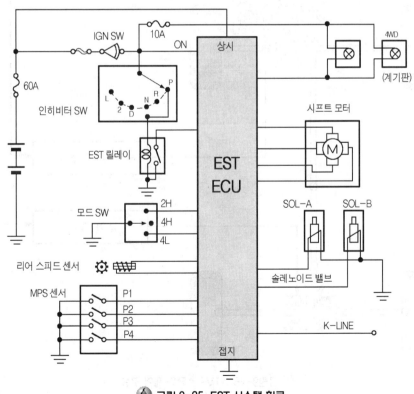

그림 9-25 EST 시스템 회로

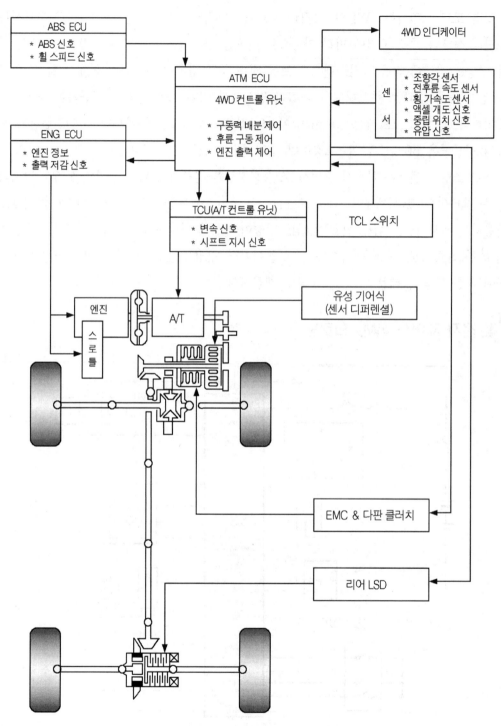

그림9-26 ATM시스템의 제어 구성

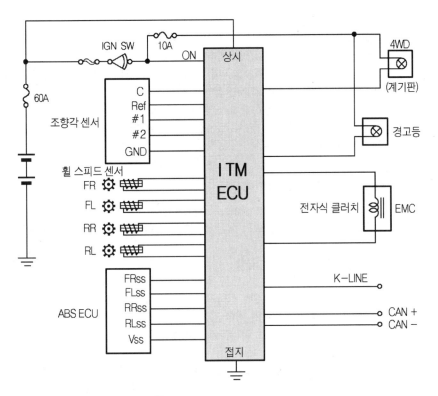

🔺 그림9-27 ITM 시스템 회로

point ◯

◯

4WD 시스템

1 4WD의 기본 지식과 구분

(1) 4WD의 장단점

① 장점 : 견인력, 등판 능력, 장애물 돌파력, 동력 전달 능력이 우수

② 단점 : 구조가 복잡, 차량의 중량 증가, 연비 악화, 타이트 코너 브레이킹 현상 발생

※ 타이트 코너 브레이킹(tight corner braking) 현상 : 선회 반경이 작은 코너를 회전 할 때 전륜과 후륜의 회전 반경 차이로 후륜측이 끌려 브레이킹 현상이 발생하는 현상

(2) 센터 디퍼렌셜 기어(center differential gear)

① 적용 목적 : 주행시나 선회시 전륜과 후륜의 속도 차이를 흡수 해 타이트 코너 브레이킹 현상을 억제하기 위해 트랜스퍼 유닛 후단에 설치

② 센터 디퍼렌셜 기어를 설치하고 있는 4WD 차량은 엔진 동력이 전후륜 원활히 할 수 있도록 LSD 유닛과 디퍼렌셜 록 장치를 설치하여 사용하고 있다.

※ LSD(limited slip differential) 유닛 : 차동 제한 기능을 가지고 있는 디퍼렌셜 기어 유닛을 말함

(3) 4WD의 구분

① 파트 타임 방식 : 2WD → 4WD로 전환되어 구동하는 차량
- 수동식 : 다이얼식, 시프트 레버식
- 자동식 : 모드 스위치의 절환에 의해 주행중 2WD→ 4WD로 절환이 가능한
  ※ 참고) 저속, 중속 상태에서만 절환 가능

② 풀 타임 방식 : 상시 4WD로 구동하는 차량
- 후륜 구동형 풀타임 방식　　• 전륜 구동형 풀타임 방식

③ 전자 제어식 풀타임 방식 : 구동력 배분을 주행 조건에 따라 자동으로 변환하는 방식
- ATT 시스템　　　　　　　• ITM 시스템

2 자동식 4WD의 구성과 기능

(1) EST(electric shift transfer) 시스템의 구성

① EST 시스템 : 주행중 모드 절환 스위치에 의해 2WD→ 4WD로 절환이 가능한 자동식 4WD

② EST의 트랜스퍼 유닛 구성
- 유성 기어 세트 : 4L 모드시 감속 기어비를 얻기 위해
- 시프트 모터 : 모드 SW 선택시 자동으로 모드를 절환하기 위한 전동모터
- EMC 클러치 : 전륜의 동력 전달
- FRRD 펌프 : 프런트 디퍼렌셜 기어에 압축 공기 공급

③ 동력 전달 경로
- 2H 모드 : 변속기 → 트랜스퍼 유닛 → 후륜측 액슬
- 4H 모드 : 변속기 → 트랜스퍼 유닛 → 전후륜 50 : 50 구동력 배분
- 4L 모드 : 변속기 → 트랜스퍼 유닛(유성 기어 세트) → 감속 기어비→전후륜 50 : 50 구동력 배분

(2) ATT(active torque transfer) 시스템의 구성

① ATT시스템 : 노면의 상태나 주행 조건에 따라 전후륜 구동력 배분이 0 : 100 ~ 50 : 50 까지 자동으로 변환하는 시스템

② ATT 시스템의 제어 기능
- 주행 제어, 선회 제어 : 주행 안정성과 선회 안정성을 하기 위해 전륜과 후륜에 구동력을 제어하는 기능
- 급발진, 가속 제어 : 급발진 성능 향상이나, 가속 성능을 향상하기 위해 전륜과 후륜에 구동력을 제어하는 기능
- ABS 제어 : ABS 시스템이 작동중 조향 안정성을 고려한 구동력 제어 기능

(3) ITM(interactive torque management) 시스템의 구성

① ITM 시스템 : 노면의 상태나 주행 조건에 따라 전후륜 구동력 배분이 0 : 100 ~ 50 : 50 까지 자동으로 변환하는 시스템

② ITM 시스템의 제어 기능
- 주행 제어, 선회 제어 : ATT 시스템과 달리 조향각 센서를 설치하여 주행 안전성과 선회 안전성을 능동적으로 제어하는 기능
- 엔진 출력 제어 : 엔진 동력을 최적화하기 위해 엔진 ECU로 정보를 받아 전륜과 후륜에 구동력을 제어하는 기능
- ABS 제어 : ABS 시스템이 작동중 조향 안정성을 고려한 구동력 제어 기능

10

부   록

전자제어장치 & 실습

10 CHAPTER

부 록

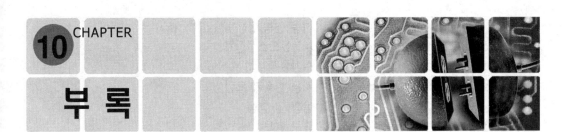

1 주요 약어

ABS(anti lock brake system)	차륜 록(lock) 방지의 브레이크 장치
AC(altetnating current)	교류
A/C(air conditioner)	공기 조화 장치(냉방 장치)
ACC(accessory)	보조 기구의 통칭
ACK 비트(acknowledge field bit)	데이터의 확인 비트
ACU(air bag control unit)	에어백 ECU
ACV(air cut valve)	2차 공기 차단 밸브
ADC(analog to digital converter)	A/D 변환기
A/F(air fuel)	공연비
AFS(air flow sensor)	공기 유량 센서
AH(ampere hour)	단위 시간당 전류 용량의 단위
AI(artificial intelligence)	인공 지능
ALC(auto lighting control unit)	자동 헤드라이트 컨트롤 유닛
ALT(alternator)	올터네이터의 약어로 발전기를 말한다.
ALT-G	올터네이터의 G단자
ALT-FR	올터네이터의 FR 단자
ALU(arithmetic logic unit	연산 논리 유닛
AM (aimer)	에이머의 약어로 조준기 또는 조준자를 뜻한다.
AM (ampiltude modulation)	진폭 변조
AMP(amplifier)	증폭기의 약어
API(american petrol institute)	미국 석유 협회
ARB(air resource board)	미국 캘리포니아주에 있는 대기 자원국

A/T(automatic transmission)	자동 변속기
ATC(automatic temperature controller)	자동온도조절장치
ATDC(after top dead center)	상사점후
ATF(automatic transmission fluid)	자동 변속기 오일
AV(audio & vedio)	음향 및 영상
AV(outlet valve)	출구 밸브
ATC(automatic temperature controller)	자동 온도 조절 장치
ATM(active torque management)	능동 토크 제어장치
ATT(active torque transfer)	액티브 토크 트랜스퍼

B(black)	검정색
Br(brown)	갈색
BATT(battery)	배터리
BCV(boost control valve)	과급 제어 밸브
BCM(body control module)	운전자의 편의를 위한 경보 및 시간 제어 장치를 말함
BWS(back warning system)	후방 물체 감지 시스템
BTDC(before top dead center)	상사점전
BZ(buzzer)	부저

CADS(center axle disconnect system)	자동식 4륜구동장치
CAS(crank angle sensor)	크랭크 센서
CAN(controller area network)	전자 제어용 표준 통신 방식
C/B(console box)	콘솔박스
CC(catalytic converter)	촉매 장치
CCS(cooling control seat) 회로	냉난방 및 시트회로
CD(compact disk drive)	컴팩트 디스크 드라이브
CDI(condenser discharge ignition)	축전기 용량식 점화 장치
CK(clock)	클럭
CKP(crank posistion sensor)	크랭크포지션센서
CLC(compressor lock controller)	컴프레서의 제어용 유닛
CPS(cam posistion sensor)	캠 포지션 센서
CPU(center process unit)	컴퓨터의 중앙 연산 처리 장치

CV(constant velocity)	등속도
CVJ(constant velocity joint)	등속 조인트

DC(direct current)	직류
DCC(damper clutch control)	댐퍼 클러치 컨트롤
DCU(door control unit)	도어 컨트롤 유닛
DIAG(diagnosis)	자기 진단
DLI(distributor less ignition)	배전기가 없는 점화 방식
DOHC(double over head cam)	흡·배기 밸브가 각각 2개인 흡배기 장치
DVV(double vacuum valve)	2중 전자 밸브
DSP(digital signal processor)	디지털 신호 처리

EBD(electronic brake force distribution)	전자 제어식 제동력 분배 장치
ECM(engine control module)	전자 제어 엔진의 제어 모듈
ECU(electronic control unit)	전자 제어 장치
ECS(electronic control suspension)	전자 제어 현가장치
EEPROM(electrical erasable and programmable read only memory)	플래시 메모리
EFI(electronic fuel injection)	전자 제어 연료 분사
EGI(electronic gasoline injection)	전자 제어 연료 분사
EGR(exhaust gas recirculation)	배기 가스 재순환 장치
ELC A/T(electronic control automatic transmission)	전자 제어 오토 트랜스미션
EMC(electric magnetic clutch)	전자식 클러치
EMP(empty)	비어있다는 표시로 주로 연료계에 사용
EPS(electronic power steering)	전자 제어 조향 장치
E/R(engine room)	엔진 룸
ESV(experimental safety vehicle)	안전 실험차
ESS(engine speed sensor)	차속 센서
ESA(electronic spark advance)	전자 제어 점화 진각 장치
ETACS(electronic time and alarm control system)	시간 및 경보 제어 장치
EV(inlet valve)	입구 밸브
EX(exhaust)	배기, 배출을 의미

FCSV(fuel cut solenoid valve)	연료 차단 밸브
FBC(feedback carburetor)	전자 기화기 방식
FET(field effect transistor)	전계 효과 트랜지스터
FF(front engine front drive)	전륜 구동 방식
FIC(fast idle control)	워밍업 시간 단축을 위한 공회전 속도 조절
FL(front left)	앞 좌측
FM(frequency modulation)	주파수 변조
F/P(fuel pump)	연료 펌프
FR(front engine rear drive)	후륜 구동 방식
FRRD(free running differential)	4륜구동의 한 방식
FR(front right)	앞 우측
FS(fail safe)	페일 세이프
FSS(front speed sensor)	프런트 스피드 센서
FSV(fail safe valve)	페일 세이프 밸브
F1(formula-1)	경주용 전용 자동차
FT(foot)	영국식 길이의 단위로 1 foot는 12인치를 말함
FTCS(full traction control system)	전자제어식 견인력 제어장치
FTS(fuel temperature sensor)	연료 온도 센서

G(green)	녹색
Gr(gray)	회색
G-센서(gravity sensor)	가속도를 검출하는 센서
G-신호(group signal)	실린더 판별 신호
GND(ground)	접지
GPS(global positioning system)	위치 추적 시스템

2H 모드(2 wheel drive high speed mode)	2륜 고속 모드
4H 모드(4 wheel drive high speed mode)	4륜 고속 모드
HBA(hydraulic brake assist)	하이드롤릭 브레이크 어시스트
HC(hydro carbon)	탄화수소
HCU(hydraulic coupling unit)	동력전달 장치의 유압 연결 유닛
HECU(hydraulic ECU)	ABS ECU + 하이드롤릭 유닛
H/F(hend free)	송화기를 잡지 않고도 통화가 가능한 장치
HFP(high pass filter)	고역 패스 필터
HID 헤드 램프(high intensity discharge head lamp)	HID 헤드램프
HIC(hybrid IC)	하이브리드 IC
HIVEC A/T(Hyundai intellgent vehicle electronic control)	현대 하이백 A/T
H/LP	헤드램프(head lamp)
H/P(high pressure)	고압
HSV(hydraulic shuttle valve)	하이드롤릭 셔틀 밸브
HU(hydraulic unit)	ABS의 유압 발생 작동부

IC(integrated circuit)	집적 회로
I/C(inter cooler)	인터쿨러
IG(ignition)	점화
IDL(idle)	아이들 스위치
INS(inertial navigation system)	관성식 항법 장치
INT(interval)	간격, 간극
INT(intermit)	간헐적
ITM(inter active torque management)	능동 제어식 4륜 구동 시스템
I/O(input & output)	입출력
ISC(idle speed control)	공회전 속도 조절
ISO(international standardization organization)	국제 표준화 기구
ITC(intake air temperature compensator)	흡기 온도 보정

J/B(junction box)	와이어 하니스의 중간 커넥터, 퓨즈 박스, 릴레이 등을 연결하기 위한 박스

KCS(knock control system)	노킹 컨트롤 장치
KD(kick down)	킥 다운

L(lubricate)	윤활
L(blue)	청색
Lg(light green)	연두색
4L모드(4 wheel drive low speed mode)	4륜 저속 모드
LAN(local area network)	시리얼 통신 방식의 일종
L/C(lock up clutch)	록업 클러치
LCD(liquid crystal display)	액정표시의 약어로 사용한다.
LED(light emitting diode)	발광 다이오드
LF(low frequency)	저주파수
LPF(low pass filter)	지역 패스 필티
LH(left hand)	좌측
LLC(long life coolant)	냉각수
LNG(liquefied natural gas)	액화 천연 가스
L/P(low pressure)	저압의 약어로 사용
LPA(low pressure accumulater)	저압을 축압하는 어큐뮬레이터
LPG(liquefied petroleum gas)	액화 석유 가스
LPWS(low pressure warning switch)	ABS 어큐뮬레이터의 하한 설정 액압 감지
LR 솔레노이드 밸브(low reverse solenoid valve)	로우 리버스 솔레노이드 밸브
LSD(limited slip differential)	차동 제한 장치
LSPV(load sensing proportioning valve)	부하 검출 프로포셔닝 밸브
LPWS(low pressure warning switch)	ABS 어큐뮬레이터의 하한 설정 액압 감지

MAP(manifold avsolute pressure)	흡기관 압력
MAX(maximum)	최대
MCS(multi communication system)	생활 정보, 방송 수신 등의 기능을 갖춘 총칭
MCV(mixture control valve)	throttle valve가 급격히 닫힐 때 별도 공기도입밸브
MDPS(motor driven power steering)	전동 모터식 파워 스티어링
MF battery(maintanance free battery)	무보수 배터리
MIL(mal function indicator lamp)	고장 코드를 표시하는 경고등
MIN(minimum)	최소
MOS IC(metal oxide semiconductor integrated circuit)	산화절연층에 반도체를 확산하여 금속을 증착한 반도체
MPI(multi point injection)	전자 제어 엔진의 한 방식
MPU(micro process unit)	마이크로 컴퓨터
MPS(motor position sensor)	모터 포지션 센서
MSC(motor speed control)	모터 스피드 컨트롤
M/T(manual transmission)	수동 변속기
MTR(motor)	전동 모터
MTS(mobile telematics system)	모빌 텔레메틱스 시스템 약어
MUT(multi use tester)	전자 제어 장치의 고장 진단 테스터
MUL(multi use lever)	스티어링의 컬럼 스위치
MWP(mulitipole water proof-type connector)	전극별 독립 방수 커넥터

N(neutral)	중립
N/A(natural aspiration)	자연 흡기
NC(normal close)	노말 오픈(상시 닫힘)
Ne 신호	크랭각 신호
NO(normal open)	노말 오픈(상시 열림)
NOx(nitrogen oxide)	질소 산화물

O(orange)	주황색
OBD(on board diagnosis)	배출 가스 장치를 모니터링 하는 자기 기능 규정
OC(over running clutch)	오버 러닝 클러치
OCV(oil control valve)	유압통로를 개폐하여 2차 흡기밸브를 제어하는 밸브
OD(over drive)	고속용 기어 기구
OD SOL 밸브(over drive solenoid valve)	오버 드라이브 솔레노이드 밸브
ODO 미터(odometer)	거리계
O/F(optical fiber)	광 섬유
OHC(over head cam)	1개의 캠 샤프트로 흡기, 배기의 밸브를 개폐하는 캠 샤프트
OPT(option)	선택 품목
OP AMP(operational amplifier)	연산 증폭기
OTS(oil temperature sensor)	유온센서
OWC(one way clutch)	원웨이 클러치

P(parking)	주차
P(pink)	분홍색
Pp(purple)	자주색
PCB(printed circuit board)	인쇄 회로 기판
PCM(pulse code modulation)	펄스 코드 변조
PCV(positive crankcase ventilation)	블로우 바이 가스 재순환 장치
PG(pulse generator)	펄스 제너레이터(마그네틱 픽업 코일 방식)
PIA(peripheral interface adapter)	병렬 처리 인터페이스 회로 소자
PIC(personal identification card)	퍼스널 아이덴티피케이션 카드
PIM	흡기관 압력
PROM(programmable read only memory	쓰기가 가능한 ROM 메모리
PS(power steering)	파워 스티어링
PSI(pound per square inch)	미 압력 단위
PTC(positive temperature coefficient)	정온도 특성
PTO(power take off)	엔진의 동력을 이용한 윈치 또는 펌프
P/W(power window)	파워 윈도우
PWM(pulse width modulation)	펄스 폭 변조

R(resistor)	저항
R(red)	빨강색
R-16(resistor-16)	고압 케이블의 저항이 1m에 16kΩ을 의미
RAM(random access memory)	일시 기억 소자
RF(radio frequency)	고주파수
RH(right hand)	우측
RKE(remote key less entry)	리모트 키 레스 엔트리
RL(rear left)	뒤 좌측
ROM(read only memory)	영구 기억 소자
RPM(revolution per minute)	1분간의 회전수
RPS(rail pressure sensor)	레일 압력 센서
RR(rear engine rear drive)	후부의 엔진과 후륜 구동
RR(rear right)	뒤 우측
RSS(rear speed sensor)	리어 스피드 센서
RTR 비트(remote transmission request bit)	자동 원격 송신 요구 비트
RV(recreation vehicle)	레크레이션용 자동차
RX(receiver)	수신 또는 수신기의 약어
RZ(red zone)	위험 한계선의 약어

S(silver)	은색
SAE(society of automotive engine)	미국 자동차 기술자 협회
SAT(SIEMENS adaptive transmission control)	지멘스(사)의 자동 변속기의 제어 알고리즘
SBSV(second brake solenoid valve)	2ND 브레이크 솔레노이드 밸브
SCR(silicon controlled rectifier)	실리콘 제어 정류 소자
SCSV(slow cut solenoid valve)	감속시 연료 차단밸브
S/C(super charger)	슈퍼 차저 과급기
SI(system international units)	국제 단위계
SIG(signal)	신호
SL(side left)	측면 좌측
SLV(select low valve)	ABS에서 차륜의 유압을 조절하는 밸브
SNSR(sensor)	센서
SOF(start of frame)	초기 데이터 비트
SOHC(single over head cam shaft)	캠 축이 1개인 OHC 엔진
SOL V/V(solenoid valve)	솔레노이드 밸브

SP(speaker)	스피커
SPI(single point injection)	전자 제어 연료 분자 장치의 일종
SPW(safty power window)	세이프티 파워 윈도우
SR(side light)	측면 우측
SRS(supplemental restraint system)	에어백 장치
SSI(small scale integration)	소형 집적 회로
SS(standing start)	정지에서 발진을 말함
ST(start)	시작, 시동
ST(special tool)	수 공구
STM(step motor)	스텝 모터
STD(standard)	표준
STP(stop)	정지
SW(switch)	스위치

T(tighten)	단단한
T(tawny)	황갈색
TACS(time and alarm control system)	시간, 경보등을 제어 하는 편의 제어 장치
T/C(turbo charger)	터보 차저
TC(torque converter)	토크 컨버터
TCB(tight corner braking)	타이트 코너 브레이킹 현상
TCL(traction control system)	구동력 제어 장치
TCM(transmission control module)	전자 제어 자동변속기 의 제어 모듈
TCM(tilt control module)	스티어링의 위치를 자동으로 제어하는 모듈
TCCM(transfer case control module)	트랜스퍼 유닛 제어 모듈
TCPCV(torque converter pressure control valve)	토크 컨버터 압력 조절 밸브
TCU(transmission control unit)	전자 제어 자동변속기의 ECU 약어
TCU(transfer control unit)	트랜스퍼 컨트롤 유닛
TCV(traction control valve)	트랙션 컨트롤 밸브
TDC(top dead center)	상사점
TEMP(temperature)	온도
TOD(torque on demand)	4륜 구동력 제어 장치
TODCM(torque on demand control module)	전자 제어식 4륜 구동 제어 모듈
TPS(throttle position sensor)	스로틀 개도 위치 감지 센서
TR(transistor)	트랜지스터
T/S L(turn signal left)	좌측 방향 지시
T/S R(turn signal right)	우측 방향 지시
TTL(transistor transistor logic)	트랜지스터 로직으로 이루어진 디지털 IC
TX(transmitter)	송신, 송신기의 약어

UCC(under floor catalytic converter)	언더 플로우에 장착된 촉매 장치
UD(under drive)	언더 드라이브의 약어
UD SOL 밸브(under drive solenoid valve)	언더 드라이브 솔레노이드 밸브
UV(ultraviolet ray)	자외선

V(violet)	자주색
VCU(viscous coupling)	비스커스 커플링, 점성 계수
VCM(vacuum control modulator)	배큠 컨트롤 모듈레이터
VDC(vehicle dynamic control)	비이클 다이내믹 컨트롤
VENT(ventilator)	환기, 통기 장치의 약어
VFS(veriable force solenoid)	가변 제어 솔레노이드
VHF(very high frequency)	초단파
VOL(volume)	체적, 음량
VSO(vehicle speed output)	차속 신호 출력
VSV(vacuum switching valve)	부압 교체 밸브
VSS(vehicle speed sensor)	차속 센서

W(white)	흰색
WB(wheel base)	축간 거리
2WD(2 wheel drive)	2륜 구동
4WD(4 wheel drive)	4륜 구동
W/H(wire harness)	배선 묶음
W/P(water pump)	워터 펌프
WSS(wheel speed sensor)	휠 스피드 센서
WTS(water temperature sensor)	수온 센서

Y(yellow)	노랑색

전기전자시리즈 ❹
◆ **전자제어장치 & 실습**　　　　　　　　　　　정가 20,000원

2008년 1월 13일 초 판 발 행	엮 은 이 : 김 민 복
2022년 8월 25일 제1판5쇄발행	발 행 인 : 김 길 현
	발 행 처 : (주) 골든벨
	등 록 : 제 1987-000018 호
	ⓒ 2008 Golden Bell
	I S B N : 978－89－7971－767－9

ⓤ 04316 서울특별시 용산구 원효로 245 (원효로1가 53-1) 골든벨 빌딩
TEL : 영업부 (02) 713-4135／편집부 (02) 713-7452 ● FAX : (02) 718-5510
E-mail : 7134135@naver.com ● http : // www.gbbook.co.kr
※ 파본은 구입하신 서점에서 교환해 드립니다.